浙江省高职院校"十四五"重点立项建设教材
高等职业教育新形态一体化教材

智能传感技术及应用

主　编　方晓汾　王　英　金鑫君
副主编　郑丽辉　陈伟东　张正中

中国水利水电出版社
www.waterpub.com.cn
·北京·

内 容 提 要

本书依据高等职业教育人才培养目标的要求，着重介绍了各类传感器以及智能感知的过程、网络、系统的技术应用。以项目化、模块化、活页式对教学资源进行数字化组织，共分为3个项目。项目1介绍了自动化生产过程中的传感系统，以电阻位移传感器、电容式触摸屏、电感式圆度计、磁电式转速传感器为例，将生产过程中最为常见物理量采集作为主线，分析传感器结构与选型参数；项目2以智能制造过程中的智能传感器为例，分别阐述压电式心电图传感器、光电式CMOS图像传感器、热电式红外辐射传感器、数字式光电编码器具体结构与应用场景；项目3通过从复杂环境中多传感器信息融合系统，分别阐述多传感器数据融合系统、智能传感器系统以及无线传感器网络系统等。每个项目内容均包含"案例—分析—问题—方法—强化"环节，贯穿智能传感技术在实际生产过程中的应用。

本书主要面向开设智能制造相关领域的电气工程、机械工程、机电一体化技术、智能网联汽车等专业的中高职院校、应用型本科院校，也可供从事智能传感技术与系统及其相关领域的研究、研制工作的工程技术人员参考。

图书在版编目（CIP）数据

智能传感技术及应用 / 方晓汾，王英，金鑫君主编． 北京：中国水利水电出版社，2024. 11. --（浙江省高职院校"十四五"重点立项建设教材）（高等职业教育新形态一体化教材）． -- ISBN 978-7-5226-2864-6

Ⅰ．TP212.6

中国国家版本馆CIP数据核字第2024JE5892号

书 名	浙江省高职院校"十四五"重点立项建设教材 高等职业教育新形态一体化教材 **智能传感技术及应用** ZHINENG CHUANGAN JISHU JI YINGYONG
作 者	主　编　方晓汾　王　英　金鑫君 副主编　郑丽辉　陈伟东　张正中
出版发行	中国水利水电出版社 （北京市海淀区玉渊潭南路1号D座　100038） 网址：www.waterpub.com.cn E-mail：sales@mwr.gov.cn 电话：（010）68545888（营销中心）
经 售	北京科水图书销售有限公司 电话：（010）68545874、63202643 全国各地新华书店和相关出版物销售网点
排 版	中国水利水电出版社微机排版中心
印 刷	北京印匠彩色印刷有限公司
规 格	184mm×260mm　16开本　10.5印张　256千字
版 次	2024年11月第1版　2024年11月第1次印刷
印 数	0001—2000册
定 价	**42.00元**

凡购买我社图书，如有缺页、倒页、脱页的，本社营销中心负责调换

版权所有·侵权必究

本书编委会

主　编：

衢州职业技术学院	方晓汾
浙江省衢州理工学校	王　英
衢州职业技术学院	金鑫君

副主编：

衢州职业技术学院	郑丽辉
杭州职业技术学院	陈伟东
金华职业技术大学	张正中

参　编：

衢州职业技术学院	张新星
衢州职业技术学院	方坤礼
衢州职业技术学院	尹凌鹏
衢州职业技术学院	黄刘田
浙江省衢州工商学校	徐　明
义乌工商职业技术学院	何丹青
浙江机电职业技术大学	蔡　杰
杭州职业技术学院	胡　韬
佛山职业技术学院	王　晖
衢州职业技术学院	付秦江
衢州职业技术学院	张　华
衢州职业技术学院	张雪钊

衢州职业技术学院	朱郑乔若
衢州职业技术学院	祝惠一
衢州职业技术学院	郑孝怡
浙江机电职业技术大学	杨真真
福建船政交通职业学院	朱剑宝
重庆工业职业技术学院	袁　琼
重庆工业职业技术学院	唐　鹏
惠州经济职业技术学院	钟文浩
浙江工业职业技术学院	齐继宝
义乌工商职业技术学院	杨伟民
浙江飞瑞陶瓷科技有限公司	陈　蓓
浙江华友钴业股份有限公司	禚其昌

前言

党的二十大精神强调实施科教兴国战略，必须坚持科技是第一生产力、人才是第一资源、创新是第一动力，深入实施科教兴国战略、人才强国战略、创新驱动发展战略，开辟发展新领域新赛道，不断塑造发展新动能新优势；坚持创新在我国现代化建设全局中的核心地位，完善党中央对科技工作统一领导的体制，健全新型举国体制，强化国家战略科技力量，优化配置创新资源，提升国家创新体系整体效能。

传感器是一种能够感知并转换特定物理量为电信号的装置或设备，作为连接物理世界和数字世界的桥梁发挥着至关重要的作用。它们可以检测、测量或指示诸如光、声、压力、温度、振动、湿度、速度、加速度、特定化学成分或气体存在、运动、灰尘颗粒等特定物理量。随着以人工智能、5G通信、大数据等为代表的智能化时代的到来，传感器成为了重要的元件之一，广泛应用于各个领域，并受到了世界各国的关注和快速发展。智能传感器（Smart Sensor / Intelligent Sensor）则可对外界环境信息进行感知、采集并自主判断、分析和处理，具有信息采集、处理、交换、存储和传输功能的多元件集成电路，是将传感器、通信模块、微处理器、驱动与接口以及软件算法集合在一起的系统级器件。国家标准《智能传感器 第1部分：总则》（GB 33905.1—2017）定义智能传感器一般由电源单元、传感器子系统、数据处理子系统、人机接口、通信接口和电输出子系统构成。智能传感器具有自学习、自诊断和自补偿的能力，也具备感知融合和灵活的通信能力。它们在智能可穿戴、智能家居、智慧城市、智能交通、智能电网等领域都有着广泛的应用价值。

全书以项目化、模块化、活页式对教学资源进行数字化组织，自动化生产过程中传感系统、智能制造过程中的智能传感系统、复杂环境中多传感器信息融合系统等三个部分出发，重点从目前传感器类型、选型、参数技术解读以及无线传感网络多传感器融合进行解析。全书涵盖大量的数字化素材，并进行不断实时更新，用于辅助教与学过程。每个项目内容均包括"案例—分析—问题—方法—强化"环节，贯穿智能传感技术在实际生产过程中的应用。本书编写过程中，结合目前很多国内外物联网、智能感知等前沿技术，将其具体化后，结合国内机电类相关专业（或方向）在传感技术方面学生培养，以及行业、企业岗位需求，以项目化教学为主线，设计本书的内容。

本书由方晓汾老师担任主编，各部分的编写分工如下：本书前言、项目1、项目2、项目3由方晓汾编写，项目1由陈伟东、郑丽辉校审和补充，项目2由张正中、王英主审和补充，项目3由王晖校审和补充，其他编委参与整本教材的规划与数字资源开发，全书由方晓汾老师统稿，整体课时建议48学时或64学时。

感谢共同参与工作的各位编委同仁，感谢浙江大学、浙江省高等教育学会首批重点教材建设项目的支持。

本书在编写过程中，引用了国家标准、网络资源以及图片，特向其作者表示感谢。

由于时间仓促，水平有限，书中难免存在疏漏或不妥之处，欢迎广大读者随时提出批评指正。或有不解之处可与我们联系，共同探讨（fangxiaofen1985@hotmail.com）。

方晓汾

2024年2月

目录

前言

项目1 自动化生产过程中的传感系统 ········· 1

- 任务 1.1　电阻位移传感器 ········· 2
- 任务 1.2　电容式手机触摸屏传感器 ········· 14
- 任务 1.3　电感式圆度计传感器 ········· 27
- 任务 1.4　磁电式发动机转速传感器 ········· 39

项目2 智能制造过程中的智能传感系统 ········· 53

- 任务 2.1　压电式心电图传感器 ········· 54
- 任务 2.2　光电式 CMOS 图像传感器 ········· 68
- 任务 2.3　热电式红外辐射传感器 ········· 90
- 任务 2.4　数字式光电编码器 ········· 104

项目3 复杂环境中多传感器信息融合系统 ········· 115

- 任务 3.1　多传感器数据融合系统 ········· 116
- 任务 3.2　智能传感器系统 ········· 130
- 任务 3.3　无线传感器网络系统 ········· 146

参考文献 ········· 158

项目 1　自动化生产过程中的传感系统

一、学习目标

1. 知识目标
- 了解传感器的概念及其基本特性（静态特性和动态特性）。
- 掌握传感器的技术指标。
- 掌握传感器的组成结构。
- 掌握常见传感器的测量范围和量程。

2. 能力目标
- 能够根据测量物理量判断使用什么类型的传感器。
- 能够判断常见传感器的工作范围和局限性。
- 能够理解传感器等效电路。
- 能够理解常见传感器的工作原理。

3. 素质目标
- 养成精益求精的质量意识和工匠精神。
- 养成数字化信息素养。
- 养成技术创新思维。

二、知识图谱

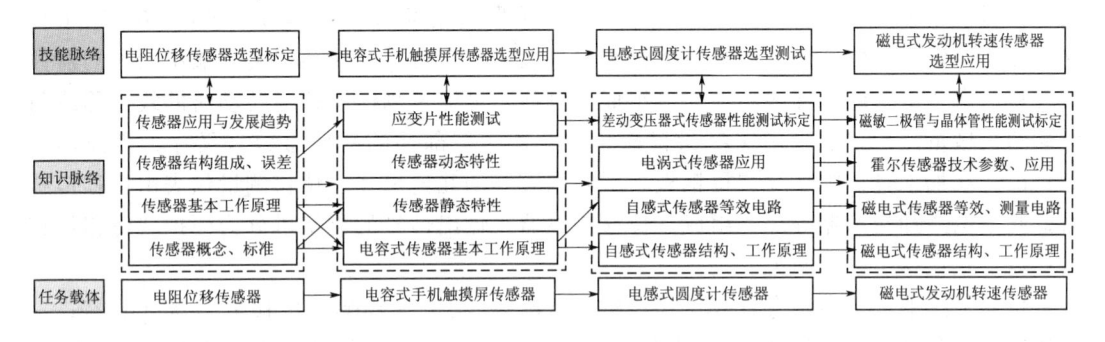

技能脉络	电阻位移传感器选型标定	电容式手机触摸屏传感器选型应用	电感式圆度计传感器选型测试	磁电式发动机转速传感器选型应用
知识脉络	传感器应用与发展趋势	应变片性能测试	差动变压器式传感器性能测试标定	磁敏二极管与晶体管性能测试标定
	传感器结构组成、误差	传感器动态特性	电涡式传感器应用	霍尔传感器技术参数、应用
	传感器基本工作原理	传感器静态特性	自感式传感器等效电路	磁电式传感器等效、测量电路
	传感器概念、标准	电容式传感器基本工作原理	自感式传感器结构、工作原理	磁电式传感器结构、工作原理
任务载体	电阻位移传感器	电容式手机触摸屏传感器	电感式圆度计传感器	磁电式发动机转速传感器

任务1.1 电阻位移传感器

1.1.1 案例引入

> 传感器技术是一项世界瞩目且迅猛发展的高新技术之一，是当代科学技术发展的一个重要标志。
>
> 传感器是一种能将物理量、化学量、生物量等转换成电信号的器件。其输出信号有不同形式。比如：电压、电流、脉冲、频率等，能满足信息传输、处理、记录、显示、控制等要求。因此，传感器是自动检测系统以及自动控制系统中不可缺少的元件。它能正确感受被测量的大小并转换成相应的输出量，对自动控制系统的质量起决定性作用。
>
> 在工业自动化方面，我们需要测量物体间位移量的大小。例如，数控机床切削刀具在某一次进给运动后的位移量，其测量的精度直接影响整个设备的加工精度。如何针对位移量这一类物理量进行感知？是否可以像人类一样可以通过眼睛、耳朵等器官进行智能感知呢？
>
> 应变式传感器是基于测量物体受力变形所产生的应变的一种传感器。电阻应变片则是其最常采用的传感元件。加速度传感器中质量块相对于基座（被测物体）产生位移，应变片的敏感栅也受力变形，从而使其电阻随之发生变化，那么如何将电阻变化转换成电压或电流的变化进而测量加速度呢？

1.1.2 原理分析

位移量属于最为常见的一类物理量形式，即相对空间位置的测量。我们需要采用一类电子元器件用于感知该物理量的变化，在《传感器通用术语》（GB/T 7665—2005）中将这类元器件定义为传感器，即能感受被测量并按照一定的规律转换成可用输出信号的器件或装置，通常由敏感元件和转换元件组成。例如，可测量刚体平移或转动时的线位移或角位移的机械量测量仪表，用于测量机械位移、机械零部件的几何参数（尺寸、表面形状等）以及在加工过程中连续测量钢板、纸和橡胶等的几何尺寸。位移测量仪表由位移传感器、测量电路和指示器等部分组成。位移传感器按输出信号的类型可分为模拟式位移传感器和数字式位移传感器两类。

位移传感器常用类型有直线位移传感器（电阻式）、磁致弹性位移传感器（电容式）、LVDT位移传感器（电感式）、拉绳位移传感器（编码式）、光栅位移传感器（光学式）。其中，电阻式位移传感器的应用较早，它是一种种类繁多、应用广泛的传感器，它能够将被测物理量的变化转换成相对应的电阻值的变化。这类传感器结构简单，有着优良的稳定性和线性结构，现在已经逐渐成为实现自动化生产不可缺少的重要手段。图1.1为直线位移传感器。

通过改变物理位置来实现电信号的转变，我们最容易想到的是滑动变阻器，如图 1.2 所示。当被测量发生变化时，通过滑臂触点在电阻元件上产生移动，该触点与电阻元件间的电阻值就会发生变化，从而实现位移（被测量）与电阻之间的转换，这就是电位器式传感器的工作原理。电位器传感器工作时可作为变阻器用，也可作为分压器用。

图 1.1　直线位移传感器

如图 1.2 所示，若在测量系统中，我们通过获取移动点（滑臂）与起始位置的电阻值，即可计算得到移动点（滑臂）与起始位置的相对位置 x。作为滑动变阻器，电阻元件由金属电阻丝绕成，电阻丝截面积相等，电阻值沿长度变化均匀。当滑臂由 A 到 B 移动位移后，A 到 B 滑臂间的电阻值为

$$R_x = \frac{x}{x_{\max}} \cdot R_{\max}$$

式中：$x_{\max}$ 为电位器全长；$R_{\max}$ 为总电阻。

如图 1.3 所示，若测量系统中，通过获取移动点（滑臂）与起始位置的电压值，也可计算得到移动点（滑臂）与起始位置的相对位置 x。这时候，滑动变阻器又被称为分压器，设加在电位器 A、B 之间的电压为 $U_{\max}$，则输出电压为

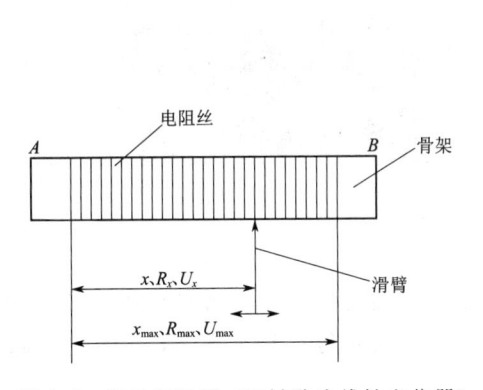

图 1.2　滑动变阻器（又被称为线性电位器）　　图 1.3　滑动变阻器

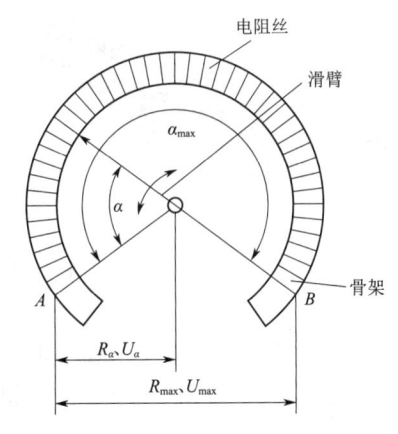

$$U_x = \frac{x}{x_{\max}} \cdot U_{\max}$$

式中：$x_{\max}$ 为电位器全长。

那么，采用上面的原理，角位移又如何测量呢？

位移传感器又称为线性传感器，是一种属于金属感应的线性器件，传感器的作用是把**各种被测物理量转换为电量**。最常用的是磁致伸缩位移传感器。

在测量系统中,传感器处于最前端的位置,其特性会影响到整个系统的性能。传感器是一种能把物理量、化学量或生物量等按照一定规律转换为与之有确定对应关系的、便于应用的某种物理量的器件或装置。传感器包括以下层次。

(1) 传感器是测量器件或装置,能完成一定的检测任务。

(2) 输入量是某一被测量,可能是物理量,也可能是化学量、生物量等。

(3) 输出量是某种物理量,这种量要便于传输、转换、处理、显示等,这种量可以是气、光、电量等,一般情况下是电量。

(4) 输出输入有对应关系,且应有一定的精确度。

1.1.3 问题界定

在工业自动化领域,机器需要传感器提供必要的信息,以正确执行相关的操作。大多数的工业智能机器人已经开始应用传感器以提高其适应能力。智能机器人的传感器可以大致分为触觉传感器、接近传感器、力学传感器,以及视觉、滑觉、热觉等多种类型的传感器。例如有很多的协作机器人集成了力矩传感器和摄像机,以确保在操作中拥有更好的视角,同时保证工作区域的安全等。

电阻式位移传感器的应用较早,它是一种种类繁多、应用广泛的传感器,它能够将被测物理量的变化转换成相对应的电阻值的变化。这类传感器结构简单,有着优良的稳定性和线性结构,现在已经逐渐成为实现自动化生产不可缺少的重要手段。图 1.4 为电阻式拉杆位移传感器。下面介绍几种不同类型的电阻式位移传感器。

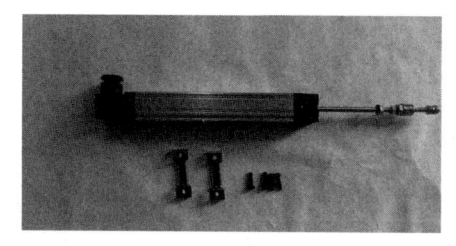

图 1.4 电阻式拉杆位移传感器

(1) KTC 位移传感器是比较通用的类型,它适合各种不同类型设备的位置检测,比如,橡胶机、注塑机、鞋机、EVA 注射机、液压机械等,易于安装,非常适应减少机械长度方向的安装尺寸。

(2) KPC 位移传感器是两端带铰接安装方式,主要用于较大机械行程且有摆动的具体位置检测,对安装的对中性无其他要求。如智能机器人、取出机、砖机、陶瓷设备、水闸控制、木工机械、液压机械等。

(3) KPM 位移传感器是微型铰接式结构,适用于较小机械行程且有摆动的具体位置检测,对安装的对中性无其他要求。如智能机器人、取出机、砖机、陶瓷设备、水闸等。

(4) KTM 位移传感器是微型拉杆系列,非常适用于空间狭小的应用场合,如飞机操舵、船舶操舵、制鞋机械、注塑机的顶针具体位置控制、印刷机械、纸品包装机械等。

某系列超微型电阻式位移传感器的技术参数和几何尺寸如图 1.5 所示。

有效电气行程(C.E.U.)	5mm、10mm、25mm（其他量程可定制）
独立线性度(C.E.U.范围内)	±0.25%～1%FS
分辨率	1μm
重复精度	±0.01mm
电气连接	直接出线（标配长度1m，可定制）
防护等级	IP54
位移速度	1m/s
位移力	约1N
振动	5～2000Hz，A_{max}=0.75mm a_{max}=20g
冲击	50g，11ms.
加速度	200m/s²，最大(20g)
电阻容差	±20%
推荐游标电流	<0.1μA
最大游标电流	10mA
最大应用电压	36V
电气绝缘	>100M (500V，1bar，2s)
绝缘强度	<100μA (500V～，50Hz，2s，1bar)
40℃时的损耗(120℃时0W)	3W
电阻温度系数	−200～+200ppm/℃，典型值
输出电压的实际温度系数	<5ppm/℃，典型值
工作温度	−30～85℃
贮存温度	−30～85℃
外壳材料	铝合金　　POM
安装	夹具固定

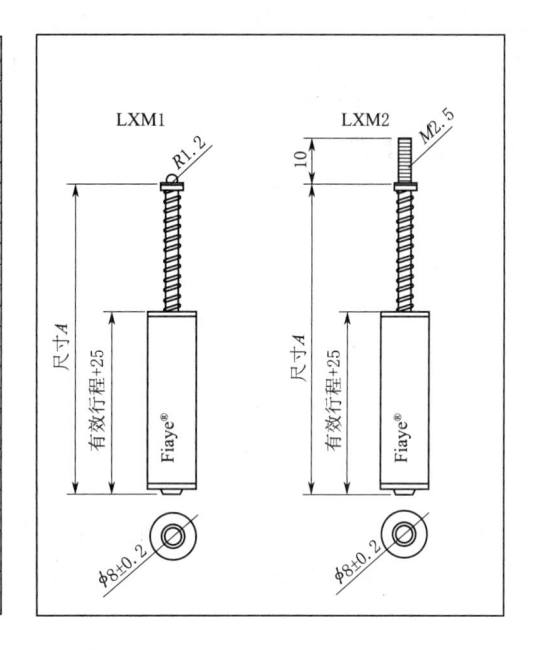

图 1.5　某系列超微型电阻式位移传感器的技术参数和几何尺寸

1.1.3.1　电阻式拉杆位移传感器的结构形式

（1）拉杆。材质，不锈钢。无磁性，永不生锈，表面经无芯研磨及抛光处理，光滑耐磨。外径尺寸 ϕ6mm，确保拉杆与前端盖内 ϕ6.00mm×3.80mm 的尘封与 ϕ6.00mm×4.00mm 的油封紧密配合，可防止拉杆在往复运动过程中携带杂物或油水进入电子尺内部。拉杆与传感部件的连接采用先进的三爪封闭式卡簧，稳定可靠，轴向承载力大于 50kg。

（2）铝管。表面经电泳涂漆着色，不会因时间长久而氧化，内部滑轨采用圆柱式大面积接触型，保证电刷支架在铝管内部能够平稳、高速往复运动，即使在剧烈的震动下，也不会影响电子尺的精确度。铝管带有屏蔽保护功能。整体产品在 10g 冲击下能正常工作。

（3）线路板。采用进口高品质碳膜树脂浆料热压成型，经烧结，电脑线性修刻后，使其耐磨性、性线精确度符合行业标准。所有接线端子经焊接、铆接及银胶固化，可靠性高。

（4）电刷。采用银钯合金材料，由精密五金模具冲压而成。厚度为 0.08mm，有效弹性长度为 7.80mm，电刷触点高度为 1.00mm，单位直线触点面积为 0.22mm²。银铜锌合金材料具有高导电性能，弹性好，耐磨性优良，符合电刷性能要求。经加工成型后的电刷再经点焊加工固定定位支架上，保证电刷与线路板之间的工作高度（耐磨使用寿命）、重复精度、分辨率符合行业标准。采用单电刷结构可以保证电子尺具有较小的杂波，同时保证电子尺在整个寿命周期内都具有非常高的分辨率。

（5）电刷支架。固定电刷并且在铝管轨道上往复运动。要求其耐磨性、稳定性绝对不能出现丝毫差错，否则电子尺将无法正常工作。电刷支架材料，采用自润滑性、耐磨性极为优良的聚四氟乙烯工程材料；结构采用圆柱式大面积接触型滑道，间隙控制在0.05mm，滑道内部有润滑槽，润滑槽内存有高级润滑剂，保证了电刷支架滑道与铝管轨道的摩擦系数降至最低点。

（6）前后端盖。前端盖的结构具有防水、防油、防尘及角度自由转向活动的功能。避免因安装不水平而影响电子尺使用寿命和精确度。前端盖设有三个排油或排水孔，可随时排出拉杆带入端盖内的水或油；后端盖嵌有接地装置。前后端盖面与铝管端面装有耐温、耐油、耐腐蚀性氟橡胶垫，加强了整个产品的密封等级，即使把整个产品浸入1m深的水中，也不会受到影响。防护等级达到IP67。

（7）LC高频吸收电路。电子尺在工作时，电刷与线路板之间有一定的工作电流，有工作电流就会有电流火花。这种电流火花是肉眼看不到的，只有用100MHz的高频示波器才能检测出来。当工作电流火花频率、幅度过大时，计算机数字会出现快速闪动现象，全闭环控制计算机将无法分辨、取样和有效工作。为了解决这一关键问题，电子尺后端盖内部设有LC高频吸收回路模块，可以有效地抑制高频杂波，能有效地提高电气控制系统的工作稳定性。此款电子尺在高速、精密型注塑机的应用中可以替代价值近千美金的磁致伸缩感应尺。

1.1.3.2　电阻式位移传感器安装时的注意事项

（1）选取电阻式位移传感器规格需留有余量，通常在实际行程的基础上选大一规格的就可以了。

（2）1000mm规格以下可选用电阻式位移传感器拉杆系列，超过此行程的规格，或不利于进行对中调整的场合，宜选用KTF滑块结构。

（3）电阻式位移传感器的安装宜将余量均匀留在两端，未确定极限具体位置之前不可以锁紧固定支架螺丝，待调整行程OK后才能锁紧电子尺固定支架螺丝。

（4）拉杆电阻式位移传感器的拉球万向头允许半径1mm的对中性偏差，不过规格越短，建议对中偏差越小。

（5）固定电阻式位移传感器后，将拉杆缩回去时，万向球头的圆柱本体还应在四个径向方位有空隙。不然，则调整万向头安装位或调整靠近伸出端的安装支架位。

电阻式位移传感器的使用寿命较长，线性精度较高，有着较高的操作速度，多种优势集合于一起，使得其在市场上拥有极高的知名度。伴随着位移传感器技术的不断突破，相信在未来，电阻式位移传感器的应用场景也将越来越广阔。

1.1.4　方法梳理

人的大脑通过五种感觉即视觉、听觉、嗅觉、味觉、触觉，对外界的刺激做出反应。人们为了从外界获取信息，必须借助于感觉器官。而单靠人们自身的感觉器官，在研究自然现象和规律以及生产活动中远远不够，人体的感官属于天然的传感器；而人们常说的传感器是人类五官的延长，是人类的第六感官，也称之为电五官。两者的作用原理是相似的，如图1.6所示。传感器是人体"五官"的工程模拟物，是一种能把特定的被测量的信息（包括物理量、化学量、生物量等）按一定规律转换成某种可用信号输出的器件或装置。

如图1.7所示，传感器的组成至少包括以下几个部分。

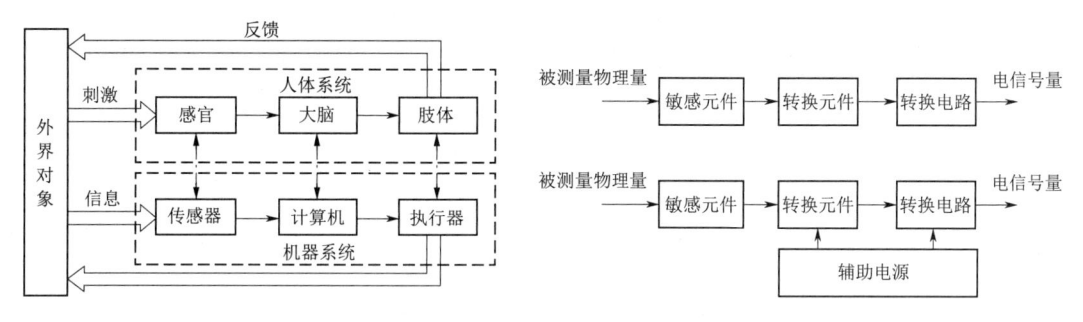

图1.6 学习联想方法　　　　　　　图1.7 传感器组成框图

（1）敏感元件。指传感器中能直接感受或响应被测量的部分。

（2）转换元件。指传感器中能将敏感元件感受或响应的被测量转换成适合于传输或测量的电信号部分。

（3）转换电路。将电路参数（如电阻、电容、电感）量转换成便于测量电量（如电压、电流、频率等）。

1.1.5 巩固强化

1.1.5.1 传感器的分类

传感器的种类繁多，一种被测量可以用不同的传感器来测量，而同一原理的传感器通常又可测量多种被测量，因此分类方法各不相同（表1.1）。

1. 根据传感器的工作机理进行分类

物理传感器：基于物理效应如光、电、声、磁、热等效应进行工作。

化学传感器：基于化学效应如化学吸附、离子化学效应等进行工作。

生物传感器：基于酶、抗体、激素等分子识别功能进行工作。

表1.1　　　　　　　　　　传 感 器 分 类

分类方法	传感器的类型	说明（掌握例举）
按基本效应分类	物理型、化学型、生物型	分别以效应命名为物理、化学、生物传感器
按构成原理分类	结构型	以其转换元件结构参数变化实现信号转换
	物性型	以其转换元件结构物理特性变化实现信号转换
按作用原理分类	应变式、电容式、压式、热电式等	以传感器对信号转换的作用原理命名

续表

分类方法	传感器的类型	说明（掌握例举）
按能量关系分类	能量转换型（自源型）	传感器输出量直接由被测量能量转换而得
	能量控制型（外源型）	传感器输出量能量由外源供给但受被测输入量控制
按敏感材料分类	半导体传感器、光纤传感器、陶瓷传感器、高分子材料传感器、复合材料传感器等	以使用的敏感材料命名
按输入量分类	位移、压力、温度、流量、气体、振动、温度、湿度黏度等	以被测量命名（即按用途分类法）
按输出信号分类	模拟式	输出量为模拟信号
	数字式	输出量为数字信号
按与某种高新技术结合	集成传感器、智能传感器、机器人传感器、仿生传感器等	按基于的高新技术命名

2. 根据传感器的构成原理进行分类

结构型传感器：是利用物理学中场的定律构成的，包括动力场的运动定律、电磁场的电磁定律等。物理学中的中场定律一般是以方程式给出的。特点是传感器的工作原理是以传感器中元件相对位置变化引起场的变化为基础，而不是以材料特性变化为基础。

物性型传感器：是利用物质定律构成的，如虎克定律、欧姆定律等。这些定律、法则大多数是以物质本身的常数形式给出。这些常数的大小，决定了传感器的主要性能。

3. 根据传感器的能量转换情况进行分类

能量控制型：是指其变换的能量是由外部电源供给的，而外界的变化（即传感器输入量的变化）只起到控制的作用。如应变电阻效应、磁阻效应、热阻效应等电桥。

能量转换型：是由传感器输入量的变化直接引起能量的变化。如热电效应中热电偶、光电池等。

传感器技术发展极为迅速，已经逐渐形成了一门新的学科。以传感器为核心逐渐外延，与测量学、微电子学、物理学、光学、机械学、材料学、计算机科学等多门学科密切相关，多种技术相互渗透、相互结合而形成一种新技术密集型综合性学科领域——传感技术。传感技术的含义比传感器更为广泛，传感技术包括传感（检测）原理、传感器件设计制造和开发应用等全部工程技术领域，也被称为传感器工程学。

传感技术是关于从自然信源获取信息，并对之进行处理（变换）和识别的一门多学科交叉的现代科学与工程技术，它涉及传感器、信息处理和识别的规划设计、开发、制（建）造、测试、应用及评价改进等活动。获取信息靠各类传感器，它们有各种物理量、化学量或生物量的传感器。按照信息论的凸性定理，传感器的功能与品质决定了传感系统获取自然信息的信息量和信息质量，是高品质传感技术系统的构造第一个关键。信息处理包括信号的预处理、后置处理、特征提取与选择等。识别的主要任务是对经过处理的信息进行辨识与分类。它利用被识别（或诊断）对象与特征信息间的关联关系模型对输入的特征信息集进行辨识、比较、分类和判断。因此，传感技术是遵循信息论和系统论的。

它包含了众多的高新技术、被众多的产业广泛采用。它也是现代科学技术发展的基础条件，因此受到广泛重视。

1.1.5.2 位移传感器的应用

位移传感器的应用主要在以下领域。

1. 电子产业及汽车行业

随着时代发展，人们对汽车与电子产品的依赖程度越来越高。位移传感器用于电子产业及汽车行业流水线的在线检测，可大大提升设备的自动化程度与生产效率，是自动化流水作业不可缺少的一个环节。传感器还用于各类汽车零部件、电子元器件的尺寸测量与组装定位，从而提升加工产品的品质。

2. 制药设备与石化产业

制药行业以及石化行业等特殊场合，要求使用的位移传感器必须具备防爆、防腐蚀等特性。防爆型磁致伸缩位移传感器有本安、隔爆及本安隔爆三种类型，可用于易燃易爆场合的位移、液位测量。防腐蚀型磁致伸缩位移传感器因为外部聚四氟乙烯防护层的保护，可用于酸、碱、盐等腐蚀性介质的测量与控制。

3. 橡塑机械及压铸机械

塑胶产业与五金铸造产业是我国的经济支柱产业，其生产的制品遍布日用消费品及汽车、工业设备、农业机械、科研仪器等零部件。位移传感器应用于注塑机、橡胶机、压铸机等数控机械，实现位移测量与位置定位，传感器质量直接决定了数控机械的控制效果。橡塑机械、压铸机械等常用电阻式直线位移传感器，不过随着设备性能的不断提升，市场对抗震性能、抗干扰性能以及使用寿命更佳的磁致伸缩位移传感器的需求在不断增加，磁致伸缩位移传感器逐渐替代电阻式直线位移传感器成为一种趋势。

4. 食品机械

食品行业对于清洁度的要求远远高于其他行业，用自动化程度较高的数控机械替代传统的半自动机械或者手工机械已经成为必然的趋势。位移传感器可实现食品机械的自动化作业以及在线检测。另外食品行业加工环境通常比较潮湿，现场应用对于位移传感器的防护性能通常要求相对较高。

5. 电力设备

位移传感器可用于电力行业闸门控制与轮机控制。常用电阻式直线位移传感器、LVDT 位移传感器等，其中 LVDT 位移传感器因为检测精度高、防护性能好、使用寿命长等优点成为部分电力部门的标准配件。轮机的偏心、涨差、转速等在线检测常用电涡流位移传感器。水电行业水库液位监测常用拉绳位移传感器、磁致伸缩位移传感器等。

6. 纺织机械

电阻式直线位移传感器、磁致伸缩位移传感器、LVDT 位移传感器、角度传感器等用于纺织机械，可实现设备的位移测量（包括线位移与角位移）与精密控制。电阻式直线位移传感器因为制造成本等因素，是性价比不错的传感器，大量应用于纺织机械。LVDT 位移传感器因为防护等级高、抗干扰性能强、使用寿命长，也逐渐替代电阻式直线位移传感器成为热销产品。

7. 液压机械

液压机械因为功率大、控制精度高在自动化控制系统广泛应用。位移传感器可实现对液压机械液压油缸的位置测量与精确反馈，常用产品为电位计原理直线位移传感器、拉绳位移传感器或磁致伸缩位移传感器。其中磁致伸缩位移传感器具有较好的抗震性能和较长的使用寿命，内置安装型磁致伸缩位移传感器还能够承受液压缸内较高的压力，安装使用更加便捷。部分液压机械液压缸行程较大，刚性推杆对于安装的平行度要求也非常高，电位计原理直线位移传感器或磁致伸缩位移传感器生产制造较为困难，采用拉绳位移传感器能很好地解决此类问题。

8. 医疗设备

现代医疗设备对于传感器的尺寸及性能要求比较苛刻，位移传感器主要应用于 X 光机、全自动手术台、螺旋 CT 或者双源 CT 等中小型设备，实现位移精确测量与位置定位。拉绳位移传感器安装尺寸较小，特别适用于此类设备的测量需求。多台拉绳位移传感器还可以实现平台或者立柱多维度精密移动。

1.1.5.3 现代传感技术的发展现状与趋势

当今世界发达国家对传感器技术发展极为重视，视为涉及国家安全、经济发展和科技进步的关键技术之一，将其列入国家科技发展战略计划之中。因此，近年来传感技术迅速发展，对传感器新原理、新材料和新技术的研究更加深入、广泛，传感器新品种、新结构、新应用不断涌现、层出不穷。现代传感器研发呈现出以下五方面特点。

（1）新技术普遍应用。目前研发普遍采用电子设计自动化（EDA）、计算机辅助制造（CAM）、计算机辅助测试（CAT）、数字信号处理（DSP）、专用集成电路（ASIC）及表面贴装技术（SMT）等技术。

（2）功能日渐完善。随着集成微光、机、电系统技术的迅速发展以及光导、光纤、超导、纳米技术、智能材料等新技术的应用，进一步实现信息的采集与传输、处理集成化、智能化，更多的新型传感器将具有自检自校、量程转换、定标和数据处理等功能，传感器功能得到进一步增强和完善，性能进一步提高，更加灵敏、可靠。

（3）新型传感器开发加快。新型传感器，大致应包括：① 采用新原理；② 填补传感器空白；③ 仿生传感器；④ 新材料开发催生的新材料传感器等诸方面。它们之间是互相联系的。

1）基于 MEMS 技术的新型微传感器。微传感器（尺寸从几微米到几毫米的传感器总称）特别是以 MEMS（微电子机械系统）技术为基础的传感器目前已逐步实用化，这是今后发展的重点之一。微机械设想早在 1959 年就被提出，其后逐渐显示出采用 MEMS 技术制造各种新型微传感器、执行器和微系统的巨大潜力。这项研发在工业、农业、国防、航空航天、航海、医学、生物工程、交通、家庭服务等各个领域都有着巨大的应用前景。MEMS 技术近十年来的发展令人瞩目，多种新型微传感器已经实用化，微系统研究已处于突破时期，创新的空间很大，已成为竞争研究开发的重点领域。随着 MEMS 的日趋成熟，传感器制作技术进入了一个崭新阶段。微电子技术和微机械技术相结合，器件结构从二维到三维，实现进一步微型化、微功耗，并研究把传感器送入人体，进入血管，能够对分子的重量进行测量，且感知 DNA 基因突变。

2) 生物、医学研究急需的新型传感器。21 世纪是生命科学世纪，特别是对人类基因的研究极大促进了对生物学、医学、卫生、食物等学科研究以及对各种新型传感器的研究开发。不仅需要多种生物量传感器，如酶、免疫、微生物、细胞、DNA、RNA、蛋白质、嗅觉、味觉和体液组分等传感器，也需要诸如血压、血流量、脉搏等生理量传感器的出现和实用化；还要进一步实现这些功能的集成化、微型化，研制出微分析芯片，使许多不连续的分析过程连续化、自动化，完成实时、在位分析，实现高效率、快速度、少耗样、低成本、无污染、大批量生产的目标。

3) 新型环保化学传感器。保护环境和生态平衡是我国的基本国策之一，实现这一目标就需要测量污水的流量、自动比例采样、pH 值、电导、浊度、COD、BOD 以及矿物油、氰化物、氨氮、总氮、总磷含量和重金属离子浓度等，而这些参量检测的多数传感器目前尚不能实用化，甚至尚未研制。大气监测是环保的重要方面，主要监测内容有风向、风速、温度、湿度、工业粉尘、烟尘、烟气、SO_2、NO、O_3、CO 等，这些传感器大多亟待开发。

4) 工业过程控制和汽车传感器。我国工业过程控制技术水平还很低，汽车工业也正在迅速发展。为适应这一形势，重点开发新型压力、温度、流量、位移等传感器，尽快为汽车工业解决电喷系统、空调排污系统和自动驾驶系统所需的传感器都是十分迫切的任务。若每辆车用 10 只传感器，将需 6000 万只传感器及其配套器材和仪表。一辆轿车的电子化控制系统，其水平的高低关键在于采用传感器的水平和数量，通常达 30 余种，多则达百种，以完成对温度、压力、位置、距离、车速、加速度、流量、湿度、电磁、光电、气体、振动等各种信息进行实时准确测量和控制。随着我国汽车工业的发展，开发和应用汽车传感器，实现汽车传感器国产化势在必行。

随着自动驾驶技术的发展，自动驾驶汽车是在一个未知的动态环境中运行的，所以它需要事先构建出环境地图并在地图中进行自我定位，而执行同步定位和映射过程（SLAM，即时定位和地图构建）的输入则需要传感器和 AI 系统的帮助。安装在自动驾驶系统上的传感器通常用于感知环境（图 1.8）。选择每个传感器是为了权衡采样率、视场（fov）、精度、范围、成本和整个系统复杂度。一般情况下，自动驾驶汽车包含的传感器主要有五种类型：远程雷达、照相机、激光雷达、短程/中程雷达和超声波。

a. 远程雷达，信息能够透过雨、雾、灰尘等视线障碍物进行目标检测。

b. 照相机，一般以组合形式进行短程目标探测，多应用于远距离特征感知和交通检测。

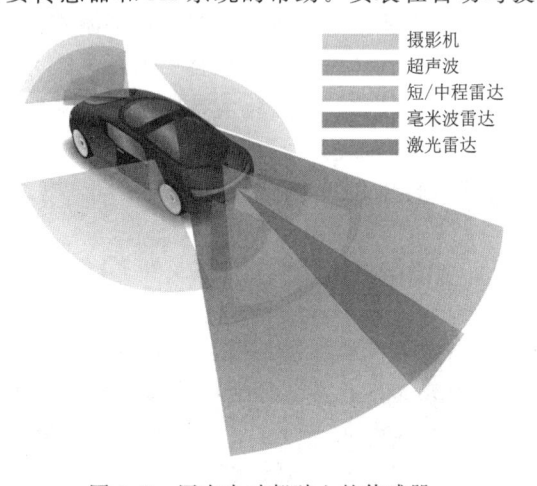

图 1.8 用在自动驾驶上的传感器

c. 激光雷达，多用于三维环境映射和目标检测。

d. 短程/中程雷在，中短程目标检测，适用于侧面和后方避险。

e. 超声波，近距离目标检测。

自动驾驶需要各种传感器来检测障碍物和周围环境。图 1.6 显示了装有这些传感器的汽车，根据测试目标的距离、角度和检测精度，这些传感器的作用和性能都不同。特别是为了实现自动驾驶上实际应用中的高精度先进视觉功能，必须使用多种类型的传感器作为所谓的"传感器融合"，根据每个传感器的作用补偿另一传感器的不足。表 1.2 列出了各种传感器各自的作用。

表 1.2 传感器性能

应用的技术 性能	超声波雷达	摄像头（Vsion）	激光雷达	毫米波雷达
远距离探测能力	弱	强	强	强
夜间工作能力	强	弱	强	强
全天候工作能力	弱	弱	弱	强
受气候影响	小	大	大	小
恶劣环境（烟雾、雨雪）工作能力	一般	弱	弱	强
温度稳定度	弱	强	强	强
车速测量能力	一般	一般	弱	强
目标识别能力	弱	强	一般	弱
避免虚报警能力	弱	一般	一般	强
硬件低成本可能性	高	一般	低	一般

（4）创新性更加突出。新型传感器的研究和开发由于开展时间短，往往尚不成熟，因此蕴藏着更多的创新机会，竞争也很激烈，成果也具有更多的知识产权。所以加速新型传感器的研究、开发、应用具有更大意义。

（5）商品化、产业化前景广阔。在新型传感器的研究开发同时，需注意新型材料、设计方法、生产工艺、测试技术和配套仪表等基础技术的同步发展，更加注重实用化，从而保证成果转化和产业化的速度更快。

知识小结

传感器是获取信息的工具。传感器技术是关于传感器设计、制造及应用的综合技术。它是信息技术（传感与控制技术、通信技术和计算机技术）的三大支柱之一。

传感学科是一门综合性学科，它与物理学、电学、光学、机械学、材料学、计算机科学等多门学科密切相关。

传感技术涉及传感（检测）原理、传感器件设计、传感器开发和应用的综合技术。

传感技术的含义比传感器更为广泛，它是敏感功能材料科学、传感器技术、微细加工技术等多学科技术互相交叉渗透而形成的一门新技术学科——传感器工程学。

传感技术与通信技术、计算机技术构成信息产业的三大支柱之一。传感器技术是测量技术、半导体技术、计算机技术、信息处理技术、微电子学、光学、声学、精密机械、仿生学、材料科学等众多学科相互交叉的综合性高新技术密集型前沿技术之一。

思政小故事

在科学研究和基础研究中，传感器能获取人类感官无法获得的信息，源源不断地向人类提供宏观与微观世界的种种信息，成为人们认识自然、改造自然的有利工具。由于传感器在感知某一种特定信息方面比人类灵敏，所以传感器可以帮助人类获取人类感官无法获得的大量信息。

著名科学家王大珩院士对仪器仪表的地位作用做出了非常精辟的论述："当今世界已进入信息时代，信息技术成为推动科学技术和国民经济发展的关键技术。测量控制与仪器仪表作为对物质世界的信息进行采集、处理、控制的基础手段和设备，是信息产业的源头和重要组成部分。仪器仪表是工业生产的'倍增器'，科学研究的'先行官'，军事上的'战斗力'，国民活动中的'物化法官'，应用无所不在。"

计算机技术革命被认为是20世纪最伟大的科学技术成就，而没有传感技术，计算机将只是一种计算能力很强的计算器，也就没有现代科学技术的辉煌。以传感器为核心的检测系统就像神经和感官一样，把外界信息采集、转换为数字信息传输给计算机，使计算机有了智能，从而发挥出无比的威力。

著名科学家钱学森明确指出："发展高新技术信息技术是关键，信息技术包括测量技术、计算机技术和通信技术。测量技术是关键和基础"。

传感技术是多学科相互交叉、新技术密集型学科。传感技术始终以各种高新技术作为其发展动力，利用新原理、新概念、新技术、新材料和新工艺等最新科学技术集成为传感技术所用，使传感技术学科成为对高新技术最敏感学科，它的多学科交叉而形成的边缘学科属性和多技术集成的特点越来越鲜明。

1.1.6 巩固习题

1. 传感器一般包括哪些部分？各部分的作用是什么？
2. 从传感器的结构形式来划分，可将传感器按其构成方法分为哪几类？各类型的特点是什么？并画出各类型的结构简图。
3. 传感器与被测对象之间有哪些关联形式？
4. 传感器的输出数学模型是什么？简述传感器对信号的选择方式。

任务 1.2 电容式手机触摸屏传感器

1.2.1 案例引入

> 电容器是电子电路中常见的无源元件之一，是通过静电电容来积蓄电荷或释放电荷的元件。电容器由两块金属板和夹在它们之间的电介质组成。通过找到电容值和实际距离值之间的关系（是一种非线性的关系），最终实现距离的检测功能。
>
> 如果我们没有电容式触摸屏显示技术，这几乎是不可想象的。触摸屏是一种 HMI（Human Machine Interface）。电容式触摸传感器非常适合需要环境密封以防灰尘、污垢和油脂的应用。例如，厨房表面经常被食物和灰尘弄脏，这会很快损坏机电开关。电容式触摸传感器不仅不受此类损坏，而且可以轻松擦拭，提供更卫生的界面。那么它是如何进行工作的呢？

1.2.2 原理分析

在电气工程学中，电容式感应是基于电容耦合原理的一种技术，可用在多种感应器上，如侦测和测量距离、位置和位移、湿度、液面以及加速度等。电容感应技术正逐步取代传统的输入设备鼠标，并越来越受欢迎。电容式感应器被用在平板电脑的触摸板、MP3 播放器、计算机显示器、手机以及其他设备上。越来越多的工程设计师选择电容式感应器，其优点是用途广泛、可靠且稳健、独特的人机交互界面，且价格较机械式输入设备更低。电容式触摸感应器被广泛使用在手持设备和 MP3 播放器上。电容式感应器可以侦测到任何导电或具备介电性能的物体。它可以取代传统的机械按键，其他的一些新技术如多点触控和基于手势的触摸屏也是以电容式感应为前提的。

电容式传感器由许多不同的介质构成，例如铜、氧化铟锡（ITO）和印刷油墨。铜电容传感器可以在标准 FR4 PCB 以及柔性材料上实现。ITO 允许电容式传感器的透明度高达 90%（例如触摸电话屏幕）。电容式传感器的尺寸和相对于地平面的间距对传感器的性能都非常重要。

作为一种具有高介电常数的导电介质，人体与周围环境形成了一个耦合电容。该电容很大程度上取决于人体体型、衣服、周围物体的类型和天气等因素。但无论耦合的范围如何宽，该电容值仅在皮法到纳法之间变化。当人移动时，耦合电容改变，因而可以将移动物体与静态物体区分开来（在 40MHz 时，肌肉和皮肤及血液的介电常数很大，约为 97，而脂肪和骨骼的介电常数在 15 左右）。

所有的物体都与其他物体具有某种程度的电容耦合。如果有人（或者任何物体）移动到已经建立电容耦合的物体附近，作为物体侵入的结果，会引起耦合电容值发生改变。

如图 1.9 所示，测试板和地之间的电容为 C_1。当人移动到测试板附近时，会形成另外两个电容：一个是测试板与人体之间的电容 C_a，另一个是人体和地之间的电容 C_b。因此导致测试板和地之间的电容增大了 ΔC。

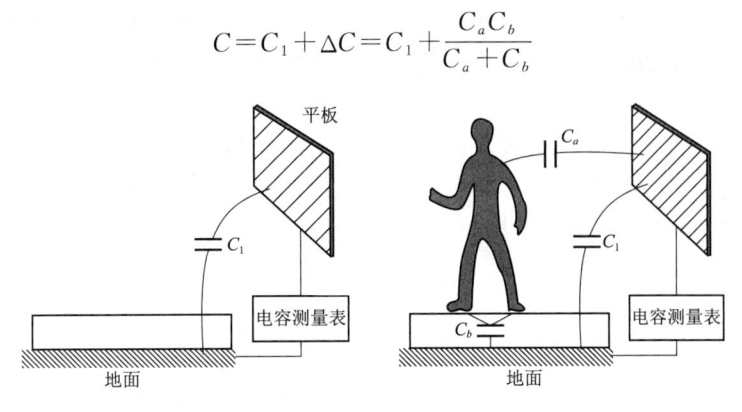

$$C = C_1 + \Delta C = C_1 + \frac{C_a C_b}{C_a + C_b}$$

图 1.9 电容耦合示意图

1.2.2.1 电容测量方法

要检测的电容构成了振荡器 RC 电路或 LC 电路的一部分。基本上，该技术的工作原理是用已知电流为未知电容充电（电容器的状态方程是 $i = C\mathrm{d}v/\mathrm{d}t$。这意味着电容等于电流除以电容器两端电压的变化率）。可以通过测量完成充电所需的充电时间或通过测量振荡器的频率来计算电容（弛张振荡器）的阈值电压。这两者都与振荡器电路的 RC（或 LC）时间常数成正比。

另一种测量技术是在电容分压器上施加固定频率的交流电压信号。它由两个串联的电容器组成，一个是已知值，另一个是未知值。然后从电容器之一的两端获取输出信号。未知电容器的值可以从电容比中找到，电容比等于输出/输入信号幅度的比，可以通过交流电压表测量。更精确的仪器可以使用电容电桥配置，类似于惠斯通电桥。电容电桥有助于补偿应用信号中可能存在的任何可变性。

电容测量误差的主要来源是杂散电容，如果不加以防范，它可能会在大约 10pF 和 10nF 之间波动。通过屏蔽（高阻抗）电容信号，然后将屏蔽连接到（低阻抗）接地参考，杂散电容可以保持相对恒定。此外，为了最大限度地减少杂散电容的不良影响，最好将传感电子设备放置在尽可能靠近传感器电极的位置。

1.2.2.2 电容式接近传感器

根据原理可将其分为自电容式（capacitive single ended mode，self-capacitive mode or shunt mode）与互电容式（mutual capacitance mode，differential mode）两种。

在简单的平行片电容中间隔着一层电介质，该系统中的大部分能量聚集在电容器极板之间，少许的能量会溢出到电容器极板以外的区域，当手指放在电容触摸系统时，相当于放置于能量溢出区域（称为边缘场），并将增加该电容触摸系统的导电表面积。

1. 自电容

自电容是感应块相对地之间的电容，这个地在这里指的是电路的地，虽然这个地离感应块可能很近，也可能很远，但它总是存在的。当感应块上施加一个激励信号时，由于自电容的存在，将在感应块和地之间产生一个随激励信号变化的电场。

自电容传感器可以具有与互电容传感器相同的 X—Y 网格，但列和行独立运行。使用自电容，电流可感应每列或每行物体的电容负载。这会产生比互电容感应更强的信号，但它无法准确分辨多个物体，多个物体出现会导致"重影"或位置感应错位。

2. 互电容

互电容由发射极和接收极组成，两极之间产生了电场，电场中的大部分能量直接聚集在电容器极板之间。少许能量会泄漏到电容器极板以外的空间，而由这些泄漏能量所形成的电场被称为"边缘场"，当把手指放在边缘电场的附近将增加电容式传感系统的导电表面积，如图 1.10 所示。

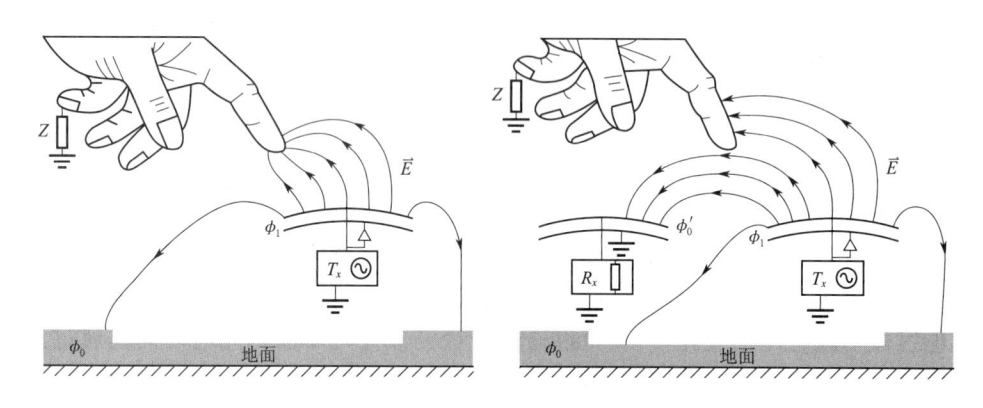

图 1.10 电容附近的电场

当与地面有高耦合的导电物体（如人类）可以部分屏蔽电场，因此，与自电容模式相比，它降低了电极之间的电容。而如果与地面的耦合很低的物体靠近这个场，则会发生相反的效应，并且耦合由于物体内部的极化而增加（互电容可以通过场的增强与减弱判断出金属与非金属）。根据这种变化，可以实现距离的检测。

每行和每列的每个交叉点处都有一个电容器。例如，一个 12×16 的阵列将有 192 个独立的电容器，向行或列施加电压。将物体靠近传感器表面会改变局部电场，从而降低互电容。可以测量网格上每个单独点的电容变化，通过测量另一个轴上的电压来准确确定触摸位置。互电容允许多点触控操作，可以同时准确跟踪多个手指、手掌或触控笔。

利用静电表示，电极上的电荷 Q 与电极上的电位 Φ 之间的关系可以描述成一个矩阵。

$$\begin{pmatrix} Q_1 \\ \vdots \\ Q_n \end{pmatrix} = \begin{pmatrix} C_{11} & \cdots & -C_{N1} \\ \vdots & \cdots & \vdots \\ -C_{1N} & \cdots & C_{NN} \end{pmatrix} \begin{pmatrix} \Phi_1 \\ \vdots \\ \Phi_n \end{pmatrix} = C \begin{pmatrix} \Phi_1 \\ \vdots \\ \Phi_n \end{pmatrix}$$

自电容模式通常决定对角元素的值，而互电容模式决定了非对角元素的值。

1.2.3 问题界定

目前，由镶嵌在起保护作用的强化玻璃衬底中的细微电容感应元素组成的投射触摸传感器（Projective Capacitive）精度更高。投射触控技术基本原理：触摸屏采用多层 ITO 层，形成矩阵式分布，以 X 轴、Y 轴交叉分布作为电容矩阵，当手指触碰屏幕时，可通过 X 轴、Y 轴的扫描，检测到触碰位置电容的变化，进而计算出手指之所在。基于此种架构，投射电容可以做到多点触控操作。投射电容的触控技术主要有两种：自我电容（self capacitance）式和交互电容（mutual capacitance）式。

互电容屏也是在玻璃表面用 ITO 制作横向电极与纵向电极，它与自电容屏的区别在于，两组电极交叉的地方将会形成电容，也即这两组电极分别构成了电容的两极。当手指触摸到电容屏时，影响了触摸点附近两个电极之间的耦合，从而改变了这两个电极之间的电容量。检测互电容大小时，横向的电极依次发出激励信号，纵向的所有电极同时接收信号，这样可以得到所有横向和纵向电极交汇点的电容值大小，即整个触摸屏的二维平面的电容大小。根据触摸屏二维电容变化量数据，可以计算出每一个触摸点的坐标。因此，屏上即使有多个触摸点，也能计算出每个触摸点的真实坐标。

自电容传感器可以与互电容传感器具有相同的 X—Y 网格，但列和行电极独立运行，如图 1.11 所示。利用自电容，电流可以感应手指在每列或每行上的容性负载。这产生比互电容感应更强的信号，但是它不能精确地解析多于一个手指，这导致"鬼影"或检测出现偏差。

互电容传感器在每行和每列的每个交叉点处具有电容器。例如，一个 12×16 阵列将具有 192 个独立电容器。在行或列电极上施加驱动电压，当手指或导电笔放在传感器表面附近会改变局部电场从而降低互电容，通过测量另一个轴上电极的电压，可以测量网格上每个单独点处的电容变化，从而精确地确定触摸位置。互电容允许多点触摸操作，同时可以准确地跟踪多个手指、手掌或测试针。

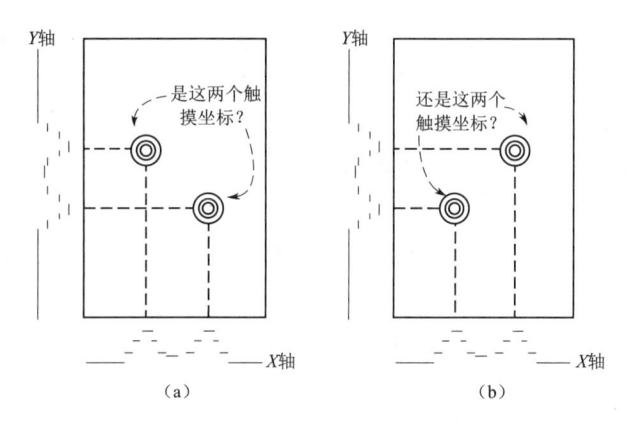

图 1.11 自电容"鬼影"的产生机理

当向任意两个或更多电极之间施加一个电压差时，就会产生静电场。虽然静电场在电极之间和环绕电极的区域最强，但它还是会向外延伸一定距离。当导电物体（比如手指）接近这一区域时，电场就将发生改变，从而能够检测到两个主动电极间合成电容的变化。我们正是通过该电容差来传感正在触摸屏幕的手指位置。当向部分电极间施加一个电势差时，其他电极可以是单独电绝缘，或是在电学上连接为一个整体，但仍处于电绝缘状态。因此，它们可以有一个恒定但未知的电势。

腕表中的电容传感器，如图 1.12 所示。对于这样一个相对较小的设备，我们可以模拟整个结构；传感器的尺寸仅为 20mm×30mm，两个电极之间的间距为 1mm。对于更大的触摸屏，更合理的做法是仅考虑整块屏幕中的一小块区域。

图 1.12 腕表中的电容传感器

电容式触摸屏的工作原理是利用人体的电容感应原理。人体是一个良好的导体，当手指触摸电容式触摸屏时，人体和触摸屏之间会形成一个电容，这个电容的大小与手指到电极的距离成正比。

1. 电容式手机触摸屏的传感器结构

电容式手机触摸屏的传感器结构主要由四个部分组成。

（1）ITO（Indium Tin Oxide，即铟锡氧化物）导电玻璃。ITO导电玻璃是触摸屏的核心部件，它在表面涂有一层透明的导电薄膜，通常是ITO薄膜。

（2）ITO电极。ITO电极是触摸屏的触摸区域，它由ITO薄膜制成，通常在屏幕的四周或四个角上。

（3）驱动电路。驱动电路负责为ITO导电玻璃和ITO电极供电，并对触摸信号进行处理。

（4）控制器。控制器负责对触摸信号进行分析，并将触摸位置信息传递给主机。

电容式手机触摸屏传感器的结构首要是在玻璃屏幕上镀一层通明的薄膜体层，再在导体层外加上一块维护玻璃，双玻璃规划能完全维护导体层及感应器。在接触屏幕时，因为人体电场，手指与导体层间会构成一个耦合电容，四边电极发布的电流会流向触点，而电流强弱与手指到电极的间隔成正比，坐落接触屏暗地的控制器便会核算电流的份额及强弱，精确算出接触点的方位。

2. 电容式手机触摸屏传感器使用时注意事项

使用电容式手机触摸屏传感器时，有几个注意事项需要注意：

（1）干燥环境，电容式触摸屏传感器对湿度比较敏感，较高的湿度可能会影响其正常工作。因此，在使用过程中，尽量避免在潮湿的环境下使用触摸屏。

（2）清洁方式，触摸屏表面容易沾染指纹、污垢等，影响触摸的灵敏度。清洁时，最好使用适当的清洁布或专用清洁剂，避免使用过多的水分或化学溶剂，以免损坏触摸屏。

（3）避免使用尖锐物体，在使用触摸屏时，尽量避免使用尖锐物体（如钥匙、刀子等）直接触碰屏幕，以免刮伤或破坏触摸屏。

（4）避免过度压力，虽然电容式触摸屏能够感应轻触，但过度用力可能会导致触摸屏受损。因此，在使用时要注意控制力度，避免用力过猛。

（5）避免长时间静置，长时间不使用手机触摸屏时，最好关闭屏幕或锁屏，以避免静置导致的触摸屏灵敏度下降或其他问题。

3. 电容式触摸屏的工作过程

（1）主机将驱动电路置于高频振荡状态，ITO导电玻璃和ITO电极之间会产生一个交变电场。

（2）当手指触摸电容式触摸屏时，人体和触摸屏之间会形成一个电容，这个电容将改变原有的交变电场。

（3）驱动电路将改变后的交变电场传递给控制器。

（4）控制器根据改变后的交变电场，计算出手指到电极的距离。

（5）控制器将手指到电极的距离信息传递给主机。

通过上述过程，主机就可以获得触摸点的位置信息，并根据这个信息进行相应的操作。

4. 电容式触摸屏优势

（1）响应速度快，触摸灵敏度高。

（2）可实现多点触控。

（3）抗干扰能力强。

（4）寿命长。

电容式触摸屏在手机、平板电脑、智能电视等电子设备中得到了广泛应用。

1.2.4 方法梳理

电容式传感器是将被测量的变化转换成电容量变化的一种装置，实质上就是一个具有可变参数的电容器。它具有结构简单、轻巧、灵敏度高、动态响应好、能在高低温及强辐射的恶劣环境中工作等优点，因而被广泛应用于位移、加速度、振动、压力、压差、液位、成分含量等的检测。

由绝缘介质分开的两个平行金属板组成的平板电容器，如图 1.13 所示。如果不考虑边缘效应，其电容量 C 为

$$C = \frac{\varepsilon S}{d}$$

式中：ε 为电容极板间介质的介电常数，$\varepsilon = \varepsilon_0 \varepsilon_r$，其中 ε_0 为真空介电常数，ε_r 极板间介质的相对介电常数；S 为两平行板所覆盖的面积；d 为两平行板之间的距离。

电容式传感器的等效电路如图 1.14 所示。图 1.14 中考虑了电容器的损耗和电感效应。

图 1.14 中：C 为传感器本身电容和引线电缆、测量电路及极板与外界所形成的寄生电容之和；R_P 为并联损耗电阻，它代表极板间的泄漏电阻和介质损耗；R_s 为串联损耗，包括引线电阻、电容器支架和极板电阻的损耗；电感 L 由电容器本身的电感和外部引线电感组成，其中电容器本身的电感与电容器的结构形式有关系，引线电感则与引线长度有关系。

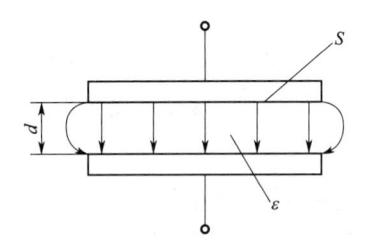

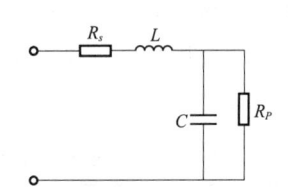

图 1.13 电容式传感器基本结构　　图 1.14 电容式传感器等效电路

如果电容量 C 的计算公式中，保持其中两个参数不变，而仅改变其中一个参数，就可把该参数的变化转换为电容量的变化，通过测量电路就可转换为电量输出。因此，电容式传感器可分为变极距型、变面积型和变介电常数型三种。图 1.15（b）～（d）和图 1.15（f）～（h）为变面积型，图 1.15（a）和图 1.15（e）为变极距型，而图 1.15（i）～（l）则为变介电常数型。

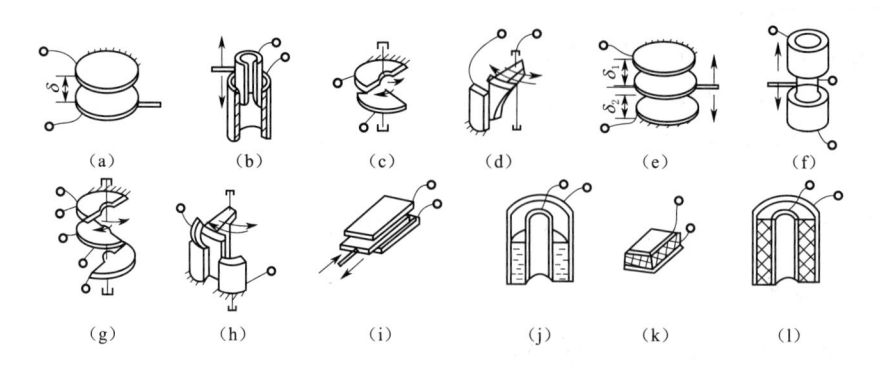

图 1.15 电容式传感元件不同结构形式

电容式传感元件的金属极板材料的选择取决于多种因素，如电容值、频率特性、温度稳定性、机械强度、耐腐蚀性等。一般来说，金属极板材料应具有以下特点。

(1) 高电导率，以减少电阻损耗和发热。
(2) 低温度系数，以保证电容值的稳定性。
(3) 良好的机械性能，以抵抗外力和振动的影响。
(4) 良好的耐腐蚀性，以防止电极氧化或腐蚀。

选择金属极板材料的原则包括以下几个方面。

(1) 电阻率要小。
(2) 对介质的化学和电化学性质的老化和催化作用要小。
(3) 价格低。
(4) 机械性能好，压延性好，柔韧性、机械强度高。
(5) 导热系数和热容量要大。
(6) 密度小。
(7) 容易焊接。
(8) 熔点和沸点要适当。

常用的金属极板材料有铝、铜、锡、银、镍等，不同的材料有不同的优缺点，具体的选择要根据具体的应用场合和要求而定。表 1.3 列出了一些常见的金属极板材料的特性和适用范围。

表 1.3　　常见的金属极板材料的特性和适用范围

材料	电导率/(S/m)	温度系数/(ppm/℃)	机械性能	耐腐蚀性	适用范围
铝	3.5×10^7	3900	中等	差	电解电容器
铜	5.8×10^7	3900	良好	中等	陶瓷电容器、薄膜电容器
锡	8.3×10^6	4500	差	良好	陶瓷电容器、薄膜电容器
银	6.3×10^7	3900	良好	差	高频电容器、高精度电容器
镍	1.4×10^7	5900	良好	良好	高温电容器、高稳定性电容器

1.2.5 巩固强化

变极距型电容传感器是一种电容式传感器,也称为差分电容式传感器,它利用了电容随距离变化的特性,来测量物体的位置、形状和运动状态。变极距型电容传感器具有以下优点。

(1) 测量范围宽,可以测量非常小的物体和较大的物体。
(2) 响应时间快,可以实时检测目标并实现快速反应。
(3) 非接触式测量,不会损坏被测物体。

变极距型电容传感器在工业、医疗、消费电子等领域都有广泛应用。例如,在工业领域,它可用于测量物体的位移、速度、形状等;在医疗领域,它可用于测量心电信号、脑电信号等;在消费电子领域,它可用于触控屏、指纹识别等。

当传感器的 ε 和 S 为常数,初始极距为 d_0 时,可知其初始电容量 C_0 为

$$C_0 = \frac{\varepsilon S}{d_0}$$

如图 1.16 所示,假设电容器极板间距离由初始值 d_0 缩小了 Δd,则电容量增加的 ΔC 为

$$\Delta C = C - C_0 = \frac{\varepsilon S}{d_0 - \Delta d} - \frac{\varepsilon S}{d_0} = C_0 \left(\frac{\Delta d}{d_0 - \Delta d} \right)$$

电容式传感器的测量电路就是将电容式传感器看成一个电容并转换成电压或其他电量的电路。电容式传感器常用的测量电路主要有电桥电路、调频电路、运算放大器式电路、二极管双 T 形交流电桥、差动脉冲调宽电路等。

除了变极距型电容传感器之外,电容式传感器还包括变面积型电容传感器和变介质型电容传感器。

(1) 变面积型电容传感器利用了电容随面积变化的特性,来测量物体的位移、形状和运动状态,如图 1.17 所示。变面积型电容传感器由一个固定电极和一个可移动电极组成,电极之间充满介质。当物体靠近或远离固定电极时,可移动电极的面积就会发生变化,电容值就会随之变化。

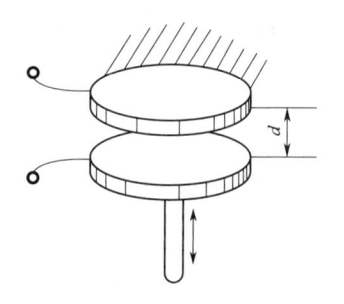

图 1.16 变极距型电容传感器结构示意图

(2) 变介质型电容传感器利用了电容随介质变化的特性,来测量物体的介质成分、介质含量和介质状态。变介质型电容传感器由一个固定电极和一个可移动电极组成,电极之间充满介质。当物体靠近或远离固定电极时,介质的类型或含量就会发生变化,电容值就会随之变化。当运动介质厚度保持不变,而介电常数 ε 改变时,电容量将产生相应的变化,因此可作为介电常数 ε 的测试仪。变介电常数型电容式传感器多用来测量液面高度和液体的容积。此外,利用某些介质的介电常数随温度、湿度等变化的特性,将介质固定在两极板之间,通过对电容量变化的检测,就可测出温度或湿度。

将电容式传感器接入交流电桥的一个臂(另一个臂为固定电容)或两个相邻臂,另两

(a) 平行板　　(b) 扇形　　(c) 圆筒形

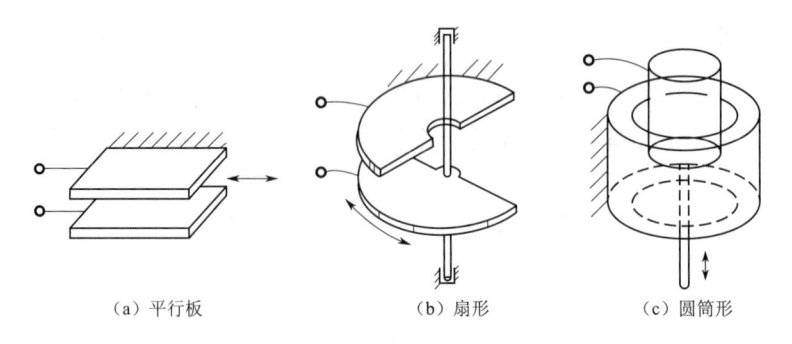

图 1.17　变面积型电容传感器结构类型

个臂可以是电阻、电容或电感,也可是变压器的两个二次线圈。其中另两个臂是紧耦合电感臂的电桥,具有较高的灵敏度和稳定性,且寄生电容影响极小,大大简化了电桥的屏蔽和接地,适合于高频电源下工作。而变压器式电桥使用元件最少,桥路内阻最小,因此目前较多采用。

如图 1.18（a）所示为桥路的单臂接法,高频电源经变压器接到电桥的一条对角线上,4 个电容构成电桥的 4 个臂,C_x 为电容传感器,交流电桥平衡时 $U_0=0$,这时有

$$\frac{C_1}{C_2}=\frac{C_x}{C_3}$$

当 C_x 改变时,$U_0\neq 0$,有电压输出。该电路常用于液位检测仪表中。

桥路的差动接法如图 1.18（b）所示。两个电容为差动电容传感器,其空载输出电压为

$$U_0=\frac{(C_0-\Delta C)-(C_0+\Delta C)}{(C_0-\Delta C)+(C_0+\Delta C)}=-\frac{\Delta C}{C_0}U$$

式中:U 为电源电压;C_0 为电容传感器平衡状态的初始电容值。

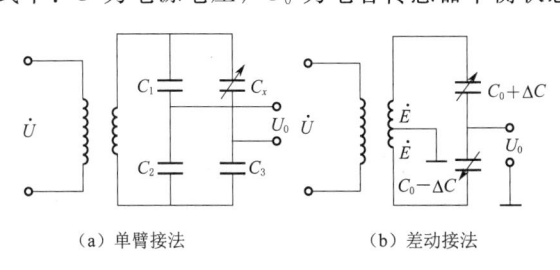

(a) 单臂接法　　(b) 差动接法

图 1.18　电容式传感器电桥电路

电桥电路的特点包括以下几个方面。

1) 高频交流正弦波供电。

2) 电桥输出调幅波,要求其电源电压波动极小,需采用稳幅、稳频等措施。

3) 通常处于不平衡工作状态,所以传感器必须工作在平衡位置附近,否则电桥非线性增大,且在要求精度高的场合应采用自动平衡电桥。

4) 输出阻抗很高（几兆欧至几十兆欧）,输出电压低,必须后接高输入阻抗、高放大倍数的处理电路。

电容式传感器所具有的高灵敏度、高精度等独特的优点是与其正确设计、选材以及精细的加工工艺分不开的。在设计传感器的过程中,在所要求的量程、温度和压力等范围内,应尽量使它具有低成本、高精度、高分辨力、稳定可靠和高的频率响应等。

1) 保证绝缘材料的绝缘性能。温度变化使传感器内各零件的几何尺寸和相互位置及

某些介质的介电常数发生改变，从而改变传感器的电容量，产生温度误差。湿度也影响某些介质的介电常数和绝缘电阻值。因此必须从选材、结构、加工工艺等方面来减小环境温度、湿度等变化所产生的误差，保证绝缘材料具有高的绝缘性能。

2) 消除和减小边缘效应。变面积型和变介电常数型电容传感器具有很好的线性，但这是以忽略边缘效应为条件的，实际上非线性问题仍然存在。

适当减小极间距，使电极直径或边长与间距比增大，可减小边缘效应的影响，但易产生击穿并有可能限制测量范围。电极应做得极薄使之与极间距相比很小，这样也可减小边缘电场的影响。此外，可在结构上增加图 1.19 所示的等位环来消除边缘效应。保护环与极板具有同一电位，这就把电极板间的边缘效应移到了保护环与极板 2 的边缘，极板 1 与极板 2 之间的场强分布变得均匀了。

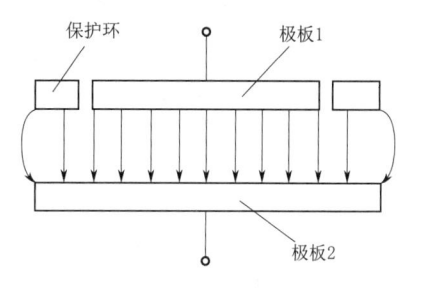

边缘效应引起的非线性与变极距型电容式传感器原理上的非线性恰好相反，在一定程度上起了补偿作用，但传感器灵敏度同时有所下降。

图 1.19 加保护环消除极板边沿电场的不均匀性

3) 消除和减小寄生电容的影响。寄生电容与传感器电容相并联，影响传感器灵敏度，而它的变化则会作为虚假信号影响仪器的精度，必须将其消除或减小。可采用如下方法来实现。

a. 增加传感器原始电容值。

b. 注意传感器的接地和屏蔽。图 1.20 为采用接地屏蔽的圆筒形电容式传感器，其中可动极筒与连杆固定在一起随被测量移动。可动极筒与传感器的屏蔽壳（良导体）同为地，因此当可动极筒移动时，固定极筒与屏蔽壳之间的电容值将保持不变，从而消除了由此产生的虚假信号。引线电缆也必须屏蔽在传感器屏蔽壳内。为减小电缆电容的影响，应尽可能使用短而粗的电缆线，缩短传感器至电路前置级的距离。

c. 集成化。

d. 采用"驱动电缆"技术。当电容式传感器的电容值很小，而因某些原因（如环境温度较高），测量电路只能与传感器分开时，可采用如图 1.21 所示的"驱动电缆"（双层屏蔽等位传输）技术。

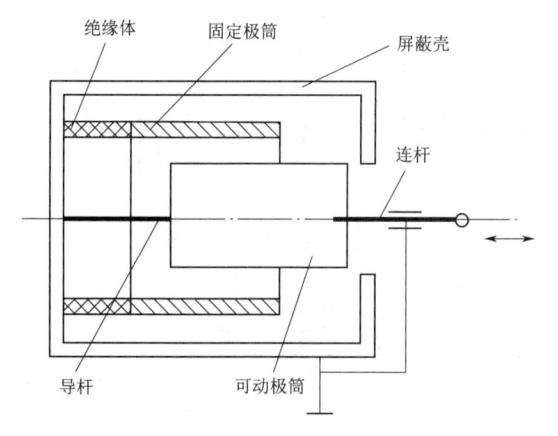

图 1.20 接地屏蔽圆筒形电容式传感器示意图 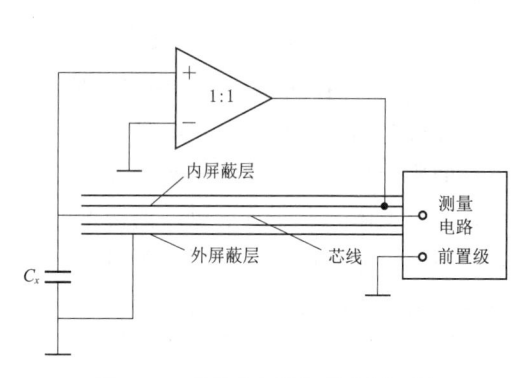　　图 1.21 "驱动电缆"技术原理图

e. 采用运算放大器法。图1.22是利用运算放大器的虚地来减小引线电缆寄生电容C_p的原理图。

f. 整体屏蔽法。将电容式传感器和所采用的转换电路、传输电缆等用同一个屏蔽壳屏蔽起来，正确选取接地点可减小寄生电容的影响和防止外界的干扰。图1.23是差动电容式传感器交流电桥所采用的整体屏蔽系统。

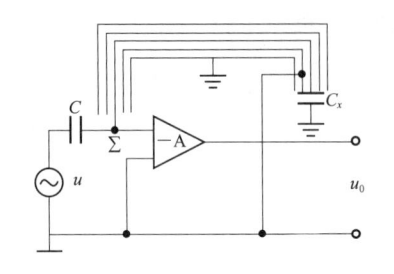

图1.22　利用运算放大器式电路虚地来减小电缆电容原理图

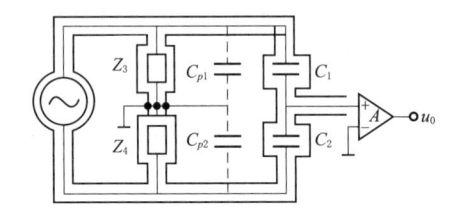

图1.23　交流电容电桥的屏蔽系统

4）防止和减小外界干扰。防止和减小干扰的措施包括以下几个方面。

a. 屏蔽和接地。

b. 增加原始电容量，降低容抗。

c. 导线间的分布电容有静电感应，因此导线和导线之间要离得远，线要尽可能短，最好成直角排列，若必须平行排列时，可采用同轴屏蔽电缆线。

d. 尽可能一点接地，避免多点接地；地线要用粗的良导体或宽印制线。

e. 采用差动式电容传感器，减小非线性误差，提高传感器灵敏度，减小寄生电容的影响和温度、湿度等因素导致的误差。

【案例1.1】　电容式压力传感器

图1.24所示为差动电容式压力传感器的结构。图中金属膜片为动电极，两个在凹形玻璃上的金属镀层为固定电极，构成差动电容器。

此种差动电容式压力传感器结构简单、灵敏度高、线性好、响应速度快（约100ms）、能测微小压差（0～0.75Pa），并减少了由于介电常数受温度影响引起的温度不稳定性。

【案例1.2】　电容式加速度传感器

电容式加速度传感器结构如图1.25所示，它有两个与壳体绝缘的固定极板1和5，中间有一用弹簧片支撑的质量块4，由两根弹簧片3支承，置于壳体2内。质量块4的两个端面A、B经过磨平抛光后作为可动极板，与壳体电连接。弹簧较硬使系统的固有频率较高，因此构成惯性式加速度计。

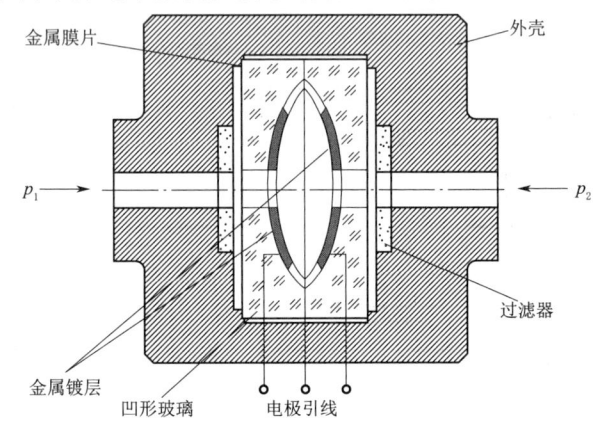

图1.24　差动电容式压力传感器结构

电容式加速度传感器的主要特点是频率响应快、量程范围大，大多采用空气或其他气体作阻尼物质。

【案例 1.3】 电容测厚传感器

电容测厚传感器用来实现对金属带材在轧制过程中厚度的检测，其工作原理如图 1.26 所示，是在被测带材的上下两侧各置放一块面积相等、与带材距离相等的极板，这样极板与带材就构成了两个电容器。把两块极板用导线连接起来成为一个极，而带材就是电容的另一个极。如果带材的厚度发生变化，将引起电容量的变化，用交流电桥将电容的变化测出来，经过放大即可由电表指示测量结果。

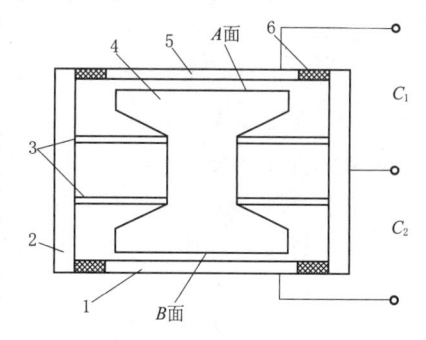

图 1.25　电容式加速度传感器结构
1—上固定极板；2—壳体；3—弹簧；
4—质量块；5—下固定极板；6—绝缘部

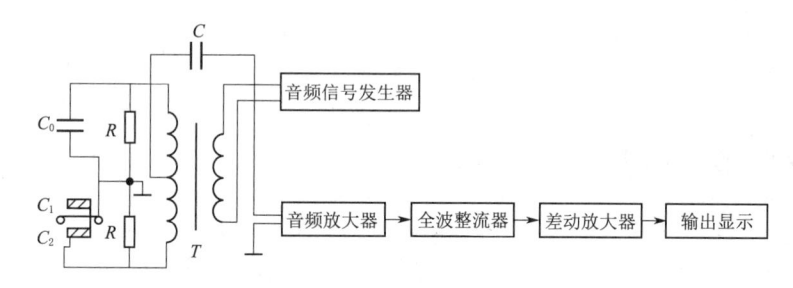

图 1.26　电容式测厚传感器原理框图

电容式传感器的集成化可以提高传感器的性能和可靠性，降低成本。未来，电容式传感器将向集成电路方向发展，实现传感器和信号处理电路的一体化。电容式传感器的智能化可以提高传感器的智能化程度，实现对被测量的自动识别和处理。未来，电容式传感器将向智能化方向发展，实现传感器与控制器的一体化。电容式传感器的微型化可以提高传感器的灵敏度和精度，降低成本。未来，电容式传感器将向微型化方向发展，实现传感器的微型化和集成化。

知识小结

电容式传感器根据工作原理可分为三种类型：变极距型、变面积型和变介质型。变极距型电容传感器利用了电容随距离变化的特性，可测量物体的位移、速度、形状等。变面积型电容传感器利用了电容随面积变化的特性，可测量物体的位移、形状等。变介质型电容传感器利用了电容随介质变化的特性，可测量物体的介质成分、介质含量和介质状态。电容式传感器具有以下优点。

(1) 温度稳定性好。

(2) 结构简单，适应性强。

(3) 动态响应好。

(4) 可以实现非接触测量，具有平均效应。

缺点：

(1) 输出阻抗高，负载能力差。

(2) 寄生电容影响大。

(3) 输出特性非线性。

随着材料、工艺、电子技术，特别是集成电路的高速发展，电容式传感器的优点得到发扬而缺点不断得到克服。电容传感器正逐渐成为一种高灵敏度、高精度，在动态、低压及一些特殊测量方面大有发展前途的传感器。

电容式传感器具有非接触式、测量范围宽、灵敏度高等优点，在新的领域也具有广阔的应用前景。例如：在机器人领域，电容式传感器可用于实现机器人的触觉感知，为机器人的安全操作和自主行动提供支持；在智能家居领域，电容式传感器可用于实现智能家居的自动化控制，为人们提供更舒适、便利的生活；在医疗领域，电容式传感器可用于测量皮肤电阻、血糖、血压等，为疾病诊断和治疗提供帮助；在农业领域，电容式传感器可用于测量土壤水分、肥料含量、作物生长情况等，为精准农业提供数据支持。

思政小故事

传感器是信息技术的核心，是信息处理和控制的首要环节。它将物理量转换为电信号，为信息处理和控制提供了基础。传感器是智能系统的眼睛和耳朵。它将外部世界的感知信息传递给智能系统，为智能系统的决策和行动提供了依据。传感器技术是未来信息技术发展的关键。随着信息技术的发展，传感器技术将更加成熟和完善，将在更广泛的领域得到应用。

徐光宪院士是我国微波传感器技术的开拓者之一，他一生致力于微波传感器的研发，为我国微波传感器技术的发展做出了卓越的贡献。徐光宪院士出生于1920年，浙江绍兴人。1945年毕业于燕京大学物理系，1949年赴美国留学，1951年获美国伊利诺伊大学博士学位。回国后，他先后在北京大学、中国科学院电子学研究所工作。

徐光宪院士在微波传感器领域做出了多项重要贡献，其中最著名的成果是研发了世界上第一台微波雷达，该雷达于1962年投入使用，为我国国防建设做出了重要贡献。他在微波传感器领域的另一项重要贡献是研发了微波位移传感器。该传感器具有非接触式、高精度、高灵敏度等特点，在工业自动化、机器人、医疗等领域得到了广泛应用。他是一位勤奋好学、勇于创新的科学家。他一生淡泊名利，潜心钻研科学，为我国科学技术的发展做出了重大贡献。

1962年，徐光宪院士带领团队正在研发我国第一台微波雷达。当时，我国的微波技术还比较落后，团队面临着很多困难。在一次实验中，团队遇到了一个难题，就是如何提高雷达的灵敏度。徐光宪院士经过反复思考，终于找到了解决办法。他提出了一个新的设计方案，将雷达的接收天线改为双馈天线。双馈天线的灵敏度比单馈天线高，可以有效提高雷达的探测距离。徐光宪院士的设计方案得到了成功验证，我国第一台微波雷达的灵敏度也因此得到了大幅提高。这项成果为我国国防建设做出了重要贡献，也为我国微波技术的发展奠定了基础。

徐光宪院士的故事告诉我们，只要勤奋好学、勇于创新，就一定能够取得成功。

1.2.6　巩固习题

1. 电容传感器主要包括哪些类型？分别有什么优点和缺点？
2. 变极距型电容传感器的特点是什么？
3. 电容型的触摸屏工作原理是什么？
4. 电容式触摸屏的结构包括哪几个部分？

任务 1.3　电感式圆度计传感器

1.3.1　案例引入

> 在工业生产中，对轴承滚珠直径分选时，由于滚珠直径的误差非常小，大约在几微米左右，故一般的传感器达不到测量精度。电感式传感器能测出 $0.1\mu m$ 甚至更小的机械位移变化，测量的准确度高，线性度好，因此，我们可以使用电感式传感器进行微位移检测。那么它是如何进行工作的呢？

1.3.2　原理分析

电感式传感器是利用电磁感应把被测的物理量转换成线圈的自感系数或互感系数的变化，再经过测量转换电路将电感量的变化转换为电压或电流的变化，从而实现非电量的测量。

根据信号转换原理，电感式传感器可以分为自感式和互感式两大类。

如图 1.27 所示，电感式传感器结构简单、工作可靠、灵敏度高、分辨率大，但是它的灵敏度、线性度和测量范围相互制约，频率响应低，不适用于快速动态测量。其对电源频率和稳定的要求也较高。

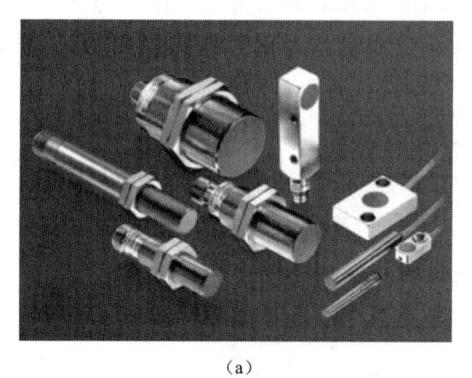

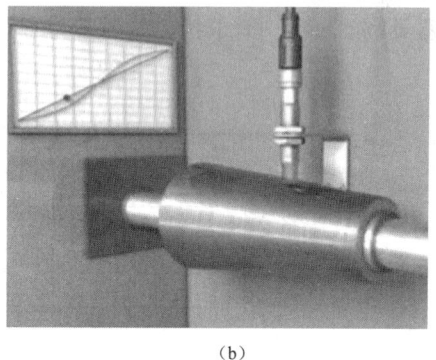

(a)　(b)

图 1.27　电感式传感器

1.3.2.1 自感式传感器

自感式传感器是把被测量的变化转换成自感 L 的变化,通过一定的转换电路转换成电压或电流输出。它实质上是一个带铁芯的线圈,被测机械量的变化会引起线圈磁路磁阻的变化,从而导致电感量(即自感)发生变化。按磁路几何参数变化形式的不同,目前常用的自感式传感器有变气隙式、变截面积式和螺线管式三种。

变气隙式自感传感器如图1.28(a)所示,它由线圈、铁芯、衔铁三部分组成。若保持 δ 不变,S 变化,则可构成变截面积式自感传感器,如图1.28(b)所示。若线圈中放入圆柱形衔铁,则是一个可变自感,当衔铁上下移动时,自感量将相应发生变化,这就构成了螺线管式自感传感器,如图1.28(c)所示。目前使用最广泛的是变气隙式自感传感器。

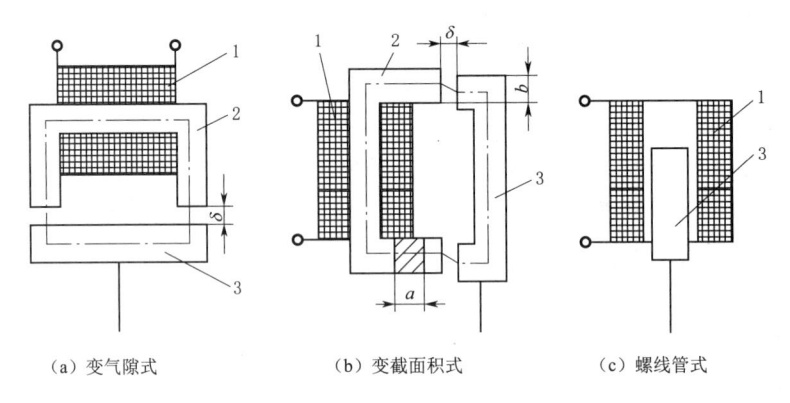

(a)变气隙式　　(b)变截面积式　　(c)螺线管式

图1.28　自感式传感器分类
1—线圈；2—铁芯；3—衔铁

自感式传感器的自线圈流往负载的电流不可能等于0;衔铁永远受有吸力;线圈电阻受温度影响,有温度误差;不能反映被测量的变化方向等。在实际中应用较少,常采用差动自感传感器。

差动变隙式自感传感器原理如图1.29所示,动铁位移时,输出电压的大小和极性将跟随位移的变化而变化。输出电压不仅能反映位移量的大小,而且能反映位移的方向。差动自感传感器灵敏度较高,对干扰、电磁吸力有一定补偿的作用,还能改善特性曲线的非线性。

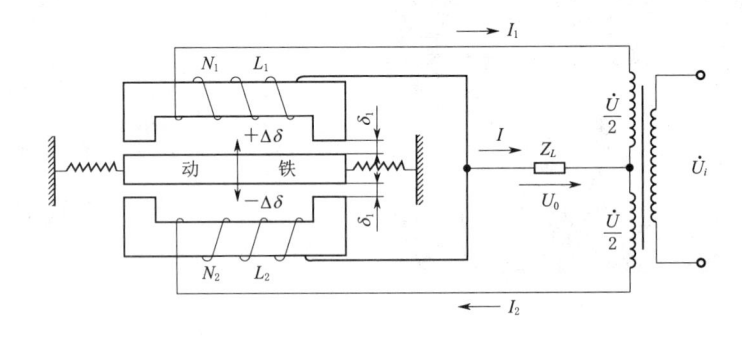

图1.29　差动变隙式自感传感器原理图

根据电感的定义,线圈中的电感为

$$L = \frac{\Psi}{I} = \frac{W\Phi}{I}$$

其中

$$\Phi = \frac{IW}{R_m}, \quad L = \frac{W^2}{R_m}$$

式中：Ψ 为线圈总磁链；I 为通过线圈的电流；W 为线圈的匝数；Φ 为穿过线圈的磁通；R_m 为磁路总磁阻。

磁阻的改变会引起自感 L 的改变。所以自感式传感器也称为变磁阻式传感器。因为气隙较小，可以认为气隙磁场是均匀的，所以，在忽略磁路铁损且气隙较小的情况下，磁路的总磁阻为

$$R_m = \sum \frac{l_i}{\mu_i S_i} + \frac{2\delta}{\mu_0 S}$$

式中：μ_i 为各段导磁体的导磁率；l_i 为各段导磁体的长度；S_i 为各段导磁体的截面积；μ_0 为真空磁导率，值为 $4\pi \times 10^{-7} \mathrm{H/m}$；$S$ 为气隙的截面积；δ 为气隙的厚度。

一般情况下，磁路的总电阻可简化为

$$R_m \approx \frac{2\delta}{\mu_0 S}$$

那么电感量的计算公式为

$$L = \frac{W^2}{R_m} = \frac{W^2 \mu_0 S}{2\delta}$$

当线圈匝数 W 为常数时，电感 L 仅仅是磁路中磁阻 R_m 的函数，改变 δ 或 S 均可导致电感变化。

1.3.2.2 互感式传感器

把被测量变化转换为线圈互感变化的传感器称为互感式传感器。这种传感器是根据变压器的基本原理制成的，并且次级绕组经常用差动形式连接，构成差动变压器式传感器，简称差动变压器。差动变压器式传感器可以直接用于位移测量，也可以测量与位移有关的任何机械量，如振动、加速度、应变、比重、张力和厚度等。

差动变压器结构形式较多，有变隙式、变面积式和螺线管式等，如图 1.30 所示，但

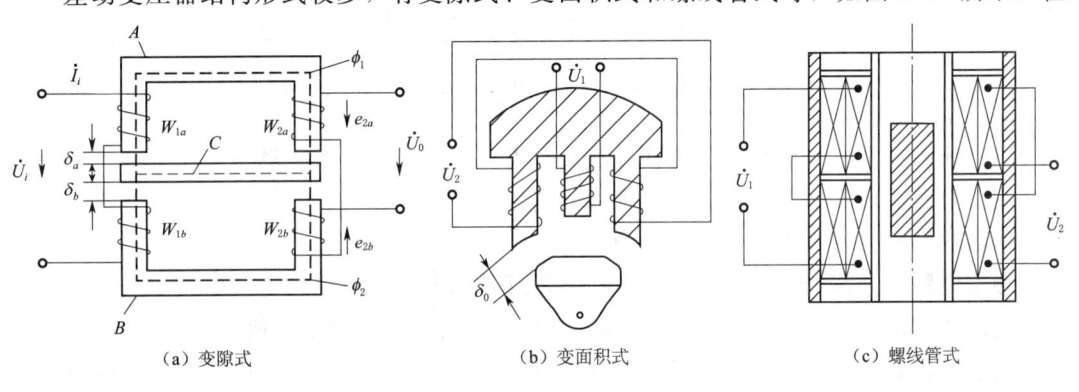

（a）变隙式　　　　（b）变面积式　　　　（c）螺线管式

图 1.30　互感式传感器分类

其工作原理基本一样。线性差动变压器是一种主要类型，它具有结构简单、测量线性范围大、精度高、灵敏度高、性能可靠等优点，因此被广泛用于非电量的测量。

差动变压器式传感器由一个初级线圈、两个次级线圈和插入线圈中央的铁芯组成。两个次级线圈反相串联，并且在忽略铁损、导磁体磁阻和线圈分布电容的理想条件下，其等效电路如图1.31所示。

当初级绕组加以激励电压 $\dot{U}$ 时，根据变压器的工作原理，在两个次级绕组 W_{2a} 和 W_{2b} 中便会产生感应电势 $\dot{E}_{2a}$ 和 $\dot{E}_{2b}$。如果变压器结构完全对称，则当活动衔铁处于初始平衡位置时，必然会使两互感系数 $M_1=M_2$。根据电磁感应原理，将有 $\dot{E}_{2a}=\dot{E}_{2b}$。由于变压器两次级绕组反相串联，所以，$\dot{U}_0=\dot{E}_{2a}-\dot{E}_{2b}=0$。假设衔铁移动变化时，即磁阻变化，$W_{2a}$ 中磁通将大于或小于 W_{2b}，使 M_1 与 M_2 不相等，因而 E_{2a} 和 E_{2b} 也随之增大或减小。所以当 E_{2a}、E_{2b} 随着衔铁位移 x 变化时，U_o 也必将随 x 而变化。

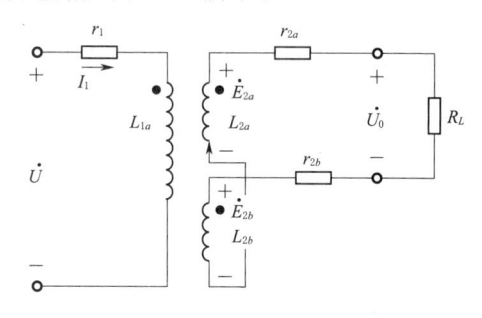

图1.31 差动变压器等效电路

1.3.3 问题界定

电感式传感器供电时，电感线圈产生一个电磁场，并且发散在传感器的感应面。当一个金属标靶进入感应区时，一个涡流通过电磁场感应到此物体。当涡流增大时（金属靠得更近），它从电磁场带走电能，以此减小振幅。这种振幅的减小被触发电路所探测，并输出一个开关信号。

如图1.32所示，电感式传感器的组成和各部分功能如下。

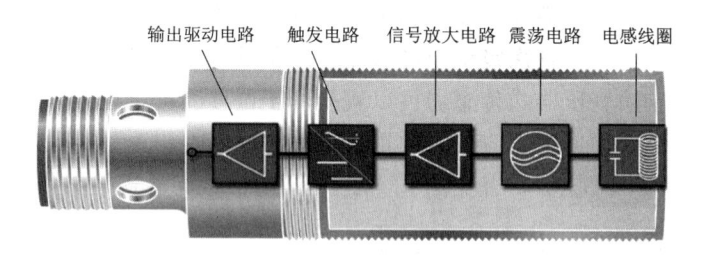

图1.32 电感式传感器的组成

电感线圈：电感线圈绕着一个铁芯在传感器感应面产生一个磁场。
震荡电路：使传感器产生工作频率的线路板。
信号放大器：增强触发比较电路的信号。
触发电路：通过分析振幅和频率来检测传感器的开关状态。
输出驱动电路：对于CNC、PLC等，把输出层可用的电源信号放大。

电感式传感器作为一种位置反馈元件，目前已经广泛应用于几乎所有自动化控制的工业领域之中，对检测和自动控制系统的可靠运行具有关键性的作用。

1. 机械加工领域应用

电感式传感器可以用于测量位移、尺寸、压力等物理量，如图 1.33 所示。

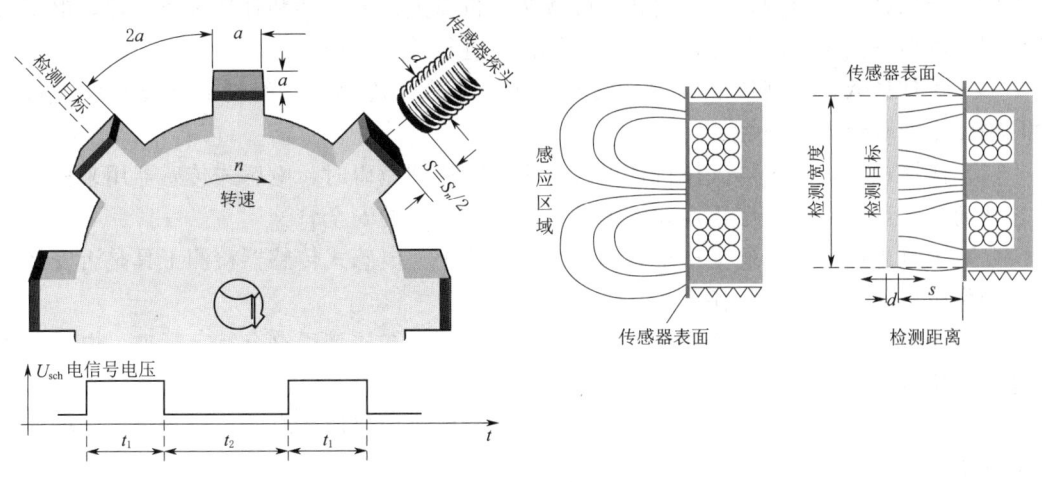

图 1.33　电感式传感器测量转速

用电感式位移传感器可以提高轴承制造的精度；用电感测微仪可测量微小精密尺寸的变化。此外，还可以实现液压阀开口位置的精准测量，用于设计智能纺织品的柔性传感器，用于电感传感器原理的孔径锥度误差测量仪，用电感传感器检测润滑油中磨粒，用电感传感器监测吊具导向轮等。

利用电感式传感器可以实现工件的高精度加工，实现工件加工流程的自动化操作，以及对工件进行探伤。

2. 机器人领域应用

电感式传感器可用来做磁敏速率开关、齿轮龄条测速、链轮齿速率检测等，如图 1.34 所示。如机器人机械臂的运动轨迹需要严格控制，使用电感式传感器可以对机械臂的位置进行限位，对机械臂中的齿轮转动速度和位置进行监控，保证机械臂的稳定运行。电感式传感器还可用于链轮齿速率检测、链输送带的速率和距离检测、齿轮龄计数转速表及汽车防护系统的控制等。此外自感式传感器还可用在给料管系统中小物体检测、物体喷出控制、断线监测、小零件区分、厚度检测和位置控制等。

在机器人领域，如图 1.34 所示，电感式传感器的应用非常广泛，主要应用包括以下几个方面：

图 1.34　电感式传感器在机器人中的应用

(1) 位置检测，电感式传感器精确地检测机器人部件的位置。例如，在机器人的关节处安装电感传感器，实时监测关节的角度，确保机器人动作的精确度。

(2) 金属物体的检测，在自动化装配线中，机器人需要识别和处理金属部件，电感式传感器能够检测到金属的存在，从而引导机器人进行下一步操作。

(3) 零件计数，在制造过程中，机器人使用电感式传感器对经过的金属零件进行计数，确保生产数量的准确性。

(4) 碰撞检测，当机器人执行任务过程中可能遇到障碍时，电感式传感器用来检测碰撞，从而及时调整动作或停止运动，保护机器人和环境的安全。

(5) 工具更换，在需要更换工具的自动化作业中，电感式传感器检测工具是否安装到位，确保机器人安全地执行任务。

(6) 质量检测，通过检测产品上的金属部件是否存在或是否符合特定标准，电感式传感器帮助机器人判断产品质量。

(7) 动态监控，在机器人进行动态操作时，电感式传感器实时监控运动轨迹，确保运动的连贯性和稳定性。

电感式测距传感器测量的情景如图 1.35 所示。

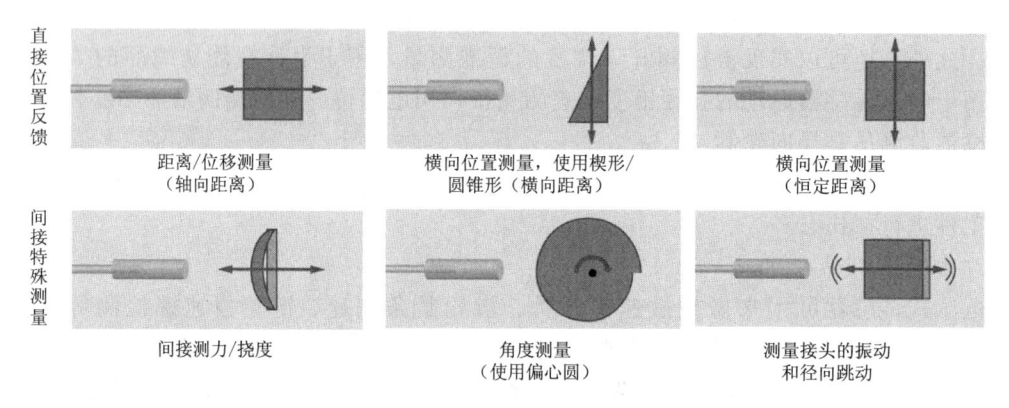

图 1.35 电感式测距传感器测量的情景

3. 电感式传感器使用时的注意事项

(1) 传感器方案选择。在选择方案之前应首先弄清给定的技术指标，如示值范围、示值误差、分辨力、重复性误差、时漂、温漂、使用环境等。

(2) 铁芯材料的选择。铁芯材料选择的主要依据是要具有较高的导磁系数、较高的饱和磁感应强度和较小的磁滞损耗，剩磁和矫顽磁力都要小。另外，还要求电阻率大，居里点温度高，磁性能稳定，便于加工等。常用导磁材料有铁氧体、铁镍合金、硅钢片和纯铁。

(3) 电源频率的选择。提高电源频率有下列优点：能提高线圈的品质因数；灵敏度有一定的提高；适当提高频率还有利于放大器的设计。但是，过高的电源频率也会带来缺点，如铁芯涡流损耗增加；导线的集肤效应等会使灵敏度减低；增加寄生电容（包括线圈匝间电容）以及外界干扰的影响。

4. 电感式传感器的优缺点

(1) 电感式传感器的主要优点是：

1) 结构简单，可靠。

2) 灵敏度高，最高分辨力达 $0.1\mu m$。

3) 测量精确度高，输出线性度可达 $\pm 0.1\%$。

4) 输出功率较大，在某些情况下可不经放大，直接接二次仪表。

(2) 电感式传感器的缺点是：

1) 传感器本身的频率响应不高，不适于快速动态测量。

2) 对激磁电源的频率和幅度的稳定度要求较高。

3) 传感器分辨力与测量范围有关，测量范围大，分辨力低，反之则高。

1.3.4 方法梳理

电感式传感器是一种利用电磁感应原理将物理量转换为电信号的传感器，其基本原理和结构如图 1.36 所示。

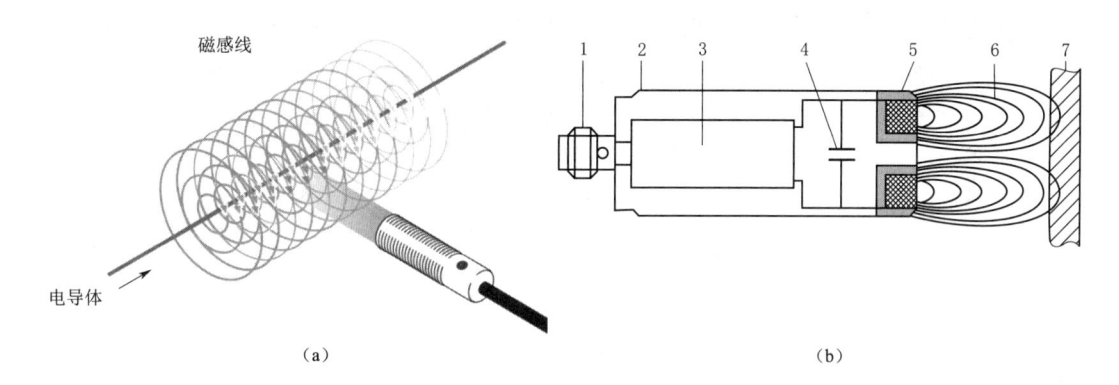

图 1.36 电感式传感器基本原理和结构
1—连接；2—外壳；3—下游电子设备；4—电容器；5—线圈；
6—交流电磁场＝有效区；7—目标＝导电材料

电感式传感器的选型需要考虑以下几个因素。

(1) 工作环境：包括温度、湿度、振动、电磁干扰等因素。需要根据工作环境选择合适的传感器。

(2) 检测对象：可检测各种金属物体，也有一些传感器可以检测非金属物体。需要根据检测对象选择合适的传感器。

(3) 检测范围：指传感器可以检测的最大检测距离。需要根据实际需要选择合适的检测范围。

(4) 精度要求：包括示值误差、分辨力、重复性误差、时漂、温漂等。需要根据精度要求选择合适的传感器。

(5) 输出形式：包括开关量、模拟量、脉冲量等。需要根据需要选择合适的输出形式。

(6) 安装方式：包括螺丝安装、焊接安装、粘贴安装等。需要根据实际需要选择合适的安装方式。

某一电感式传感器选型如图1.37所示。其中各物理量含义如下。

标称检测距离 S_n：装置特性值。

实际检测距离 S_r：在室温条件下，实际感应距离偏差会介于（90%～110%）S_n；

有效检测距离 S_u：开关点偏移在90%（$S_{u_{min}}=S_a$）到 S_r 的110%（$S_{u_{max}}$）之间。

确信检测距离（工作距离）S_a：在（0～81%）S_n 之间可靠切换。

安全关闭距离：$S_{u_{max}}$＋最大迟滞＝143%S_n。

1.3.5 巩固强化

块状金属导体置于变化着的磁场中或在磁场中作切割磁力线运动时，导体内就会产生呈漩涡状流动的感应电流，这种电流像水中漩涡一样在导体内转圈，这种现象称为电涡流效应，这种电流称之为电涡流。电涡流式传感器在金属体中产生的涡流，其渗透深度与传感器线圈的励磁电流的频率有关。根据电涡流在导体内的贯穿情况，通常把电涡流传感器按激励频率的高低分为高频反射式和低频透射式两大类，前者的应用较广泛。

根据法拉第定律，如图1.38所示。当传感器线圈通以正弦交变电流 i_1 时，线圈周围空间会产生正弦交变磁场 H_1，使置于此磁场中的金属导体中出现感应电涡流 i_2，i_2 又产生新的交变磁场 H_2。根据楞次定律，H_2 的作用将反抗原磁场 H_1，由于磁场 H_2 的作用，涡流要消耗一部分能量，导致传感器线圈的等效阻抗发生变化。由上可知，线圈阻抗的变化完全取决于被测金属导体的电涡流效应。

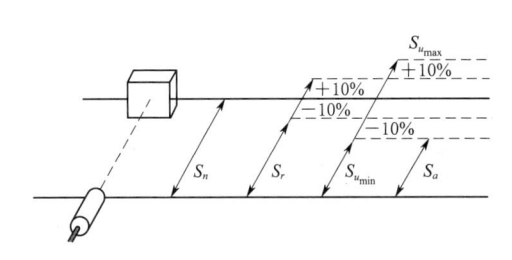

图1.37 检测距离的关系

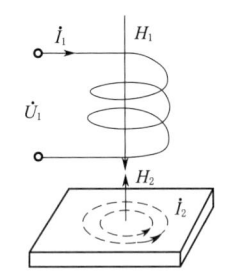

图1.38 电涡流式传感器工作原理

反射式电涡流传感器包括变间隙式、变面积式和螺管式，其中变间隙式最为常用。图1.39为变间隙结构的反射式电涡流传感器，其结构比较简单，主要是一个安置在框架上的线圈，线圈可以绕成一个扁平圆形粘贴于框架上，也可以在框架上开一条槽，导线绕制在槽内而形成一个线圈。

当线圈外径大时线圈的磁场轴向分布范围大，但磁感应强度的变化梯度小，当线圈外径小时则相反。也就是说，当线圈外径大时，线性范围大，但灵敏度低；当线圈外径小时，线性范围小，但灵敏度高。另外，被测物体的物理性质（电导率和磁导率）、尺寸与形状都对传感器的特性有影响。

透射式电涡流传感器采用低频激励，贯穿深度大，适用于测量金属材料的厚度，如图1.40。在被测金属板的上方设有发射传感器线圈 L_1，在被测金属板下方设有接收传感器

线圈 L_2。当在 L_1 上加低频电压 U_1 时，L_1 上产生交变磁通 φ_1，若两线圈间无金属板，则交变磁通直接耦合至 L_2 中，L_2 产生感应电压 U_2。如果将被测金属板放入两线圈之间，则 L_1 线圈产生的磁场将导致在金属板中产生电涡流，并将贯穿金属板，此时磁场能量受到损耗，使到达 L_2 的磁通将减弱为 φ_1'，从而使 L_2 产生的感应电压 U_2 下降。金属板越厚，涡流损失就越大，电压 U_2 就越小。

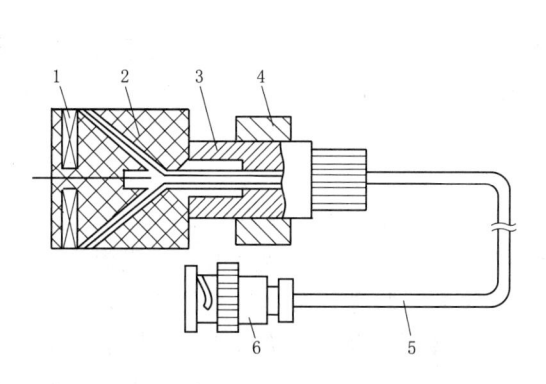

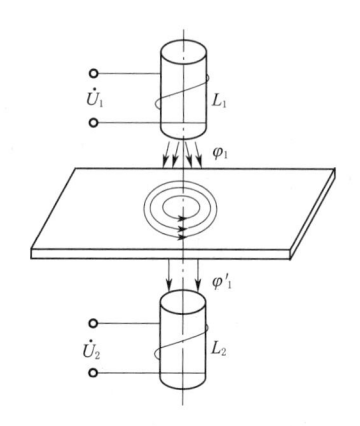

图 1.39 变间隙结构的反射式电涡流传感器结构示意图
1—线圈；2—骨架；3—衬套；4—支座；5—电缆；6—接头

图 1.40 透射式电涡流传感器

转换电路的具体方法如下。

1. 电桥法

L_1 和 L_2 是两个电涡流传感器的两个线圈的电感值，L_1、C_1 和 L_2、C_2 分别并联后，与 R_1、R_2 组成电桥的四个桥臂，振荡器提供桥压及检波器所需电源电压，如图 1.41 所示。

初始状态时，电桥平衡，由电桥的平衡条件有 $Z_1R_2=Z_2R_1$，则电桥输出为 0。当被测导体与线圈耦合时，由于在导体内产生电涡流，使线圈阻抗随两者之间距离的改变而发生变化，破坏了电桥的平衡状态，使电桥输出也随之变化，经放大、检波以后，其输出信号就反映了被测量的变化。这种电路结构简单，主要用于差动式电涡流传感器。

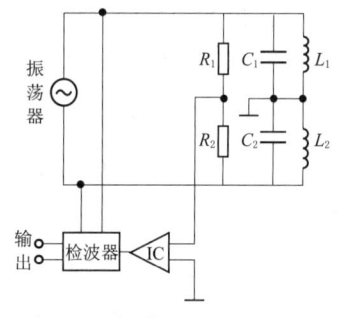

图 1.41 电桥电路

2. 调幅法

由传感器线圈 L、电容器 C 和石英晶体组成的石英晶体振荡电路如图 1.42 所示。石英晶体振荡器起恒流源的作用，给谐振回路提供一个频率（f_0）稳定的激励电流 i_0，LC 回路输出电压为

$$u_0=i_0f(Z)$$

式中：Z 为 LC 回路的阻抗。

当金属导体远离或去掉时，LC 并联谐振回路谐振频率即为石英振荡频率 $f_0=1/2\pi\sqrt{LC}$，回路呈现的阻抗最大，谐振回路上的输出电压也最大；当金属导体靠近传感器线

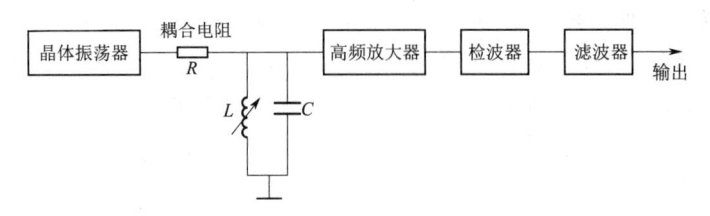

图 1.42 调幅电路

圈时,线圈的等效电感 L 发生变化,导致回路失谐,从而使输出电压降低,L 的数值随距离 x 的变化而变化。因此,输出电压也随 x 而变化。输出电压经放大、检波后,由指示仪表直接显示出 x 的大小。

3. 调频法

传感器线圈接入 LC 振荡回路,如图 1.43 所示,当传感器与被测导体距离 x 改变时,在涡流影响下,传感器的电感变化,将导致振荡频率的变化,该变化的频率是距离 x 的函数,即 $f=L(x)$,该频率可由数字频率计直接测量,或者通过 $f-V$ 变换,用数字电压表测量对应的电压。

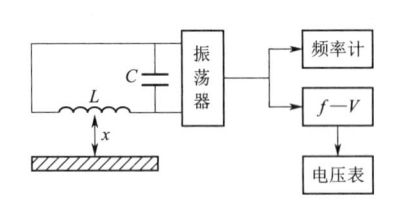

图 1.43 调频电路

【案例 1.4】 电感式滚柱直径分选装置

图 1.44 为由电感式测微仪等构成的轴承滚珠直径分选装置。测量时,由机械排序装置(振动料斗)送来的滚珠按顺序进入落料管 5。电感式测微仪 6 的测杆在电磁铁的控制下,首先提升到一定的高度,然后汽缸的推杆 3 将滚珠推入电感式测微仪测头正下方(电磁限位挡板 8 决定滚珠的前后位置),最后电磁铁释放,钨钢测头 7 向下压住滚珠,而滚珠的直径决定了衔铁的位移量。电感传感器的输出信号经处理后送到计算机,计算出直径

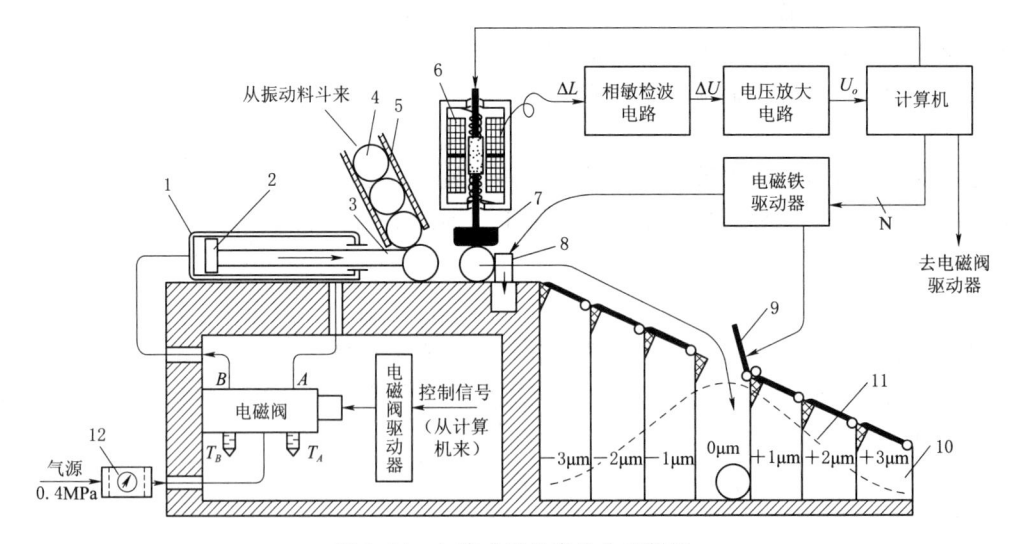

图 1.44 电感式滚柱直径分选装置

1—气缸;2—活塞;3—推杆;4—被测滚柱;5—落料管;6—电感式测微仪;7—钨钢测头;
8—电磁限位挡板;9—电磁翻板;10—滚柱的公差分布;11—容器(料斗);12—气源处理三联件

的偏差值。完成测量后，测杆上升，电磁限位挡板 8 在电磁铁的控制下移开，测量好的滚珠在推杆的再次推动下离开测量区，这时相应的电磁翻板 9 打开，滚珠落入与其直径偏差相对应的容器（料斗）10 中。同时，推杆和电磁限位挡板复位。

【案例 1.5】 电涡流测振传感器

如图 1.45 所示，当高频电流（1MHz）流经线圈 1 时，高频磁场作用于金属板 2，由于集肤效应，在金属表面的一薄层内产生电涡流 i_s，由 i_s 产生一交变磁场，又反作用于线圈，从而引起线圈的自感及阻抗发生变化，这种变化与线圈至金属表面的距离 d 有关。

如图 1.46 所示，线圈 1 粘贴在陶瓷框架 2 上，外面罩以保护罩 3，壳体 5 内放有绝缘充填料 4，传感器以电缆 6 与涡流测振仪相接。

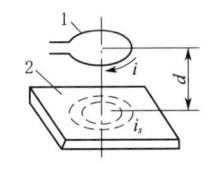

图 1.45 电涡流测振传感器原理
1—线圈；2—陶瓷框架

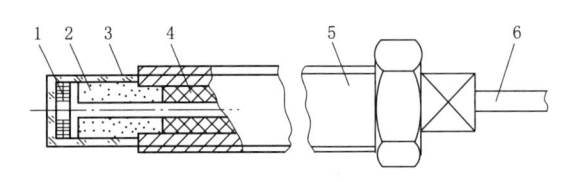

图 1.46 电涡流测振传感器基本结构
1—线圈；2—陶瓷框架；3—保护罩；4—绝缘填料；
5—壳体；6—电缆引线

实际的电涡流传感器可看成由电感 L 和电容 C 组成的一并联谐振回路，晶体振荡器产生 1MHz 的等幅高频信号经电阻 R 加到传感器上，当 L 随 d 变化时，即当振动体的位移变化时，其 a 点的 1MHz 高频波被调制，该调制信号经高频放大、检波后输出，如图 1.47 所示。输出电压 u_o 与振动位移 d 成正比。

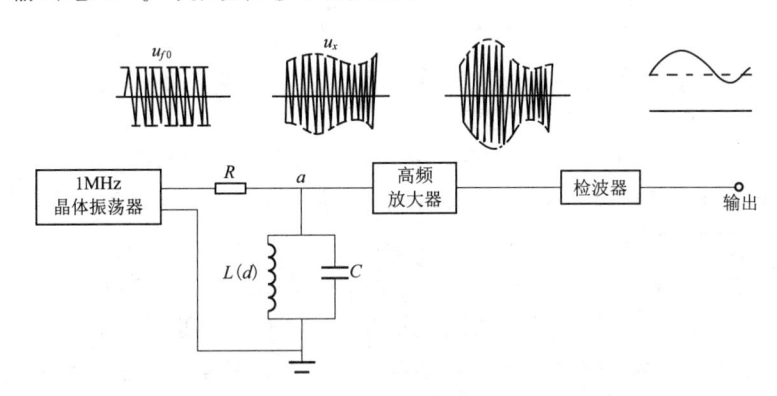

图 1.47 电涡流传感器测量电路

【案例 1.6】 电感式圆度计

如图 1.48（a）所示是用电感式圆度计测量轴类工件圆度的示意图。电感测头围绕工件缓慢旋转，或者固定不动，工件绕轴心旋转，耐磨测端与工件接触，通过杠杆将工件不圆度引起的位移传递给电感测头中的衔铁，从而使差动电感有相应的输出。输出信号经过处理后如图 1.48（b）所示。该图形是按照一定的比例放大工件的圆度，以方便用户分析测量结果。

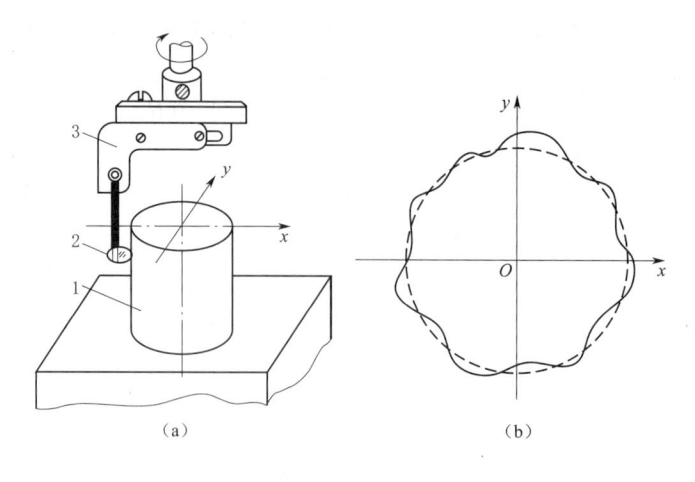

图 1.48 电感式圆度计结构与测量结果

知识小结

电感式传感器是利用电磁感应把被测的物理量转换成线圈的自感系数或互感系数的变化，再经过测量转换电路将电感量的变化转换为电压或电流的变化，从而实现非电量的测量。

根据信号转换原理，电感式传感器可以分为自感式和互感式两大类。

(1) 电感式传感器结构主要包括以下几部分。

1) 电感线圈。电感线圈绕着一个铁芯在传感器感应面产生一个磁场。
2) 震荡电路。使传感器产生工作频率的线路板。
3) 信号放大器。增强触发比较电路的信号。
4) 触发电路。通过分析振幅和频率来检测传感器的开关状态。
5) 输出驱动。对于 CNC、PLC 等，把输出层可用的电源信号放大。

电感式传感器具有结构简单、灵敏度高、分辨率高、线性度好等特点，因此在工业自动化、机械制造、医疗等领域得到了广泛应用。

(2) 随着技术的不断发展，电感式传感器的未来发展趋势主要有以下几个方面。

1) 微型化。可以提高传感器的集成度和可靠性，降低传感器的成本。
2) 多功能化。多功能化可以提高传感器的应用范围，降低传感器的使用成本。
3) 智能化。可以提高传感器的自动化程度，降低传感器的使用难度。

思政小故事

由于传感器体量小，不起眼，但大到国防安全、每一颗导弹、每一颗卫星都布满无数的传感器，小到日常生活、身体检查都离不开各种各样的传感器。传感器发展的好坏，决定了我们整个工业发展的好坏，决定了我们能不能真正实现数字化。传感器技术被认为是现代信息技术的三大支柱之一，作为现代科技的前沿技术，全球各国都极为重视传感器制造行业的发展。在当下我国传统制造业向数字化、智能化转型的趋势下，传感器技术的发展水平将直接影响自动化产业的发展形势，对工业化建设至关重要。

国家特聘教授，欧洲人文和自然科学院院士，美国医学与生物工程院院士，深圳大学副校长张学记院士呼吁聚焦传感器技术提升，促进数字化转型发展。掌握了传感，就控制了世界，掌握了生物传感，就知道了生命的密码。生命是由物质组成的，而物质是由分子组成的。人类的思考逻辑主要依赖于神经递质等物质，生物传感器由分子识别、化学信号、物理信号传导还有信号放大这几部分组成。

将智能生物传感技术与指纹识别、人脸识别、虹膜识别、姿态识别等技术相结合，可构建传感器网络图。从基础层到中间层再到应用层构建智能生物传感研发的路线图，为未来的发展提供了清晰的方向。在未来的发展中，生物传感技术将越来越多地采用可穿戴设备和植入式设备。植入式设备具有生物兼容性、侵入性小、体积小等优点，能够解决数据不连续的问题。未来，可以通过植入式设备实现血糖控制、大脑控制、癌症预警等功能。

张学记一直坚持，科研既要"顶天"，又要"立地"，要让"产学研"完美融合，让教育、科研成果转化和企业孵化同步发展。

1.3.6 巩固习题

1. 电感式传感器主要包括哪些类型？分别有什么优点和缺点？
2. 电涡流测振传感器的特点是什么？
3. 圆度计传感器的工作原理是什么？
4. 电感式传感器的具体结构包括哪几个部分？分别有哪些作用？

任务1.4 磁电式发动机转速传感器

1.4.1 案例引入

磁电式发动机转速传感器常用于发动机速度测量，当齿轮旋转时，通过传感器线圈的磁力线发生变化，在传感器线圈中产生周期性的电压，通过对该电压处理计数，测出齿轮的转速。磁电式转速传感器是利用电磁感应原理，将旋转物体的转速转换为电量输出的传感器。它不需要辅助电源，就能把被测对象的机械能转换成易于测量的电信号，是一种被动式传感器。那么它是如何进行工作的呢？

1.4.2 原理分析

磁电式传感器，是利用电磁感应原理将被测量（如振动、位移、转速等）转换成电信号的一种传感器。它不需要辅助电源，就能把被测对象的机械量转换成易于测量的电信号,是一种有源传感器。由于它输出功率大,且性能稳定,具有一定的工作带宽(10～1000Hz),所以得到普遍应用。

磁电式传感器包括磁电感应式传感器、霍尔式传感器和磁栅式传感器,以及各类磁敏传感器等。

根据电磁感应定律,当导体在稳恒均匀磁场中,沿垂直磁场方向运动时,导体内产生的感应电势 e 为

$$e = -\frac{d\phi}{dt} = -Bl\frac{dx}{dt} = -Blv$$

式中:B 为稳恒均匀磁场的磁感应强度;l 为导体有效长度;v 为导体相对磁场的运动速度;ϕ 为穿过线圈的磁通。

当一个 W 匝线圈相对静止地处于随时间变化的磁场中时,设穿过线圈的磁通为 φ,则线圈内的感应电势 e 与磁通变化率 $d\varphi/dt$ 有如下关系:

$$e = -W\frac{d\phi}{dt} = -WBlv$$

通过上述原理,磁电感应式传感器具有两种磁电式传感器结构:变磁通式和恒磁通式。

1. 变磁通式磁电传感器(磁阻式磁电传感器)

(1) 开磁路磁阻式磁电传感器,用来测量旋转物体的角速度。如图1.49所示为开磁路变磁通式转速传感器,其中感应线圈3和永久磁铁5静止不动,测量齿轮2安装在被测旋转体1上,随其一起转动。每转动一个齿,齿的凹凸引起磁路磁阻变化一次,磁通也就变化一次,线圈3中产生感应电势,其变化频率等于被测转速与测量齿轮2上齿数的乘积。这种传感器结构简单,但输出信号较小,且因高速轴上加装齿轮较危险而不宜测量高转速的场合。当被测轴振动较大时,传感器输出波形失真较大。

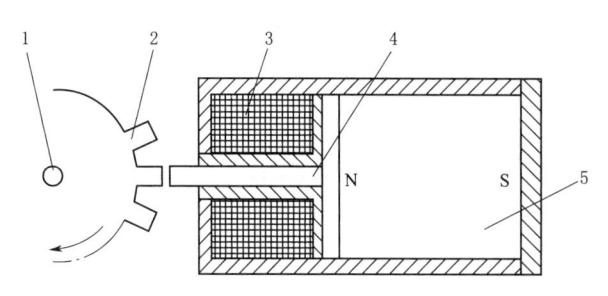

图1.49 开磁路变磁通式转速传感器
1—被测旋转体;2—测量齿轮;3—感应线圈;
4—软铁;5—永久磁铁

(2) 闭磁路变磁通式磁电传感器,如图1.50所示。当转轴3连接到被测转轴上时,外齿轮5不动,内齿轮4随被测轴而转动,内、外齿轮的相对转动使气隙磁阻产生周期性变化,从而引起磁路中磁通的变化,使线圈内产生周期性变化的感生电动势,感应电势的频率与被测转速成正比。

变磁通式传感器对环境条件要求不高,能在 -150～$90℃$ 的温度下工作,不影响测量精度,也能在油、水雾、灰尘等条件下工作。但它的工作频率下限较高,约为50Hz,上限可达100kHz。

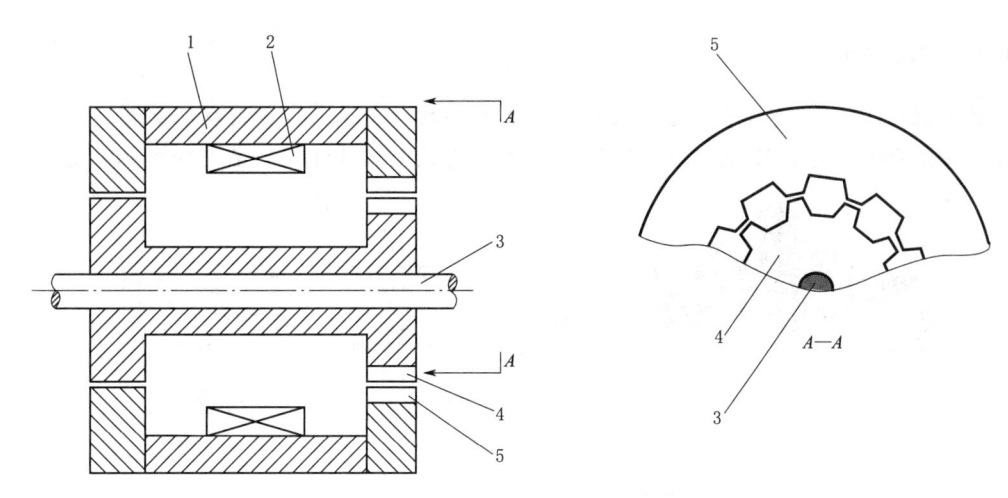

图 1.50 闭磁路变磁通式转速传感器

1—永久磁铁；2—感应线圈；3—转轴；4—内齿轮；5—外齿轮

2. 恒定磁通式磁电传感器

磁路系统产生恒定的直流磁场，磁路中的工作气隙固定不变，因而气隙中磁通也是恒定不变的。其运动部件可以是线圈（动圈式），也可以是磁铁（动铁式）。恒定磁通式磁电传感器也分为两种：动圈式恒定磁通磁电传感器和动铁式恒定磁通磁电传感器。动圈式和动铁式的工作原理是完全相同的，如图 1.51 所示。

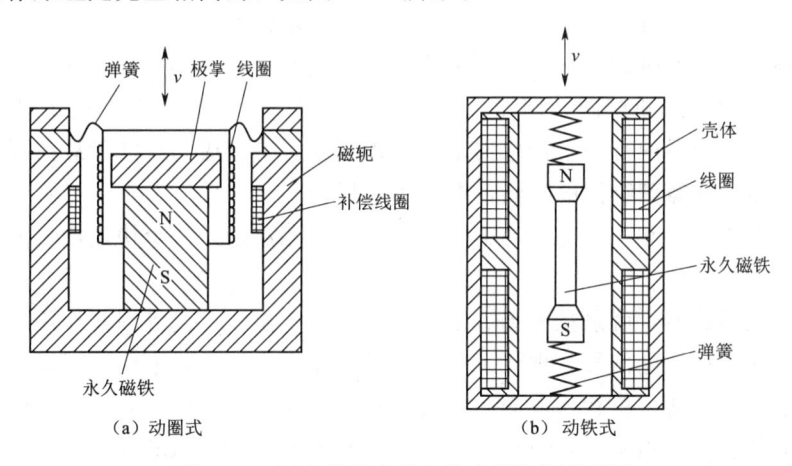

（a）动圈式　　（b）动铁式

图 1.51　恒定磁通式磁电传感器结构原理图

当壳体随被测振动体一起振动时，由于弹簧较软，运动部件质量相对较大，当振动频率足够高（远大于传感器固有频率）时，运动部件惯性很大，来不及随振动体一起振动，近乎静止不动，振动能量几乎全被弹簧吸收，永久磁铁与线圈之间的相对运动速度接近于振动体振动速度，磁铁与线圈的相对运动切割磁力线，从而产生感应电势 e，即

$$e=-B_0 lWv$$

式中：B_0 为工作气隙磁感应强度；l 为每匝线圈平均长度；W 为线圈在工作气隙磁场中的匝数；v 为相对运动速度。

1.4.3 问题界定

磁电式传感器有时也称作电动式或感应式传感器，它只适合进行动态测量。由于它有较大的输出功率，故配用电路较简单且零位及性能稳定。其外观与结构如图1.52所示。

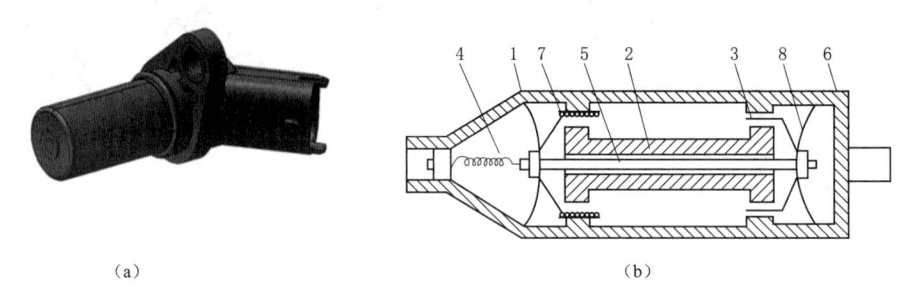

图1.52 磁电传感器外观与结构
1—弹簧片；2—永磁体；3—阻尼器；4—引线；5—芯杆；6—外壳；7—线圈；8—弹簧片

磁电式传感器为电流传感、接近传感、线性速率或转动速率传感，可用于定向磁异态检测，为角度、位置或位移测量等许多传感方面的问题提供了独特的解决方案。磁电式传感器在国民经济、国防建设、科学技术、医疗卫生等各个领域得到广泛应用。

例如，在无刷电动机中，用磁传感器来作转子磁极位置传感和定子电枢电流换向器。磁传感器中，霍尔器件、威根德器件、磁阻器件等都可以使用，但主要还是以霍尔传感器为主。另外磁传感器还可以对电机进行过载保护及转矩检测。

交流变频器用于电机调速，节能效果极好。磁编码器的使用正在逐渐取代光编码器来对电机的转速进行检测和控制，例如，在电动车窗之中，传感器可以确定轴转动了多少圈，以控制车窗升降器的行程，传感器也可以探测到人手造成的异常负载情况，提供所谓的"防夹"功能，在碰到物体的时候，电机可以反转。

用于直流电机换向和探测电流的电动助力转向传感器也是一个快速增长的应用，用于代替电动液压型系统。

所谓磁电式传感器，就是把磁场、放射线、压力、温度、光等因素作用下引起敏感元件磁性能的变化转换成电信号。现代工业和电子产品中应用中，磁传感器最广泛的是以感应磁场强度来测量电流、位置、方向等物理参数。在现有技术中，有许多不同类型的磁传感器，最常见的是采用霍尔（Hall）元件、各向异性磁电阻（Anisotropic Magnetoresistance，简称AMR）、巨磁电阻（Giant Magnetoresistance，简称GMR）、隧道磁阻传感器（Tunnel Magnetoresistance，简称TMR）为核心的传感器。

1. 磁电式传感器应用

磁电式传感器在汽车上的应用尤其普遍，例如包括汽车安全、汽车舒适性、汽车节能降耗等，如图1.53所示。它在汽车中主要被用于车速、倾角、角度、距离、接近、位置等参数检测以及导航、定位等方面的应用，比如车速测量、踏板位置、变速箱位置、电机旋转、助力扭矩测量、曲轴位置、倾角测量、电子导航、防抱死检测、泊车定位、安全气囊与太阳能板中的缺陷检测、座椅位置记忆、改善导航系统的航向分辨率等。

图 1.53 磁电式传感器应用（位置检测与高压油缸活塞位置检测）

当一块磁铁固定在转动轮子的边沿而 GMR 磁阻传感器固定在轮子的旁边并保持一定的距离时，磁铁随轮子而转动，轮子转动一圈，就会产生一个电压脉冲输出。这类基本轮转速感测、扭矩感测应用大量使用在汽车刹车系统（ABS）和助力转向（EPS）系统上。

霍尔开关器件无触点、无磨损、输出波形清晰、无抖动、无回跳、位置重复精度高，工作温度范围宽，可达-55～150℃。开关型霍尔传感经过一次磁场强度的变化，则完成了一次开关动作，输出数字信号，可以计算汽车或机器转速、ABS 系统中的速度传感器、汽车速度表和里程表、机车的自动门开关、无刷直流电动机、汽车点火系统等。高级汽车也需要使用霍尔 IC 和 AMR 传感器。中低档轿车中有 10 多种电机，如风扇冷却、交流发电机以及风挡雨刷；豪华轿车拥有将近 100 个电机，其中包括用于空调送风机、电子转向与油门控制的传感器，用于自动化与新型双离合系统的传动传感器，以及用于座位位置调整、天窗、转速表、前灯位置调整、靠枕的传感器，甚至用于根据空气质量信息来控制进气风门。

2. 磁栅式传感器应用

磁栅式传感器（magnetic grating transducer）是利用磁栅与磁头的磁作用进行测量的位移传感器，如图 1.54 所示。它是一种新型的数字式传感器，成本较低且便于安装和使用。当需要时，可将原来的磁信号（磁栅）抹去，重新录制。还可以安装在机床上后再录制磁信号，这对于消除安装误差和机床本身的几何误差，以及提高测量精度都是十分有利的。并且可以采用激光定位录磁，而不需要采用感光、腐蚀等工艺，因而精度较高，可达±0.01mm/m，分辨率为 1～5μm。

图 1.54 磁栅式位移传感器

磁栅是在不导磁材料制成的栅基上镀一层均匀的磁膜，并录上间距相等、极性正负交错的磁信号栅条制成的。图 1.54 中 N|N 和 S|S 分别为正负极性的栅条。磁头有动态磁头（速度响应式磁头）和静态磁头（磁通响应式磁头）两种。动态磁头有一个输出绕组，只有在磁头和磁栅产生相对运动时才能有信号输出。静态磁头有激磁和输出两个绕组，它与磁栅相对静止时也能有信号输出。静态磁头是用铁镍合金片叠成的有效截面不等的多间

隙铁芯。激磁绕组的作用相当于一个磁开关。当对它加以交流电时，铁芯截面较小的那一段磁路每周两次被激励而产生磁饱和，使磁栅所产生的磁力线不能通过铁芯。只有当激磁电流每周两次过零时，铁芯不被饱和，磁栅的磁力线才能通过铁芯。此时输出绕组才有感应电势输出。其频率为激磁电流频率的两倍，输出电压的幅度与进入铁芯的磁通量成正比，即与磁头相对于磁栅的位置有关。磁头制成多间隙的是为了增大输出，而且其输出信号是多个间隙所取得信号的平均值，因此可以提高输出精度。静态磁头总是成对使用，其间距为 $(m+1/4)\lambda$，其中 m 为正整数，λ 为磁栅条纹的间距。两磁头的激励电流或相位相同，或相差 $\pi/4$。输出信号通过调相电路或调幅电路处理后可获得正比于被测位移的数字输出。

分辨率高，适应长行程测量，抗干扰能力强，价格低于光栅却能代替光栅，结构简单易于安装。无磨损使用寿命长等特点。

1.4.4 方法梳理

置于磁场中的静止载流导体，当它的电流方向与磁场方向不一致时，载流导体上平行于电流和磁场方向上的两个面之间产生电动势，这种现象称霍尔效应。该电动势称霍尔电动势。如图 1.55 所示。在垂直于外磁场 B 的方向上放置一导电板，导电板通以电流 I，方向如图 1.51 所示。导电板中的电流使金属中自由电子在电场作用下做定向运动。

1.4.4.1 霍尔元件结构和原理

霍尔元件的结构很简单，它是由霍尔片、四根引线和壳体组成的，如图 1.55 所示。霍尔片是一块矩形半导体单晶薄片，引出四根引线：1、1′两根引线加激励电压或电流，称激励电极（控制电极）；2、2′引线为霍尔输出引线，称霍尔电极。霍尔元件的壳体是用非导磁金属、陶瓷或环氧树脂封装的。

如图 1.56 所示，在厚度为 d 的半导体薄片中通以电流 I，在与薄片垂直方向加磁场 B，则在半导体薄片的另外两端，产生一个大小与控制电流 I 和 B 乘积成正比的电动势 U_H，R_H 为霍尔常数，这种现象称为霍尔效应。该电势称为霍尔电势 U_H，该薄片称为霍尔元件。

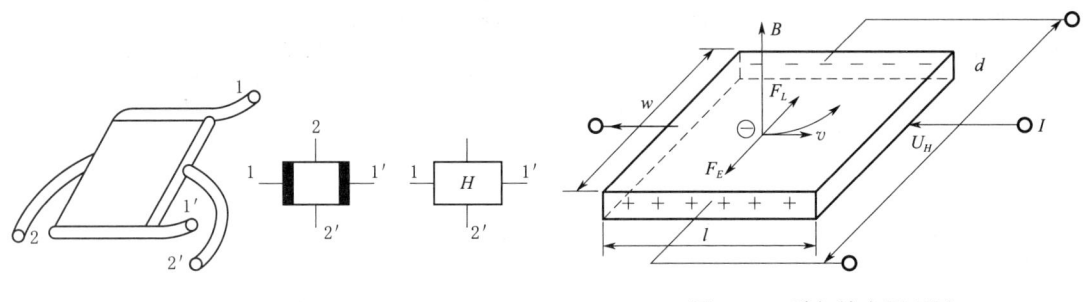

图 1.55 霍尔元件
1、1′—激励电极；2、2′—霍尔电极

图 1.56 霍尔效应原理图

$$U_H = R_H \frac{IB}{d} = k_H IB$$

其中，每个电子受洛伦兹力 F_L 的作用，F_L 的大小为

$$F_L = eBv$$

式中：e 为电子电荷；v 为电子运动平均速度；B 为磁场的磁感应强度。

此时电子除了沿电流反方向作定向运动外，还在 F_L 的作用下漂移，结果使金属导电板内侧面积累电子，而外侧面积累正电荷，从而形成了附加内电场 E_H，称霍尔电场，该电场强度为

$$E_H = \frac{U_H}{w}$$

式中：w 为宽度；U_H 为霍尔电势。

霍尔电场的出现，使定向运动的电子除了受洛伦兹力 F_E 作用外，还受到霍尔电场力的作用，其力的大小为

$$F_E = eE_H$$

F_E 阻止电荷继续在两个侧面积累。随着内、外侧面积累电荷的增加，霍尔电场增大，电子受到的霍尔电场力也增大，当电子所受洛伦磁力与霍尔电场作用力大小相等方向相反，即

$$eE_H = eBv$$

此时，电荷不再向两侧面积累，达到平衡状态。

k_H 被称为霍尔片的灵敏度，指在单位磁感应强度和单位控制电流作用下，所能输出的霍尔电势的大小。若要霍尔效应强，则希望有较大的霍尔常数 R_H，因此要求霍尔片材料有较大的电阻率和载流子迁移率。霍尔电势正比于激励电流及磁感应强度，其灵敏度 K_H 与霍尔系数 R_H 成正比而与霍尔片厚度 d 成反比。为了提高灵敏度，霍尔元件常制成薄片形状。一般金属材料载流子迁移率很高，但电阻率很小；而绝缘材料电阻率极高，但载流子迁移率极低，故只有半导体材料才适于制造霍尔片。

目前常用的霍尔元件材料有锗、硅、砷化铟、锑化铟等半导体材料。其中 N 型锗容易加工制造，其霍尔系数、温度性能和线性度都较好。N 型硅的线性度最好，其霍尔系数、温度性能同 N 型锗。锑化铟对温度最敏感，尤其在低温范围内温度系数大，但在室温时其霍尔系数较大。砷化铟的霍尔系数较小，温度系数也较小，输出特性线性度好。

1.4.4.2 霍尔元件的基本特性

（1）额定激励电流和最大允许激励电流。当霍尔元件自身温升 10℃ 时所流过的激励电流称为额定激励电流。以元件允许最大温升为限制所对应的激励电流称为最大允许激励电流。因霍尔电势随激励电流增加而线性增加，所以使用中希望选用尽可能大的激励电流，因而需要知道元件的最大允许激励电流。改善霍尔元件的散热条件，可以使激励电流增加。

（2）输入电阻和输出电阻。激励电极间的电阻值称为输入电阻。霍尔电极输出电势对电路外部来说相当于一个电压源，其电源内阻即为输出电阻。以上电阻值是在磁感应强度为零，且环境温度在 (20±5)℃ 时所确定的。

（3）霍尔电势温度系数。在一定磁感应强度和激励电流下，温度每变化 1℃ 时，霍尔电势变化的百分率称为霍尔电势温度系数。它同时也是霍尔系数的温度系数。

（4）不等位电势和不等位电阻。当霍尔元件的激励电流为 I 时，若元件所处位置磁感

应强度为零,则它的霍尔电势应该为零,但实际不为零。这时测得的空载霍尔电势称为不等位电势。产生这一现象的原因有:①霍尔电极安装位置不对称或不在同一等电位面上;②半导体材料不均匀造成了电阻率不均匀或是几何尺寸不均匀;③激励电极接触不良造成激励电流不均匀分布等。

1.4.4.3 霍尔元件的等效电路

R_W调节控制电流的大小,R_L为负载电阻,可以是放大器的内阻或指示器内阻,如图1.57所示。

霍尔效应建立的时间极短($10^{-12} \sim 10^{-14}$s),I、E既可以是直流,也可以是交流。

图1.57 霍尔传感器的基本电路

1.4.4.4 霍尔式传感器结构

1. 微位移传感器

霍尔元件具有结构简单、体积小、动态特性好和寿命长的优点,它不仅用于磁感应强度、有功功率及电能参数的测量,也在位移测量中得到广泛应用。

图1.58给出了一些霍尔式位移传感器的工作原理图。图1.58(a)是磁场强度相同的两块永久磁铁,同极性相对地放置,霍尔元件处在两块磁铁的中间。由于磁铁中间的磁感应强度$B=0$,因此霍尔元件输出的霍尔电势U_H也等于零,此时位移$\Delta x = 0$。若霍尔元件在两磁铁中产生相对位移,霍尔元件感受到的磁感应强度也随之改变,这时U_H不为零,其量值大小反映出霍尔元件与磁铁之间相对位置的变化量。这种结构的传感器,其动态范围可达5mm,分辨率为0.001mm。

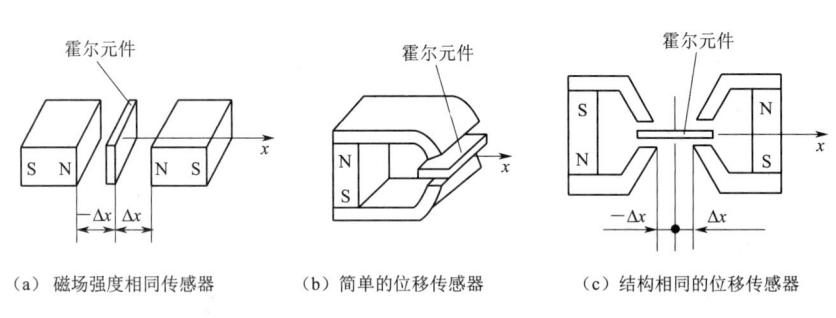

(a)磁场强度相同传感器　　(b)简单的位移传感器　　(c)结构相同的位移传感器

图1.58 霍尔式位移传感器的工作原理图

2. 转速传感器

转盘的输入轴与被测转轴相连,当被测转轴转动时,转盘随之转动,固定在转盘附近的霍尔传感器便可在每一个小磁铁通过时产生一个相应的脉冲,检测出单位时间的脉冲数,便可知被测转速。根据磁性转盘上小磁铁数目多少就可确定传感器测量转速的分辨率,如图1.59所示。

3. 压力传感器

任何非电量只要能转换成位移量的变化,均可利用霍尔式位移传感器的原理变换成霍尔电动势。霍尔式压力传感器就是其中一种,如图1.60(a)所示。它首先由弹性元

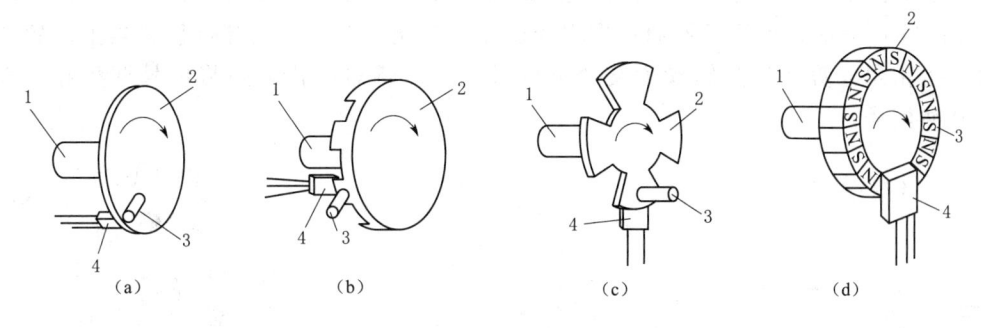

图 1.59 霍尔式转速传感器结构
1—输入轴；2—转盘；3—小磁铁；4—霍尔传感器

件（可以是波登管或膜盒）将被测压力变换成位移，由于霍尔元件固定在弹性元件的自由端上，因此弹性元件产生位移时带动霍尔元件，使它在线性变化的磁场中移动，从而输出霍尔电动势。图 1.60（b）为均匀梯度磁场的磁钢外形。

（a）传感器结构原理　　（b）均匀梯度磁场的磁钢外形

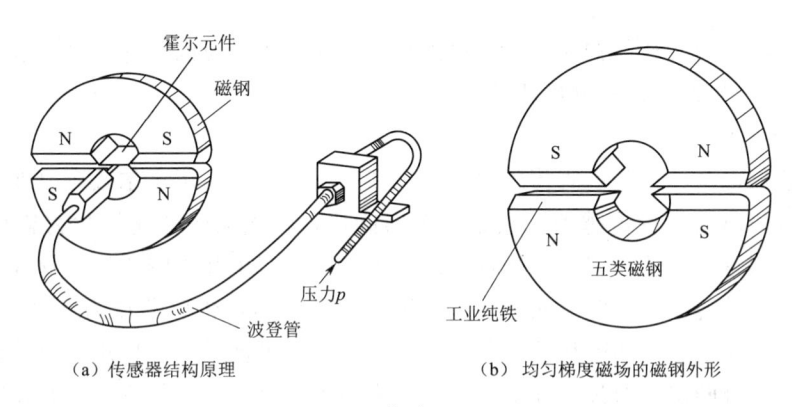

图 1.60　压力传感器和磁钢外形

1.4.5　巩固强化

转速传感器是将旋转物体的转速转换为电量输出的传感器，其常用类型有光电式、电涡流式、磁阻式、霍尔式、电容式、接近开关式等。而磁阻式、电涡流式以及霍尔式转速传感器都是以电磁感应为基本原理来实现转速的测量，均属于磁电式转速传感器。磁电式转速传感器广泛应用于工业生产中，如电力、汽车、航空、纺织和石化等领域，用来测量和监控机械设备的转速参量，并以此来实现自动化管理和控制。因此，建立科学可靠的磁电式转速传感器校准方法成为计量工作的一项迫切要求。

源或无源型磁电式转速传感器，其测量方式均为非接触式。磁阻式、电涡流式转速传感器感应测量对象为带有凸起或凹陷的磁性材料及导磁材料的被测物体，其工作原理如图 1.61（a）所示，前者基于磁阻效应，后者基于电涡流效应。当测速轮旋转时，齿轮与传感器之间的间隙产生周期性变化，磁通量也会以同样的周期变化，从而传感器感应出周期变化的脉冲信号。霍尔式转速传感器需在旋转物体上安装磁体，用以改变传感器周围的磁场，这样传感器才能准确捕捉被测物体的运动状态，其工作原理如图 1.61（b）所示。当传感器通过磁力线密度的变化，在磁力线穿过传感器上的感应元件时产生霍尔电势并将其转换为交变电信号，由传感器内置电路将信号调整和放大并输出脉冲信号。

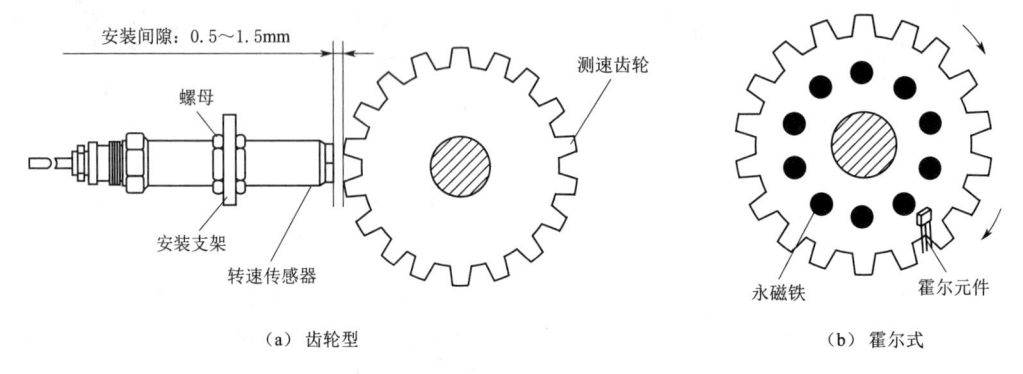

（a）齿轮型　　　　　　　　　　　　　（b）霍尔式

图 1.61　接地屏蔽圆筒形电容式传感器示意图

随着被测物体的转动，转速传感器输出与旋转速度相对应的脉冲信号（近似正弦波或矩形波），通过计数仪表显示测量的转速值。

1. 霍尔传感器

霍尔传感器也是一种磁电式传感器。它是利用霍尔元件基于霍尔效应原理而将被测量转换成电动势输出的一种传感器。它是一个换能器，将磁场的变化转化为输出电压的变化。霍尔传感器首先是适用于测量磁场，此外还可测量产生和影响磁场的物理量，例如被用于位置测量、转速测量和电流测量。其最简单的形式是，传感器作为一个模拟换能器，直接返回一个电压。在已知磁场下，其距霍尔盘的距离可被设定。使用多组传感器，磁铁的相关位置可被推断出。通过导体的电流会产生一个随电流变化的磁场，并且霍尔效应传感器可以在不干扰电流情况下而测量电流，典型的构造为将其和绕组磁芯或在被测导体旁的永磁体合成一体。通常，霍尔效应传感器和电路相连，从而允许设备以数字（开/关）模式操作，在这种情况下可以被称为开关。工业中常见的设备，例如气缸，也被用于日常设备中，如一些打印机使用它们来监测缺纸和敞盖的情况。当键盘被要求高可靠性时，也需设计霍尔传感器在其按键内。

霍尔效应传感器通常被用于计量车轮和轴的速度，例如在内燃机点火定时（正时）或转速表上。其在无刷直流电动机的使用，用来检测永磁铁的位置。由于霍尔元件在静止状态下，具有感受磁场的独特能力，并且具有结构简单、体积小、噪声小、频率范围宽（从直流到微波）、动态范围大（输出电势变化范围可达 1000：1）、寿命长等特点，因此获得了广泛应用。

2. 霍尔传感器原理

金属或半导体薄片置于磁场中，当有电流流过时，在垂直于电流和磁场的方向上将产生电动势，这种物理现象称为霍尔效应。

霍尔传感器利用霍尔效应实现对物理量的检测，按被检测对象的性质可将它们的应用分为直接应用和间接应用。前者是直接检测出受检测对象本身的磁场或磁特性,后者是检测受检对象上人为设置的磁场,用这个磁场作为被检测的信息的载体,通过它,将许多非电、非磁的物理量例如力、力矩、压力、应力、位置、位移、速度、加速度、角度、角速度、转数、转速以及工作状态发生变化的时间等,转变成电量来进行检测和控制。

3. 发动机转速传感器(磁感应式与霍尔传感器应用案例)

电磁式转速与相位传感器由信号转子、永久磁铁、信号线圈等组成,如图 1.62、图 1.63 所示。

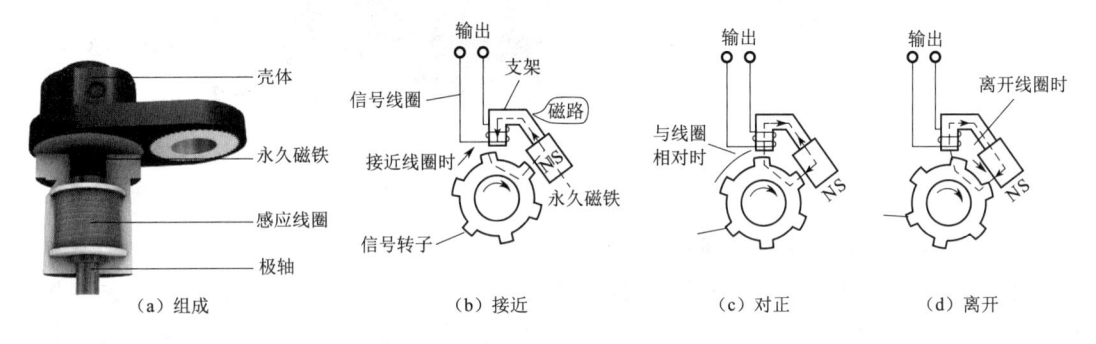

图 1.62 磁感应式发动机转速传感器工作原理

发动机转速传感器的线圈感应电压为

$$E = -W \frac{\mathrm{d}\phi}{\mathrm{d}t}$$

式中:E 为线圈感应电压;W 为线圈匝数,$\frac{\mathrm{d}\phi}{\mathrm{d}t}$ 为磁通变化率。

发动机转速传感器,也被称为曲轴位置传感器,该传感器的作用有两个:即获得发动机转速信号和获得曲轴转角位置信号。如果传感器信号中断,发动机将不能启动、熄火,转速表不显示转速,如图 1.64 所示。

以霍尔效应原理构成的霍尔元件、霍尔集成电路、霍尔组件通称

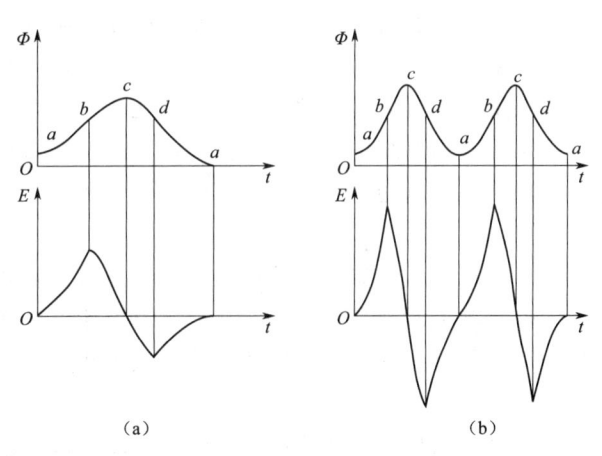

图 1.63 低速时输出波形和高速时输出的波形

为霍尔效应磁敏传感器,简称霍尔传感器。霍尔式传感器具有以下几个方面的应用。

(1) 维持激励电流 I 不变,可构成磁场强度计、霍尔转速表、角位移测量仪、磁性产品计数器、霍尔式角编码器以及基于测量微小位移的霍尔式加速度计、微压力计等。

(2) 保持磁感应强度 B 恒定,可做成过电流检测装置等。

(3) 当 I、B 两者都为变量时,可构成模拟乘法器、功率计等。

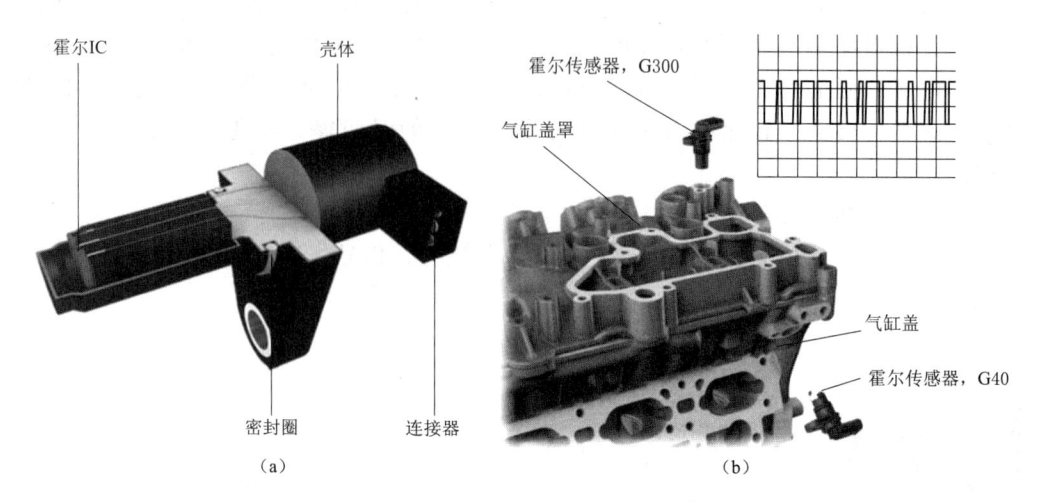

图1.64 霍尔式发动机转速传感器

4. 霍尔传感器的选用注意事项

霍尔元件是采用半导体材料制成的,因此它的许多参数都具有较大的温度系数。当温度变化时,霍尔元件的载流子浓度、迁移率、电阻率及霍尔系数都将发生变化,从而使霍尔元件产生温度误差。为了减小霍尔元件的温度误差,可以采取以下措施。

(1) 选用温度系数较小的霍尔元件。

(2) 采用恒温措施,保持霍尔元件所在处温度不变。

(3) 采用恒流源供电是个有效措施,它可以使霍尔电势稳定,但这只能减小由于输入电阻随温度变化所引起的激励电流 I 变化产生的影响。

霍尔元件具有结构简单、体积小、动态特性好和寿命长的优点,它不仅用于磁感应强度、有功功率及电能参数的测量,也在位移测量中得到广泛应用。但在使用过程中应注意以下方面。

(1) 磁场测量。如果要求被测磁场精度较高,如优于±0.5%,那么通常选用砷化镓霍尔元件,其灵敏度高,为5~10mV/100mT,温度误差可忽略不计,且材料性能好,可以做的体积较小。在被测磁场精度较低,体积要求不高,如精度低于±0.5%时,最好选用硅和锗霍尔元件。

(2) 电流测量。大部分霍尔元件可以用于电流测量。要求精度较高时,选用砷化镓霍尔元件;要求精度不高时,可选用砷化镓、硅、锗等霍尔元件。

(3) 转速和脉冲测量。测量转速和脉冲时,通常是选用集成霍尔开关和锑化铟霍尔元件。如在录像机和摄像机中采用了锑铟霍尔元件替代电机的电刷,提高了使用寿命。

(4) 信号的运算和测量。通常利用霍尔电势与控制电流、被测磁场成正比,并与被测磁场同霍尔元件表面的夹角成正弦关系的特性,制造函数发生器。利用霍尔元件输出与控制电流和被测磁场乘积成正比的特性,制造功率表、电度表等。

(5) 拉力和压力测量。选用霍尔元件制成的传感器较其他材料制成的阵感器灵敏度和线性度更佳。

知识小结

磁电式传感器是利用电磁感应原理将被测量（如振动、位移、转速等）转换成电信号的一种传感器。它不需要辅助电源，就能把被测对象的机械量转换成易于测量的电信号，是一种有源传感器。磁电式传感器包括有磁电感应式传感器、霍尔式传感器和磁栅式传感器，以及各类磁敏传感器等。

磁电式传感器具有以下优点：很强的抗干扰性，能够在烟雾、油气、水汽等环境中工作。磁电式转速传感器输出的信号强，测量范围广，齿轮、曲轴、轮辐等部件，及表面有缝隙的转动体都可测量。工作维护成本较低，运行过程无需供电，完全是靠磁电感应来实现测量，同时传感器的运转也不需要机械动作，无需润滑。结构紧凑、体积小巧、安装使用方便，可以和各种二次仪表搭配使用。

磁电式传感器的缺点有以下几个方面。

（1）输出信号较小。磁电式传感器的输出信号通常较小，需要经过放大电路处理后才能满足后续信号处理和显示的要求。

（2）容易受到环境磁场的影响。磁电式传感器在测量过程中容易受到外界磁场的影响，导致测量结果不准确。

（3）成本较高。相较于其他类型的传感器，磁电式传感器的制造成本较高，限制了其在一些低成本应用场景的应用。

（4）容易受到环境温度的影响，温度变化会影响磁电式传感器的灵敏度。传感器的灵敏度是指传感器输出信号与输入信号之比，当温度发生变化时，传感器材料的热膨胀和热导率等物理特性也会发生变化，从而影响传感器的灵敏度。

未来将继续寻求提高磁电式传感器的灵敏度和精度，以满足更严格的应用需求。通过改进生产工艺和采用新材料，降低磁电式传感器的制造成本，使其在更多领域得到广泛应用；通过研究磁电式传感器的抗干扰技术，提高传感器在复杂环境下的测量稳定性。磁电式传感器将与其他类型的传感器集成，形成多功能传感器，以满足更多应用场景的需求。磁电式传感器将结合人工智能技术，实现自适应测量和智能化数据分析，提高传感器的使用便利性和测量准确性。

思政小故事

吴浩青院士，物理化学家，1914年4月22日生于江苏宜兴，1935年毕业于浙江大学化学系，曾任复旦大学教授，1980年当选为中国科学院学部委员（院士）。他对电池内阻测量方法作过重要改进，对中国丰产元素锑的电化学性质作过系统研究，利用微分电容—电势曲线确定了锑的零电荷电势为（-0.19±0.02）V，校正了文献数据并得到国际公认。在应用研究中取得不少成果，如为储备电池的生产提供了有关氟硅酸的电导率与其浓度关系的数据，研制了海军用海水激活电池，数字地倾斜仪中传感器用电解液和飞行平台用电导液等。在高能电源锂电池（Li/CuO电池）的研究中提出了颇有创见的嵌入反应机理，确认阴极反应是锂在氧化铜晶格中的嵌入反应，达到一定的嵌入度后可引起氧与铜间键的断裂而析出金属铜，修正了前人的观点并得到国际上的确证。曾获国防科委科技成果奖。

吴浩青知识渊博，思维敏捷，学术思想活跃，勇于开拓，始终站在科学前沿。为了给学生们提供实验基地，1957年吴浩青筹建了我国高校第一个电化学实验室。他的弟子、中科院院士江明记得吴老的一句话："化学家和实验的关系，就是鱼和水的关系"。年逾古稀时，吴老还把实验室当卧室，带领学生夜以继日工作。

1.4.6 巩固习题

1. 磁电式传感器主要包括哪些类型？分别有什么优点和缺点？
2. 磁感应式与霍尔式传感器相比，它们的不同点和相同点是什么？
3. 磁电式传感器的工作原理是什么？
4. 霍尔元件在使用过程中需要注意的事项有哪些？

<项目1 拓展视频①：无人驾驶传感器> <项目1 拓展视频②：电容式传感器>

项目 2　智能制造过程中的智能传感系统

一、学习目标

1. 知识目标
- 了解智能制造过程物理量类型。
- 掌握不同类型传感器采集数据的基本原理。
- 掌握压电式、光电式、热电式、数字式传感器的工作原理。
- 掌握传感器选型和应用过程中的注意事项。

2. 能力目标
- 能够根据测量物理量判断使用什么类型的传感器。
- 能够判断常见传感器的工作范围和局限性。
- 能够理解传感器等效电路。
- 能够理解常见传感器工作原理。

3. 素质目标
- 养成精益求精的质量意识和工匠精神。
- 养成数字化信息素养。
- 养成技术创新思维。

二、知识图谱

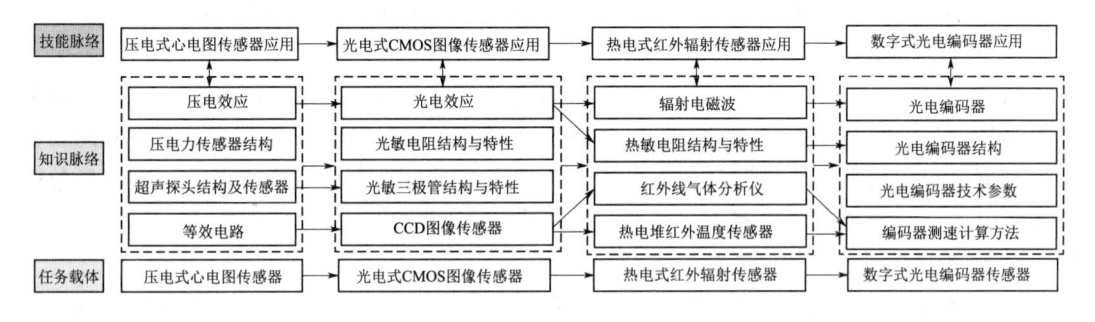

技能脉络	压电式心电图传感器应用	光电式CMOS图像传感器应用	热电式红外辐射传感器应用	数字式光电编码器应用
知识脉络	压电效应	光电效应	辐射电磁波	光电编码器
	压电力传感器结构	光敏电阻结构与特性	热敏电阻结构与特性	光电编码器结构
	超声探头结构及传感器	光敏三极管结构与特性	红外线气体分析仪	光电编码器技术参数
	等效电路	CCD图像传感器	热电堆红外温度传感器	编码器测速计算方法
任务载体	压电式心电图传感器	光电式CMOS图像传感器	热电式红外辐射传感器	数字式光电编码器传感器

任务 2.1　压电式心电图传感器

2.1.1　案例引入

> 心血管诊断除了临床外，主要依靠医疗器械。心电和心音是检测心血管疾病的两种不同的手段，心电主要应用于心率失常及心肌缺血的定性与定量分析诊断。采用新型高分子压电材料聚偏氟乙烯研制的压电薄膜传感器，其结构简单，灵敏度高，能准确测量微弱的人体信号。我们将其应用于对人体心音信号的采集，研制了两通道的综合微型记录仪，分别动态记录心音信号和心电信号。那么它是如何进行工作的呢？

2.1.2　原理分析

压电式传感器是以某些物质的压电效应为基础，在外力作用下，在物质表面产生电荷，实现非电量电测的目的，是一种发电式传感器。压电效应是可逆的，是一种"双向传感器"。主要测与力相关的物理量，如测量压力、加速度、机械冲击和振动等。压电式传感器不能用于静态测量，只能测量动态变化的量。缺点是无静态输出，要求有很高的电输出阻抗，需用低电容的低噪声电缆。

2.1.2.1　压电效应（Piezoelectric Effect）

对某些电介质，在一定方向对其加力而使其变形时，在一定表面上产生符号相反的电荷，当外力去掉后，电介质又重新恢复到不带电状态，当作用力方向改变时，电荷的极性也随之改变。人们把这种机械能转换为电能的现象，称为"正压电效应"。相反，当在电介质极化方向施加电场，这些电介质也会在一定方向上产生机械变形或机械压力，当外加电场去掉后，这些变形或压力随之消失。这种电能转换为机械能的现象被称为"逆压电效应"（电致伸缩效应）。依据电介质压电效应研制的一类传感器称为压电传感器。

1. 正压电效应

当晶体受到某固定方向外力的作用时，内部就产生电极化现象，同时在某两个表面上产生符号相反的电荷；当外力撤去后，晶体又恢复到不带电的状态；当外力作用方向改变时，电荷的极性也随之改变；晶体受力所产生的电荷量与外力的大小成正比。这种现象即为正压电效应。压电式传感器大多是利用正压电效应制成的。

2. 逆压电效应

逆压电效应是指对晶体施加交变电场引起晶体机械变形的现象。用逆压电效应制造的变送器可用于电声和超声工程。压电敏感元件的受力变形有厚度变形型、长度变形型、体积变形型、厚度切变型、平面切变型5种基本形式。压电晶体是各向异性的，并非所有晶体都能在这5种状态下产生压电效应。例如石英晶体就没有体积变形压电效应，但具有良好的厚度变形和长度变形压电效应。

当压电元件受到外力 F 作用时，在相应的表面产生表面电荷 Q，如图 2.1 所示。

$$Q = dF$$

式中：d 为压电系数。

具有压电效应的材料称为压电材料，它能实现机—电能量的相互转换，而性能优异的压电材料是设计高性能传感器的关键。压电材料可以分为两大类：压电晶体和压电陶瓷。压电材料要求具有大的压电系数，机械强度高，刚度大，具有高电阻率、大介电系数和高居里点，以及温度、湿度和时间稳定性好等特点。在自然界中大多数晶体都具有压电效应，但压电效应十分微弱。随着对材料的深入研究，发现石英晶体、钛酸钡、锆钛酸铅等材料是性能优良的压电材料。

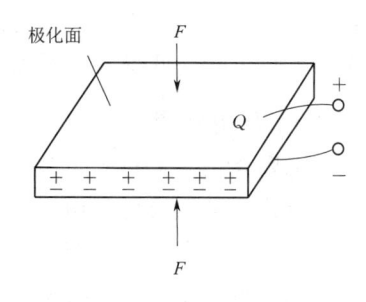

图 2.1 正压电效应示意图

2.1.2.2 压电晶体

以石英晶体为例，它是单晶体中具有代表性同时也是应用最广泛的一种压电晶体，化学式为 SiO_2。天然结构的石英晶体外形是一个正六面体。

石英晶体各个方向的特性是不同的，如图 2.2 所示。在结晶学中，将石英晶体的结构用三根互相垂直的轴来表示，其中纵向轴 z 称为光轴，经过六面体棱线并垂直于光轴的 x 轴称为电轴，与 x 轴和 z 轴同时垂直的 y 轴称为机械轴。

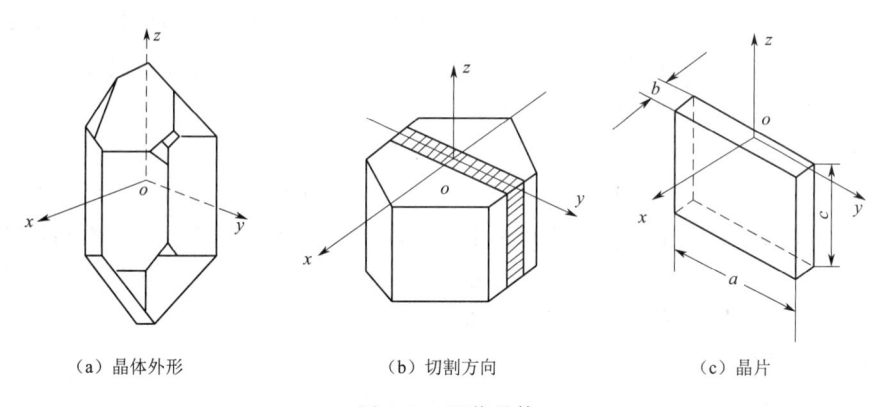

（a）晶体外形　　（b）切割方向　　（c）晶片

图 2.2 石英晶体

通常把沿电轴 x 方向的力作用下产生电荷的压电效应称为"纵向压电效应"，而把沿机械轴 y 方向的力作用下产生电荷的压电效应称为"横向压电效应"。力沿光轴 z 方向作用时不产生压电效应，故也称中性轴，此轴可用光学方法确定。

（1）晶体在某个方向上有正压电效应，则在此方向上一定存在逆压电效应。
（2）无论是正压电效应还是逆压电效应，其作用力与电荷之间呈线性关系。
（3）晶体具有各向异性特点，并不是在任何方向都存在压电效应。

石英晶体是各向异性的，许多物理特性取决于晶体方向，为利用石英晶体的压电效应进行力—电转换，需将晶体沿一定方向切割成晶片。

几百摄氏度的温度范围内，其介电常数和压电系数几乎不随温度而变化。但是当温度升高到 573℃时，石英晶体将完全丧失压电特性，这就是它的居里点。石英晶体的突出优点：性能非常稳定，它有很大的机械强度和稳定的机械性能。但石英材料价格昂贵，且压电系数比压电陶瓷低得多。因此一般仅用于标准仪器或要求较高的传感器中。

2.1.2.3　压电陶瓷

压电陶瓷是人工制造的多晶体压电材料，原始的压电陶瓷不具有压电性质，材料内部的晶粒有许多自发极化的电畴，它有一定的极化方向，从而存在电场。在无外电场作用时，电畴在晶体中杂乱分布，它们各自的极化效应被相互抵消，压电陶瓷内极化强度为零。它比石英晶体的压电灵敏度高得多，而制造成本却较低，因此目前国内外生产的压电元件绝大多数都采用压电陶瓷。

为了使压电陶瓷具有压电效应，必须进行极化处理，即在一定温度下对压电陶瓷施加强电场（如 20~30kV/cm 的直流电场），经过 2~3h 以后，压电陶瓷就具备压电性能，陶瓷内部电畴的极化方向在外电场作用下都趋向于电场的方向，这个方向就是压电陶瓷的极化方向，通常取 z 轴方向。

经过极化处理的压电陶瓷，在外电场去掉后，其内部仍存在着很强的剩余极化强度，当压电陶瓷受外力作用时，电畴的界限发生移动，因此剩余极化强度将发生变化，在垂直于极化方向的平面上将出现极化电荷的变化，压电陶瓷就呈现出压电效应。这种因受力而产生的由机械效应转变为电效应，将机械能转变为电能的现象，就是压电陶瓷的正压电效应。

因为压电陶瓷的压电系数比石英晶体的大得多，所以采用压电陶瓷制作的压电式传感器的灵敏度较高。极化处理后的压电陶瓷材料的剩余极化强度和特性与温度有关，它的参数也随时间变化，从而使其压电特性减弱。

压电陶瓷制造工艺成熟，通过改变配方或掺杂其他物质可使材料的技术性能有较大的改变，以适应各种要求。它还具有良好的工艺性，可以方便地加工成各种所需的形状。在通常情况下，其压电系数比压电晶体高很多，一般比石英晶体高几百倍，而制造成本仅为单晶材料的 1%~10%。目前大多数压电元件都采用压电陶瓷。但压电陶瓷的居里点温度低，温度稳定性和机械强度等不如石英晶体。

常用的压电陶瓷材料有以下几种。

（1）非铅系列压电陶瓷（如钛酸钡 $BaTiO_3$）。其具有很高的介电常数和较大的压电系数（约为石英晶体的 50 倍），但居里点温度低（120℃），温度稳定性和机械强度不如石英晶体。

（2）锆钛酸铅系列压电陶瓷（PZT）。其压电系数更大，居里点温度在 300℃ 以上，各项机电参数受温度影响小，时间稳定性好，是目前压电式传感器中应用最广泛的压电材料。

2.1.2.4　压电式传感器应用

1. 压电式压力传感器

压电式压力传感器是利用压电材料所具有的压电效应所制成的，如图 2.3 所示。由于压电材料的电荷量是一定的，所以在连接时要特别注意，避免漏电。

压电式压力传感器的优点是具有自生信号，输出信号大，有较高的频率响应，体积小，结构坚固。其缺点是只能用于动能测量，需要特殊电缆，在受到突然振动或过大压力时，自我恢复较慢。

2. 压电式加速度传感器

压电元件一般由两块压电晶片组成。在压电晶片的两个表面上镀有电极，并引出引线。在压电晶片上放置一个质量块，质量块一般采用比较大的金属钨或高比重的合金制成。然后用一硬弹簧或螺栓、螺帽对质量块预加载荷，整个组件装在一个原基座的金属壳体中。为了隔离试件的任何应变传送到压电元件上去，避免产生假信号输出，所以一般要加厚基座或选用由刚度较大的材料来制造，壳体和基座的重量差不多占传感器重量的一半。

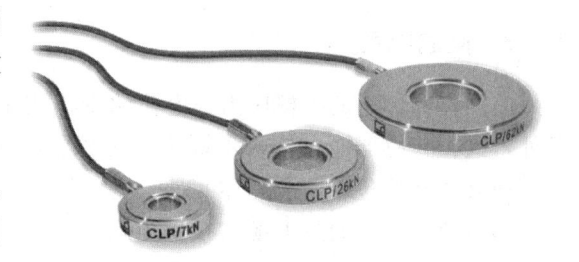

图 2.3　压电式压力传感器

测量时，将传感器基座与试件刚性地固定在一起。当传感器受振动力作用时，由于基座和质量块的刚度相当大，而质量块的质量相对较小，可以认为质量块的惯性很小。因此质量块经受到与基座相同的运动，并受到与加速度方向相反的惯性力的作用。这样，质量块就有一正比于加速度的应变力作用在压电晶片上。由于压电晶片具有压电效应，因此在它的两个表面上就产生交变电荷（电压），当加速度频率远低于传感器的固有频率时，传感器给输出电压与作用力成正比，亦即与试件的加速度成正比，输出电量由传感器输出端引出，输入到前置放大器后就可以用普通的测量仪器测试出试件的加速度；如果在放大器中加进适当的积分电路，就可以测试试件的振动速度或位移。

3. 在机器人接近觉中的应用（超声波传感器）

机器人安装接近觉传感器主要目的有以下三个：①在接触对象物体之前，获得必要的信息，为下一步运动做好准备工作；②探测机器人手和足的运动空间中有无障碍物，如发现有障碍，则及时采取一定措施，避免发生碰撞；③为获取对象物体表面形状的大致信息。

超声波是人耳听不见的一种机械波，频率在 20kHz 以上。人耳能听到的声音，振动频率范围只是 20～20000Hz。超声波因其波长较短、绕射小，而能成为声波射线并定向传播，机器人采用超声传感器的目的是用来探测周围物体的存在与测量物体的距离。一般用来探测周围环境中较大的物体，不能测量距离小于 30mm 的物体。

超声传感器包括超声发射器、超声接收器、定时电路和控制电路四个主要部分。它的工作原理大致是这样的：首先由超声发射器向被测物体方向发射脉冲式的超声波。发射器发出一连串超声波后即自行关闭，停止发射。同时超声接收器开始检测回声信号，定时电路也开始计时。当超声波遇到物体后，就被反射回来。等到超声接收器收到回声信号后，定时电路停止计时。此时定时电路所记录的时间，是从发射超声波开始到收到回声波信号的传播时间。利用传播时间值，可以换算出被测物体到超声传感器之间的距离。这个换算的公式很简单，即声波传播时间的一半与声波在介质中传播速度的乘积。超声传感器整个工作过程都是在控制电路控制下顺序进行的。

压电材料除了以上用途外还有其他相当广泛的应用。如鉴频器、压电振荡器、变压器、滤波器等。

2.1.3 问题界定

施加在晶体上的机械应力与电荷的变化成正比。换句话说,压力越大,电荷就越大。另外,这种传感器输出信号不取决于传感器的大小,这是一个独特的优势。从结构上来说,通常传感器包含两个晶体元件,电极位于这两个晶体之间。这个电极获取晶体内向侧面上的电荷,电极通过电缆连接到电荷放大器上(图2.4)。此外,晶体盘被置于金属外壳中。这不仅保护晶体,并且提供与晶体的第二接触点,因为其需要通过屏蔽电缆连接到电荷放大器。

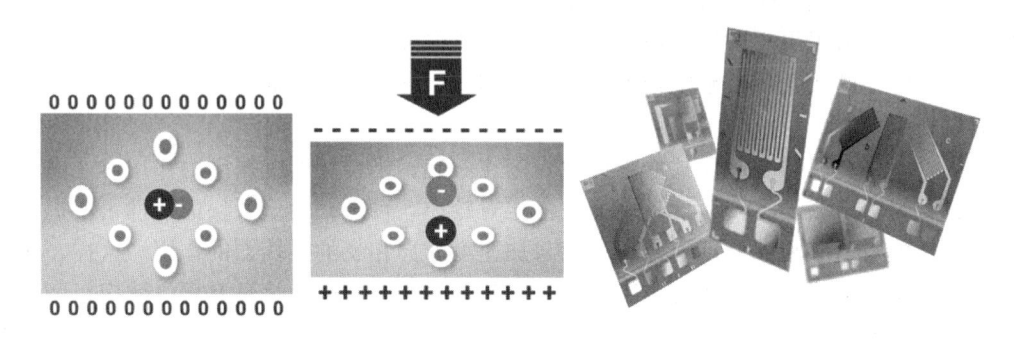

图 2.4 压电产生电荷过程与应变片

依据应用不同,压电力传感器可在无需施加或施加预应力下应用(图2.5)。施加预应力的传感器经校准可安装后立即使用。力垫圈在安装后仍然需要施加预应力(通常使用螺钉或负载销完成),因为这在不同材料表面之间产生了接触,从而会使电荷产生转移。这些附加组件会改变测量点的灵敏度,因此在施加预应力后需要进行调整或校准。

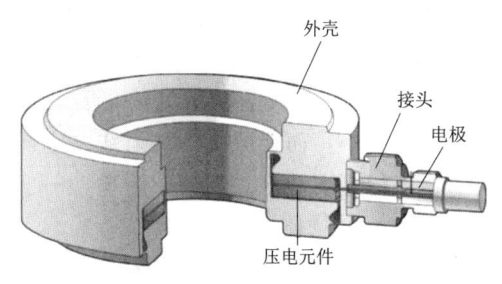

图 2.5 压电力传感器结构

使用中应确保传感器在安装环境下能提供正确的测量结果。压电力传感器非常适合循环加载应用,尤其适合当两个部件以限定的力连接时,如铆接。在测量后,设备开始复位,传感器返回零点,然后是下一个循环。因为测量时间很短,因此漂移对测量结果没有影响。另外,利用压电力传感器的大测量范围,通过二次测量,能够获得更精确的测量结果。例如对于500kN的力,在第一和第二步测量之间进行"重置",分辨率可达100N。

压电传感器类型按照产生电的结构不同,可分为以下几种,如图2.6所示。

(1)压缩型。有一个压电元件,用螺丝固定在一块重物和底座之间。由于其先进的机械强度,测量相当大的冲击是可能的。共振频率对其灵敏度来说是很高的。因此,这种类型的传感器不仅可以用于一般的应用,还可以用于高速旋转机械的测量或检测管线的泄漏。适用于测量高频率或高加速度的振动,具有稳定的工作、先进的线性度、宽广的操作温度范围。

(2)剪切型。其每个压电元件都有剪切力,与两极之间的应用加速度成正比。即使在

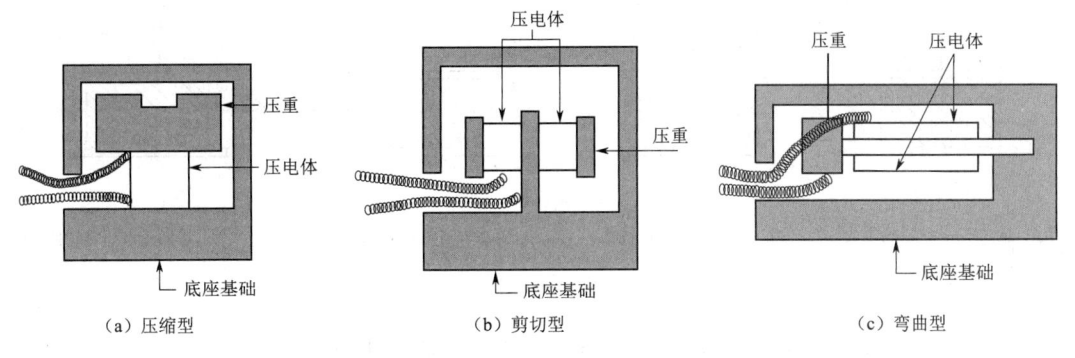

图 2.6 (a) 压缩型　(b) 剪切型　(c) 弯曲型

图 2.6　不同类型的压电传感器

温度变化较大的环境中，它也适用于低频振动测量，因为它很难受到热释电的影响。此外，它对底座上的应变不太敏感。适用于测量高频率或高加速度的振动，抵抗温度变化和安装部分的应变引起的干扰，涵盖小型、轻型及高灵敏度。

（3）弯曲型。其结构是通过粘在金属板上的压电元件获得信号，金属板被施加加速度而弯曲。这种仪器体积小，重量轻，加速度灵敏度高，能稳定地工作，有先进的线性度，适合监测地震或大坝、发电站或小型设备等测试模型的小振动。

2.1.4　方法梳理

压电式传感器中的元件结构是指压电元件的构造和排列方式，它直接影响着传感器的性能和特点。压电元件是压电式传感器的核心部分，它可以将机械应力转换为电信号，或者将电信号转换为机械形变。压电元件一般由两片压电片组成，并在压电片的两个表面镀银，输出端由银层或两片银层之间所夹的金属块上引出，输出端的另一根引线就直接和传感器的基座相连。

如果在电介质的极化方向上施加电场（电压），这些电介质晶体会在一特定的晶轴方向上产生机械变形或机械应力；当外电场消失时，这些变形或应力也随之消失。这种现象称为逆压电效应，或称为电致伸缩现象。逆压电效应实质上是电能转化为机械能的过程，如图 2.7 所示。

纵向、横向压电效应如图 2.8、图 2.9 所示。

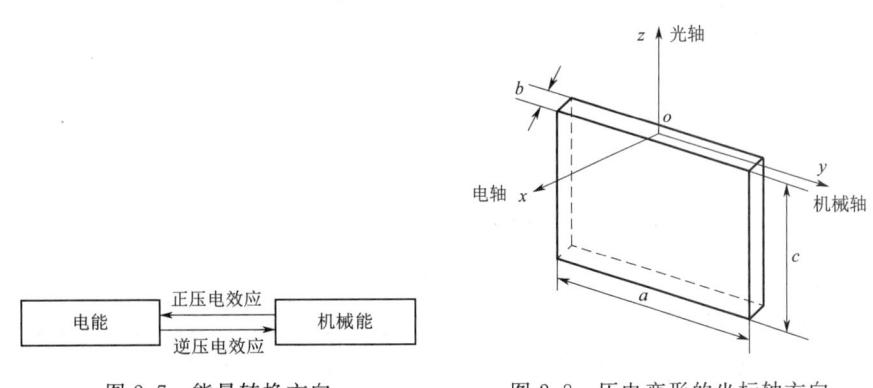

图 2.7　能量转换方向

图 2.8　压电变形的坐标轴方向

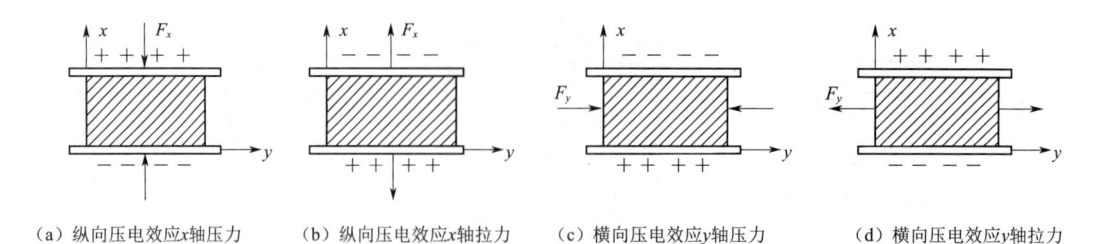

(a) 纵向压电效应x轴压力　　(b) 纵向压电效应x轴拉力　　(c) 横向压电效应y轴压力　　(d) 横向压电效应y轴拉力

图 2.9　受力方向与压电效应

纵向压电效应：沿电轴 x 方向的力作用下产生电荷的压电效应。

横向压电效应：沿机械轴 y 方向的力作用下产生电荷的压电效应。

沿光轴 z—z 方向受力则不产生压电效应。

压电元件承受机械应力作用时，具有能量转换作用的变形方式有厚度变形（TE 方式）、长度变形（LE 方式）、面剪切变形（FS 方式）、厚度剪切变形（TS 方式）和体积变形（VE 方式）等几种形式（图 2.10）。

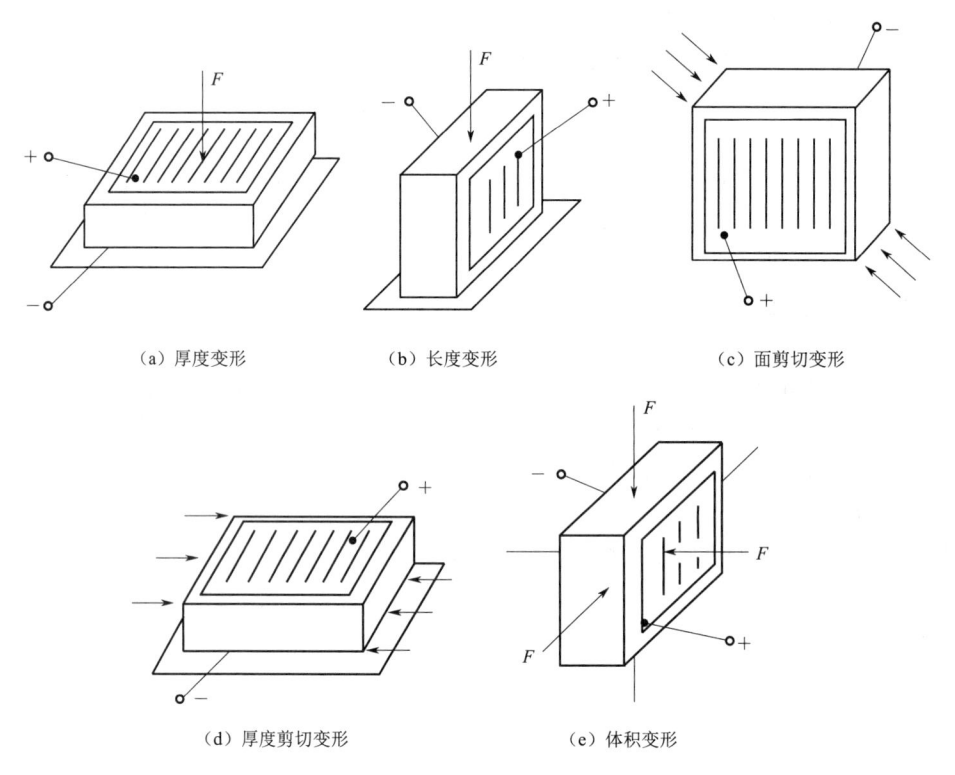

(a) 厚度变形　　(b) 长度变形　　(c) 面剪切变形

(d) 厚度剪切变形　　(e) 体积变形

图 2.10　压电元件受力状态及变形方式

1. 超声探头结构

超声探头是一种利用压电效应将电能和机械能相互转换的装置，它在医学、工业、科研等领域有广泛的应用。超声探头的核心：压电晶体或复合压电材料。

超声探头的基本结构包括以下几个部分，如图 2.11 所示。

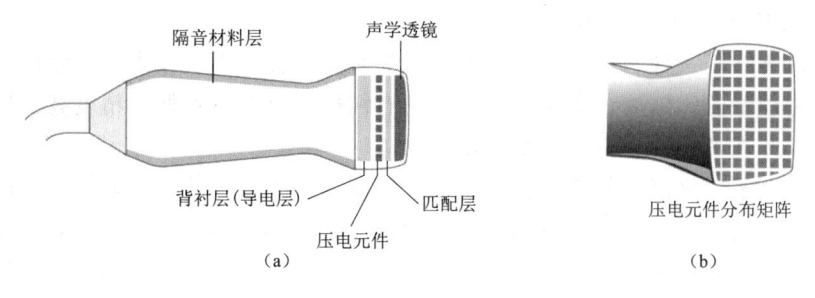

图 2.11 超声探头的结构

(1) 压电元件。它是超声探头的核心部件,它可以是由单晶、多晶或陶瓷等材料制成,它可以在电场的作用下产生机械振动,也可以在机械压力的作用下产生电荷。压电晶体的形状、尺寸、厚度和材料决定了超声探头的频率、灵敏度和带宽。

(2) 匹配层。它是一层薄膜,贴在压电晶体的正面,它的作用是减少压电晶体和介质之间的声反射,提高超声波的发射效率和接收灵敏度。声阻抗匹配层的厚度和声阻抗应该与压电晶体和介质相匹配。

(3) 声透镜。它是一种凸起的形状,贴在声阻抗匹配层的外面,它的作用是改变超声波的传播方向和聚焦程度,提高超声波的分辨率和穿透能力。声透镜的形状、曲率和材料决定了超声波的发散角和聚焦点。

(4) 导电层。它是一层金属薄片,贴在压电晶体的背面,它的作用是提供电极,将电信号传递给压电晶体,或者将压电晶体产生的电信号传递给电路。导电层的材料应该具有良好的导电性和反射性。

(5) 保护层。它是一层塑料或橡胶,包裹在超声探头的外面,它的作用是保护超声探头的内部结构,防止水分、灰尘、腐蚀和机械损伤。保护层的材料应该具有良好的耐磨性和隔离性。

2. 超声波传感器的工作原理

(1) 产生超声波。反复快速施加和移除电压,压电晶体会迅速膨胀和松弛,产生超声波,如图 2.12 所示。

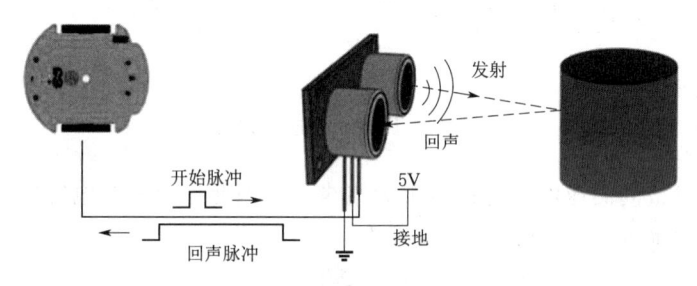

图 2.12 超声波传感器的工作原理

(2) 接收超声波。当压电晶体被压缩时,它会产生一个电压。这个属性用来"监听"撞击物体后返回的超声波。当返回的声波击中压电晶体时,它会被压缩。然后,晶体会产生与撞击它的超声波强度相对应的电压。

3. 超声波传感器的应用领域

超声波传感器是一种利用超声波（高于人类听力范围的声波）来测量距离、速度、方向、形状等物理量的传感器。超声波传感器具有结构简单、成本低、精度高、抗干扰能力强等优点，因此在各行各业有广泛的应用。

（1）汽车电子。超声波传感器在汽车电子领域提供了多种功能，如停车辅助、防撞预警、盲点检测、自动驾驶等。超声波传感器可以通过发射和接收超声波，测量车辆与周围障碍物的距离和相对速度，从而提高驾驶安全和舒适性。随着汽车智能化和自动化的发展，超声波传感器的需求和性能也将不断提高，预计未来将在更高级别的自动驾驶系统中发挥更大的作用。

（2）智能仪器。超声波传感器在智能仪器领域有多种用途，如流量测量、液位测量、厚度测量、缺陷检测等。超声波传感器可以通过测量超声波在不同介质中的传播速度和反射强度，获取物体的物理特性和状态。超声波传感器具有无损、无污染、高精度、高灵敏度等特点，适用于各种复杂和恶劣的环境，预计未来将在更多的智能仪器中得到应用。

（3）智能家居。超声波传感器在智能家居领域也有广泛的应用，如运动检测、防盗报警、智能灯光、智能窗帘等。超声波传感器可以通过发射和接收超声波，检测房间内的人员和物体的位置和移动情况，从而实现智能控制和管理。超声波传感器具有低功耗、低成本、易安装等优点，适合于物联网家庭自动化系统，未来将在更多的智能家居产品中使用。

2.1.5 巩固强化

压电元件在实际使用中，如仅用单片压电片工作的话，要产生足够的表面电荷需要有足够的作用力。当测量力较小时（例如测量粗糙度或微压差时），可采用两片或两片以上的压电片组合一起使用，以提高输出灵敏度。由于压电材料是有极性的，因此有串联和并联两种接法，如图 2.13 所示。

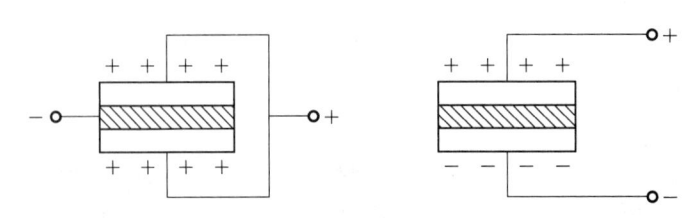

图 2.13 压电元件连接方式

压电元件两电极间的压电陶瓷或石英为绝缘体，因此构成一个电容器，电容量 C、两极板间电压 U 和表面电荷量 Q 之间的关系为

$$C=Q/U$$

当两压电元件并联连接，是将相同极性端连接在一起，总电容量 C'、总电压 U'、总电荷 Q' 与单片的 C、U、Q 之间的关系为

$$C'=2C \quad U'=U \quad Q'=2Q$$

当两压电元件串联连接，是将不同极性端连接在一起，总电容量 C'、总电压 U'、总

电荷 Q' 与单片的 C、U、Q 之间的关系为
$$C'=C/2 \quad U'=2U \quad Q'=Q$$

并联接法输出电荷大，本身电容大，时间常数大，适宜用在测量慢变信号并且以电荷作为输出量的地方；串联接法输出电压大，本身电容小，适宜用于以电压作输出信号，且测量电路输入阻抗很高的地方。

1. 等效电路

压电式传感器对被测量的感受程度是通过其压电元件产生电荷量大小来反映的，因此它相当于一个电荷源，而压电元件电极表面聚集电荷时，它又相当于一个以压电材料为电介质的电容器，其电容量 C_a 为

$$C_a = \frac{\varepsilon_r \varepsilon_0 S}{\delta}$$

式中：S 为压电片的面积；d 为压电片的厚度；ε_r 为压电材料的相对介电常数。

当压电元件受外力作用时，两表面产生等量的正、负电荷 Q，压电元件的开路电压 U 为

$$U = \frac{Q}{C_a}$$

压电元件可以等效为一个电荷源和一个电容器并联的电路，如图 2.14 所示。也可以等效为一个电压源和一个电容器串联的电路，如图 2.15 所示，虚线框内即为压电元件部分，其中 R_a 为压电元件漏电阻。利用压电式传感器进行测量时，要与测量电路相连接，应考虑电缆电容 C_c、放大器的输入电阻 R_i、输入电容 C_i，从而可以得到压电传感器的完整等效电路。

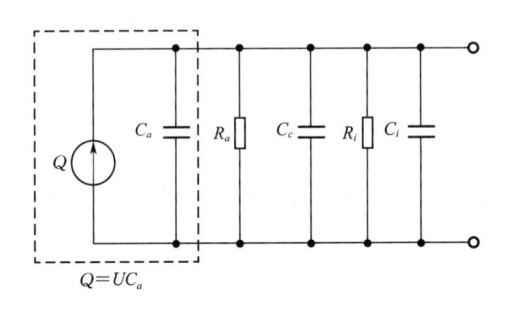

图 2.14 电荷源等效电路

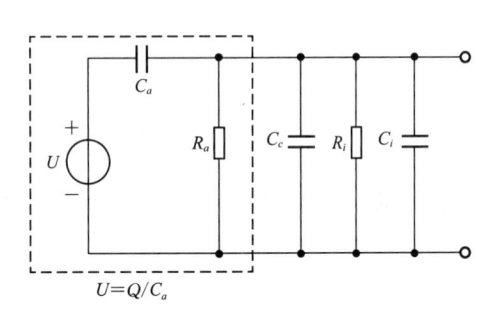

图 2.15 电压源等效电路

2. 测量电路

压电式传感器要求负载电阻必须有很大的数值，才能使测量误差小到一定数值以内，如图 2.16 所示。压电传感器产生的电荷很少，信号微弱，而自身又要有极高的绝缘电阻，以防止电荷迅速泄漏引起测量误差。

因此，常在压电式传感器输出端后面，先接入一个高输入阻抗的前置放大器，确保测量电路有较大的时间常数，以

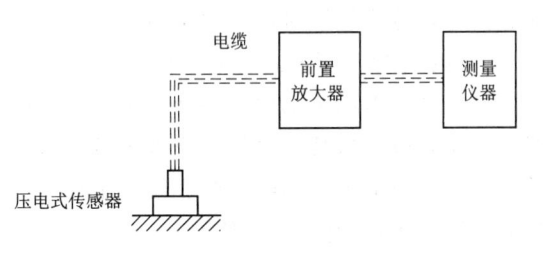

图 2.16 测量电路基本结构

避免电荷泄漏;前置放大器的作用有两个:一是阻抗变换,把压电式传感器的高输出阻抗变换成低输出阻抗;二是把压电式传感器的微弱信号放大。

前置放大器有两种形式:一种是电压放大器,它的输出电压与传感器的输出电压成正比;另一种是电荷放大器,其输出电压与传感器的输出电荷成正比。

(1) 前置放大器的作用:

1) 放大压电传感器的微弱输出信号。

2) 把传感器的高阻抗输出变换成低阻抗输出。

(2) 前置放大器的形式:

1) 电压放大器。其输出电压与输入电压(压电元件的输出电压)成正比,如图2.17所示。

2) 电荷放大器。其输出电压与输入电荷成正比,如图2.18所示。

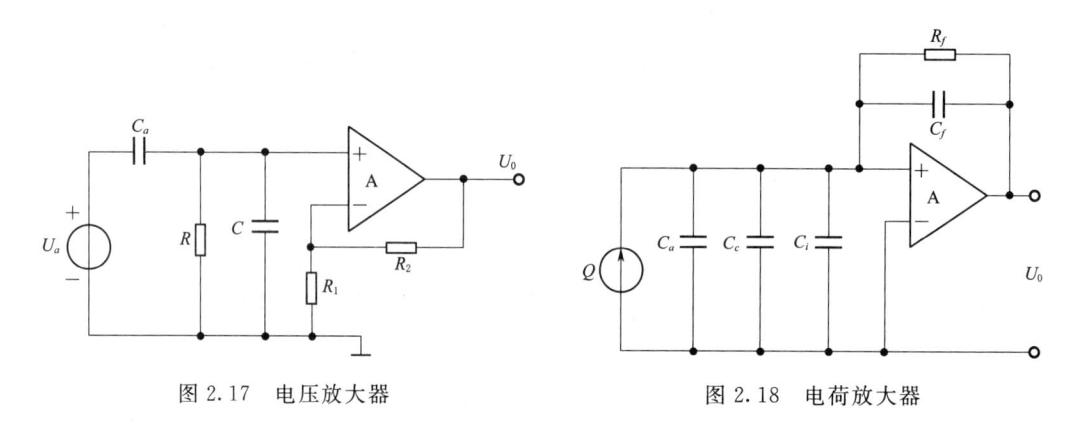

图 2.17 电压放大器

图 2.18 电荷放大器

$$U_0 = \frac{Q}{C} \cdot \frac{K}{1+\frac{\omega_0}{j\omega}}$$

连接电缆电容 C_c 改变会引起 C 改变,进而引起灵敏度改变,所以当更换传感器连接电缆时必须重新对传感器进行标定。

$$U_0 \approx -\frac{Q}{C_f}$$

电荷放大器的输出电压只与输入电荷量和反馈电容值有关,而与放大器增益的变化以及电缆电容 C_c 等均无关。

压电传感器不能测量静态参数,采用电压放大器,更换电缆时,须重新校正;采用电荷放大器,更换电缆时,无须重新校正。

【案例 2.1】 压电式心电图传感器

压电式心电图传感器是一种利用压电效应将心脏的生物电信号转换为电荷信号的传感器。压电效应是指某些材料在受到机械力时,其内部产生电荷分布,从而形成两端的电势差。压电式心电图传感器的核心部件是压电元件,它是由压电材料制成的,可以是单晶、多晶或陶瓷等,如图2.19所示。

(1) 压电元件。其一般由两片压电片组成,两个压电元件极化方向相反,并联后可以

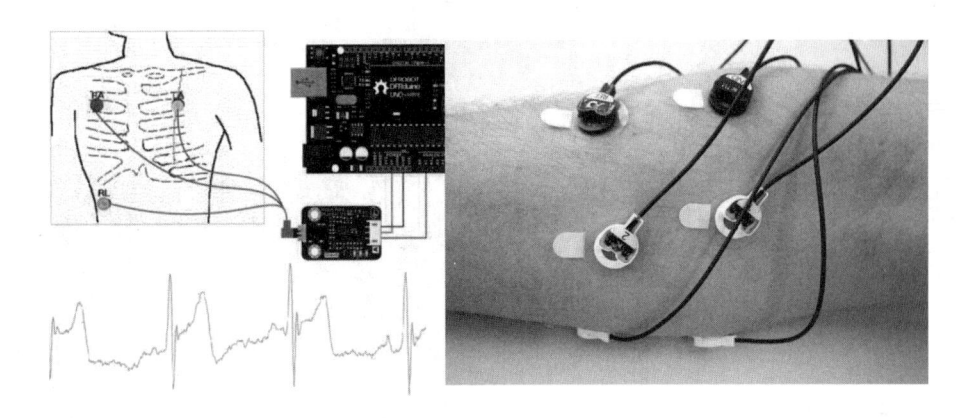

图 2.19 压电式心电图传感器基本结构

增加电荷量输出。在压电片的两个表面上镀银层,并在银层上焊接输出引线,或在两个压电片之间夹一片金属,引线就焊接在金属片上,输出端的另一根引线直接与传感器基座相连。在压电片上放置一个比重较大的质量块,然后用硬弹簧或螺栓、螺帽对质量块预加载荷。

(2)电极。其一般由金属或导电胶制成,贴在皮肤上,用于采集心脏的生物电信号。电极的形状、大小、材料和数量都会影响信号的质量和稳定性。

(3)信号调节电路。其一般由电荷放大器和滤波器组成,用于放大和滤除压电元件输出的电荷信号中的噪声和干扰,得到清晰的心电图波形。信号调节电路的增益、带宽、噪声和抗干扰能力都会影响信号的准确性和可靠性。

压电式心电图传感器的工作原理:

(1)当心脏收缩和舒张时,会产生一定的生物电信号,这些信号通过电极传递给压电元件,使其受到机械力的作用,从而在两端产生电势差,即电荷信号。

(2)电荷信号经过信号调节电路的放大和滤波,得到幅值较大、噪声较小的心电图波形,可以用于显示、记录或分析。

(3)通过对心电图波形的观察和分析,可以了解心脏的功能和状态,如心率、心律、心室肥大、心肌缺血、心肌梗塞等。

压电式心电图传感器可以用于医院或诊所的心电图机,对患者的心脏进行检查和诊断,发现和预防心血管疾病;也可用于可穿戴设备,如手环、手表、胸带等,对运动员或普通人的心率和心率变异性进行监测和分析,评估运动效果和健康状况;用于实验室或现场的心电图仪,对动物或人类的心脏进行实验和研究,探索心脏的生理和病理机制。

【案例 2.2】 压电式玻璃碎破报警器

压电式玻璃碎破报警器是一种利用压电效应将玻璃破碎时产生的声音和震动信号转换为电信号的报警器。压电式玻璃碎破报警器的核心部件是压电元件,其中,压电式声音采集器电路如图 2.20 所示,压电式玻璃碎破报警器的外观结构如图 2.21 所示。

压电式玻璃碎破报警器的结构一般包括以下几个部分。

(1)压电传感器。它是由压电元件和电极组成的,贴在玻璃附近,用于将玻璃破碎时发出的声音和震动信号转换为电荷信号。压电传感器的形状、尺寸、厚度和材料决定了报警器的灵敏度和稳定性。

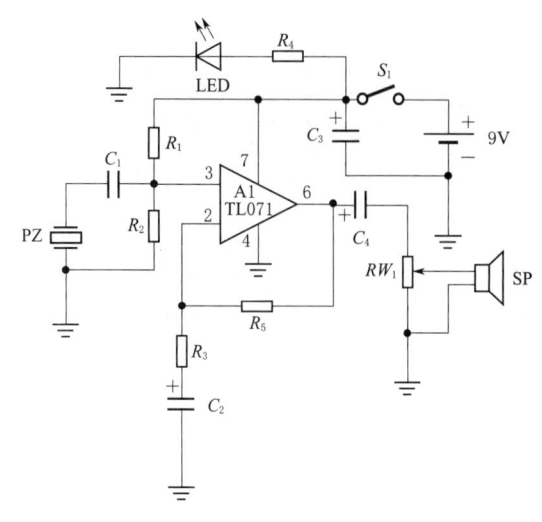

图 2.20　压电式声音采集器电路 　　　　图 2.21　压电式玻璃碎破报警器

（2）信号放大器。它是由电阻、电容、晶体管等电子元件组成的，用于放大压电传感器输出的电荷信号，提高信号的幅值和信噪比。信号放大器的增益、带宽、噪声和抗干扰能力决定了报警器的准确性和可靠性。

（3）信号滤波器。它是由电阻、电容、电感等电子元件组成的，用于滤除信号中的噪声和干扰，得到清晰的信号波形。信号滤波器的类型、频率、阶数和特性决定了报警器的选择性和灵敏度。

（4）信号检测器。它是由比较器、单片机、继电器等电子元件组成的，用于检测信号的幅值、频率、持续时间等特征，判断是否为玻璃破碎信号，输出报警信号。信号检测器的阈值、算法、逻辑和输出决定了报警器的判别能力和响应速度。

（5）报警输出器。它是由扬声器、灯光、显示器等电子元件组成的，用于接收报警信号，发出声音、光线、文字等报警信息，提醒用户和安保人员。报警输出器的类型、强度、模式和内容决定了报警器的提示效果和用户体验。

【案例 2.3】　声表面波传感器

声表面波简称 SAW，是英国物理学家瑞利于 19 世纪末期在研究地震波的过程中发现的一种集中在地表面传播的声波，后来发现在任何固体表面都存在这种现象。SAW 是沿弹性体表面传播的弹性波，是一种机械波，在 SAW 传感器中通过叉指换能器激励产生。

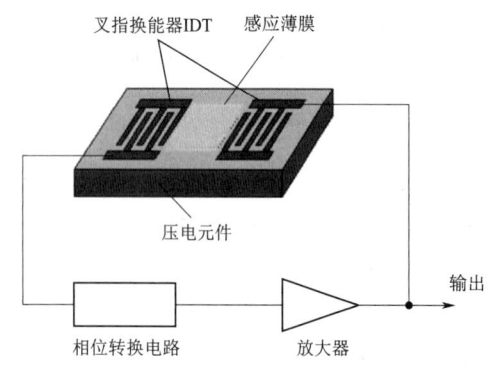

当在发射叉指换能器上施加适当频率的交流电信号，在压电基片内部的电场使基片发生逆压电效应，指条电极间的材料发生形变，使质点发生位移。

SAW 传感器，如图 2.22 所示。它的关键是 SAW 谐振器，有延迟线型和振子型两

图 2.22　SAW 传感器基本结构

种型式。由压电材料基片和沉积在基片上不同功能的叉指换能器及金属栅条式反射器所组成。

声表面波谐振器可用来做成测量各种物理量和化学量的传感器，典型的有SAW温度传感器、SAW应变传感器、SAW压力传感器、SAW加速度传感器、SAW气体传感器、SAW流量传感器、SAW湿度传感器等。

知识小结

压电式传感器是一种利用压电效应将机械力转换为电信号的传感器。压电效应是指某些材料在受到外力时，其内部产生电荷分布，从而形成两端的电势差。压电传感器的核心部件是压电元件，它是由压电材料制成的，可以是单晶、多晶或陶瓷等。

压电式传感器的优点如下：

（1）响应速度快。压电式传感器可以在微秒或毫秒的时间内对力信号进行检测和转换，适合于实时监测和控制的应用。

（2）灵敏度高。压电式传感器可以实现高分辨率和高灵敏度的测量，对微小的力信号变化也能敏感地反应。

（3）信噪比高。压电式传感器的输出信号与噪声信号的比值很高，可以提高测量的准确性和可靠性。

（4）结构简单。压电式传感器的结构简单，占用空间小，重量轻，便于安装和携带。

（5）成本低。压电式传感器的制造工艺成熟，材料和元件的价格相对低廉，因此具有较高的性价比。

压电式传感器的缺点如下：

（1）漂移大。压电式传感器的输出信号会随着时间的推移而逐渐衰减，这称为漂移，会导致测量误差的增大。

（2）直流响应差。压电式传感器不能测量静态或缓慢变化的力，因为这种情况下的输出信号会很快消失，需要采用高输入阻抗电路或电荷放大器来克服这一缺陷。

（3）环境干扰较大。压电式传感器对温度、湿度、电磁场等环境因素有一定的敏感性，这些因素可能会影响压电元件的压电特性，从而影响测量结果。

压电式传感器的应用领域非常广泛，例如在工程力学、生物医学、电声学等技术领域都有广泛的应用。

思政小故事

李龙土教授主要从事无机非金属材料，特别是功能陶瓷的研究，研究课题主要包括压电陶瓷的结构、性能、疲劳机理及应用等，另外在压电超声马达等也有开创性的研究。李龙土教授出生于福建省南安市，是无机非金属材料专家、中国工程院院士、清华大学教授。

1958年，李龙土毕业于清华大学土木工程系；1958—1970年，在清华大学土木系建材教研组先后任助教、讲师；1970—1988年，在清华大学化工系无机非金属材料教研组先后任讲师、副教授、教授；1993—1998年，担任清华大学材料系"新型陶瓷与精细工艺"国家重点实验室主任；1997年，当选为中国工程院院士。

李龙土先后主持并参与研制多个系列、性能优异的铁电、压电、介电、铁磁等新型功能陶瓷材料及新型元器件，带领课题组对铁电压电陶瓷低温烧结技术及应用展开了系统深入研究，提出了对多层陶瓷电子元件产业化有重要指导意义的技术路线，开拓了高性能铁电压电陶瓷低温烧结的新途径，发明了低烧多层压电陶瓷变压器并推广应用和实现产业化。曾担任国家"863计划"新材料领域"七五"期间"先进功能陶瓷"专题负责人、"八五"期间"低温烧结多层陶瓷电容器"重大项目负责人和"九五"期间"高性能片式电子元件"重大项目负责人，主持和参与研制成功的高性能低烧多层陶瓷电容器重大成果实现了产业化。

李龙土治学严谨，淡泊名利。他不仅从多方面关心、帮助和指导年轻教师的成长，更以自己的行动影响着新一代的学子。"行胜于言"是他所带出的研究团队的一个鲜明特色。

2.1.6 巩固习题

1. 压电式传感器主要包括哪些类型？分别有什么优点和缺点？
2. 阐述超声波传感器的工作过程。
3. 阐述压电式心电图传感器工作原理与作用。
4. 阐述压电式传感器测量电路。

任务 2.2　光电式 CMOS 图像传感器

2.2.1　案例引入

> CMOS图像传感器可以用于各种图像采集和处理的领域，如数码相机、手机、扫描仪、医疗成像、生物识别、机器视觉、太空探测等。CMOS图像传感器可以提供高分辨率、高速度、低功耗、低成本、易集成等优点，满足不同应用的需求。CMOS图像传感器是一种利用CMOS技术将光信号转换为电信号的图像系统，那么它是如何进行工作的呢？

2.2.2　原理分析

光电式传感器是将光信号转换成电信号的光敏器件，它可用于检测直接引起光强变化的非电量，如光强、辐射测温、气体成分分析等。光电式传感器可用来检测能转换成光量变化的其他非电量，如表面粗糙度、位移、速度、加速度等。光电式传感器具有响应快、性能可靠、能实现非接触测量等优点，因而在检测和控制领域获得广泛应用。

光源可分为热辐射光源、气体放电光源、发光二极管（Light-emitting diode，简称 LED）、激光等。热辐射光源如白炽灯、卤钨灯的输出功率大，但对电源的响应速度慢，调制频率一般低于 1kHz，不能用于快速的正弦和脉冲调制。气体放电光源的光谱不连续，光谱与气体的种类及放电条件有关。改变气体的成分、压力、阴极材料和放电电流的大小，可以得到主要在某一光谱范围的辐射源。LED 由半导体 PN 结构成，其工作电压低、响应速度快、寿命长、体积小、重量轻，因此获得了广泛的应用。激光器的突出优点是单色性好、方向性好和亮度高，不同激光器在这些特点上又各有不同的侧重。

2.2.2.1 光电效应

光电式传感器的作用原理是基于一些物质的光电效应。光电效应一般分为外光电效应和内光电效应两大类。

1. 外光电效应

一束光可以看作是由一束以光速运动的粒子流组成的，这些粒子称为光子。光子具有能量，每个光子具有的能量由下式确定，即

$$E = h\nu$$

式中：h 为普朗克常数，$h = 6.626 \times 10^{-34} \mathrm{J \cdot s}$；$\nu$ 为光的频率。

光的波长越短，即频率越高，其光子的能量也越大；反之，光的波长越长，其光子的能量也就越小。

在光线作用下，物体内的电子逸出物体表面向外发射的现象称为外光电效应。向外发射的电子叫光电子。光电子在外电场中运动所形成的电流称为光电流。基于外光电效应的光电器件有光电管、光电倍增管等。

光照射物体，可以看成一连串具有一定能量的光子轰击物体，物体中电子吸收的入射光子能量超过逸出功 A_0 时，电子就会逸出物体表面，产生光电子发射，超过部分的能量表现为逸出电子的动能。根据能量守恒定理（爱因斯坦光电效应方程式），有

$$h\nu = \frac{1}{2}mv_0^2 + A_0$$

式中：m 为电子质量；v_0 为电子逸出速度。

光子能量必须超过逸出功 A_0，才能产生光电子。由于不同的材料具有不同的逸出功，因此对某种材料而言便有一个频率限，这个频率限称为红限频率。当入射光的频率低于红限频率时，无论入射光多强，照射时间多久，都不能激发出光电子；当入射光的频率高于红限频率时，不管它多么微弱，也会使被照射的物体激发电子，而且入射光越强，单位时间里入射的光子数就越多，激发出的电子数目越多，因而光电流就越大。光电流与入射光强度成正比。

2. 内光电效应

在光线作用下，物体的导电性能发生变化或产生光生电动势的效应称为内光电效应。内光电效应又可分为光电导效应和光生伏特效应。

（1）光电导效应。在光线作用下，电子吸收光子能量后引起物质电导率发生变化的现

象称为光电导效应。这种效应在绝大多数的高电阻率半导体材料中都存在,因为当光照射到半导体材料上时,材料中处于价带的电子吸收光子能量后,从价带越过禁带激发到导带,从而形成自由电子,同时,价带也会因此形成自由空穴,即激发出电子—空穴对,从而使导带的电子和价带的空穴浓度增加,引起材料的电阻率减小,导电性能增强。

为了使电子从价带跃迁到导带,如图 2.23 所示,入射光的能量必须大于光电材料的禁带宽度 E_g,即光的波长应小于某一临界波长 λ_0,其也称为截止波长。

$$\lambda_0 = \frac{hc}{E_g}$$

式中:E_g 为禁带宽度,以电子伏特(eV)为单位,$1\text{eV}=1.60\times10^{-19}$ J;c 为光速,m/s;h 为普朗克常数。

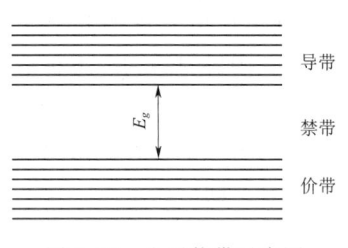

图 2.23 电子能带示意图

基于光电导效应的光电器件有光敏电阻(亦称光电导管),常用的材料有硫化镉(CdS)、硫化铅(PbS)、锑化铟(InSb)、非晶硅等。

(2)光生伏特效应。在光线照射下,半导体材料吸收光能后,引起 PN 结两端产生电动势的现象称为光生伏特效应。基于该效应的光电器件有光敏二极管、光敏三极管、光电池和半导体位置敏感器件(PSD)。

当 PN 结两端没有外加电压时,在 PN 结势垒区存在着内电场,其方向是从 N 区指向 P 区,如图 2.24 所示。当光照射到 PN 结上时,如果光子的能量大于半导体材料的禁带宽度,电子就能够从价带激发到导带成为自由电子,在价带产生自由空穴,从而在 PN 结内产生电子—空穴对。这些电子—空穴对在 PN 结的内部电场作用下,电子移向 N 区,空穴移向 P 区,电子在 N 区积累,空穴在 P 区积累,从而使 PN 结两端形成电位差,PN 结两端便产生了光生电动势。

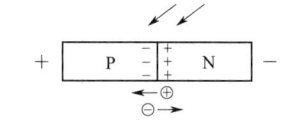

图 2.24 光生伏特效应原理图

2.2.2.2 外光电效应应用

外光电效应器件指基于外光电效应工作原理制成的光电器件,一般都是真空的或充气的光电器件,如光电管和光电倍增管。

1. 光电管

光电管由一个涂有光电材料的阴极和一个阳极构成,并且密封在一只真空玻璃管内。阴极通常是用逸出功小的光敏材料涂敷在玻璃泡内壁上做成,阳极通常用金属丝弯曲成矩形或圆形置于玻璃管的中央。真空光电管的结构如图 2.25 所示。

当光电管的阴极受到适当波长的光线照射时,便有电子逸出,这些电子被具有正电位的阳极所吸引,在光电管内形成空间电子流。如果在外电路中串入一适当阻值的电阻,则在光电管组成的回路中形成电流 I_ϕ,并在负载电阻 R_L 上产生输出电压 U_0。在入射光的频谱成分和光电管电压不变的条件下,输出电压 U_0 与入射光通量 Φ 成正比。

2. 光电倍增管

当入射光很微弱时,普通光电管产生的光电流很小,只有零点几微安,很不容易探测。为了提高光电管的灵敏度,这时常用光电倍增管对电流进行放大。光电倍增管是利用

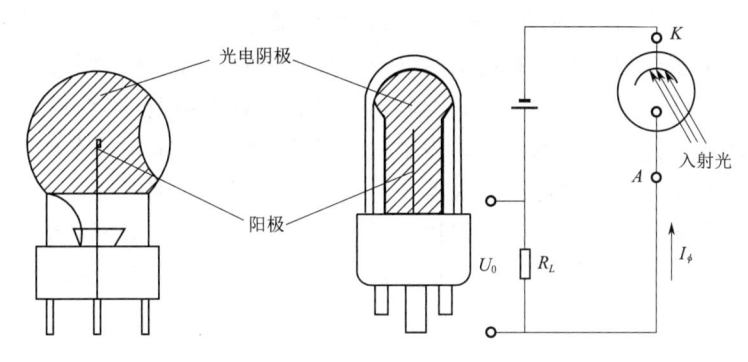

图 2.25　真空光电管的结构与光电管电路

二次电子释放效应，将光电流在管内部进行放大。二次电子释放效应是指当电子或光子以足够大的速度轰击金属表面而使金属内部的电子再次逸出金属表面，这种再次逸出金属表面的电子称为二次电子。

光电倍增管的工作原理如图 2.26 所示。当入射光的光子打在光电阴极 K 上时，只要光子能量高于光电发射阈值，光电阴极就会发射出电子。该电子流在电场和电子光学系统（光电阴极到第一倍增极之间的系统）的作用下，经电子限束器电极 F 会聚并加速后，又打在电位较高的第一倍增极 D_1 上，于是又产生新的二次电子，这些新的二次电子在第一与第二倍增极之间电场的作用下，又高速打在比第一倍增极电位高的第二倍增极上，使第二倍增极 D_2 同样也产生二次电子发射，如此连续进行下去，直到最后一级的倍增极产生的二次电子被更高电位的阳极 A 收集为止，从而在整个回路里形成输出电压 U_0。

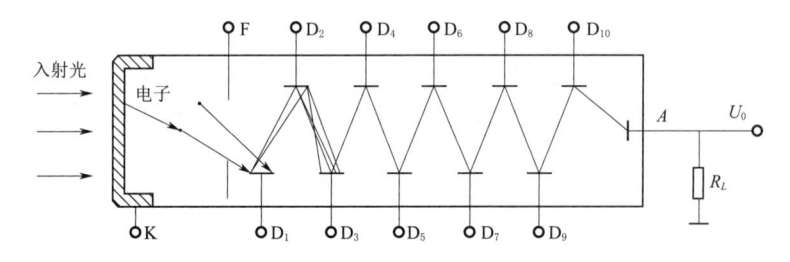

图 2.26　光电倍增管的工作原理

由光电倍增管的工作原理可知，光电倍增管主要由光入射窗、光电阴极、电子光学系统、倍增电极以及阳极等部分组成。按照光入射方式的不同，光电倍增管倍增极的结构有端窗式和侧窗式两种形式。

光电阴极是由半导体光电材料锑铯做成，倍增电极是在镍或铜—铍的衬底上涂上锑铯材料而形成的，倍增电极多的可达 30 级，通常为 12~14 级。阳极是最后用来收集电子的，它输出的是电压脉冲。

3. 烟尘浊度监测仪

烟道里的烟尘浊度可以通过光在烟道里传输过程中的变化来进行检测。如果烟道浊度增加，光源发出的光被烟尘颗粒吸收和折射增加，到达光检测器上的光减少，因而光检测器输出信号的强弱可反映烟道浊度的变化。

如图 2.27 所示为吸收式烟尘浊度监测系统的组成框图。为了检测出烟尘中对人体危害性最大的亚微米颗粒的浊度，避免水蒸气及二氧化碳对光源衰减的影响，选取可见光作为光源（400～700nm 波长的白炽光）。光检测器选择光谱响应范围为 400～600nm 的光电管，以获取随浊度变化的相应电信号。为了提高检测灵敏度，采用具有高增益、高输入阻抗、低零漂、高共模抑制比的运算放大器，对信号进行放大。刻度校正用来进行调零与调满刻度，以保证测试的准确性。显示器用来显示浊度的瞬时值。报警电路由多谐振荡器组成，当运算放大器输出的浊度信号超过规定值时，多谐振荡器工作，输出信号经放大后推动扬声器发出报警信号。

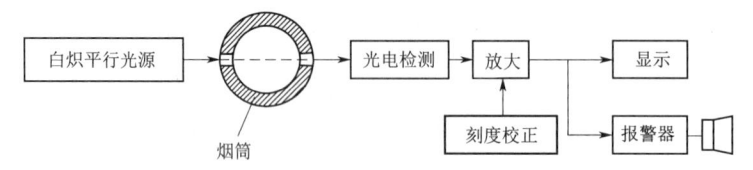

图 2.27 吸收式烟尘浊度监测系统的组成框图

2.2.2.3 内光电效应应用

内光电效应分为光电导效应和光生伏特效应。基于光电导效应的光电器件有光敏电阻（亦称光电导管），基于光生伏特效应工作原理制成的光电器件有光敏管（包括光敏二极管和光敏三极管）、光电池和位置敏感器件（PSD）。

光敏电阻又称光导管，它几乎都是用半导体材料制成的光电器件。光敏电阻没有极性，纯粹是一个电阻器件，使用时既可加直流电压，也可加交流电压。无光照时，光敏电阻值（暗电阻）很大，电路中电流（暗电流）很小。当光敏电阻受到一定波长范围的光照时，它的阻值（亮电阻）急剧减小，电路中电流迅速增大。一般希望暗电阻越大越好，亮电阻越小越好，此时光敏电阻的灵敏度高。实际光敏电阻的暗电阻值一般在兆欧量级，亮电阻值在几千欧以下。

光敏电阻的结构很简单，如图 2.28 所示为金属封装的硫化镉光敏电阻的结构图。在玻璃底板上均匀地涂上一层薄薄的半导体物质，称为光电导层。半导体的两端装有金属电极，金属电极与引出线端相连接，光敏电阻就通过引出线端接入电路。为了防止周围介质的影响，在半导体光敏层上覆盖了一层漆膜，漆膜的成分应使它在光敏层最敏感的波长范围内透射率最大。为了提高光敏电阻的灵敏度，光敏电阻的两个电极之间的距离要尽可能小。通常光敏电阻的电极结构有梳型结构、蛇形结构和刻线式结构，如图 2.29 所示。

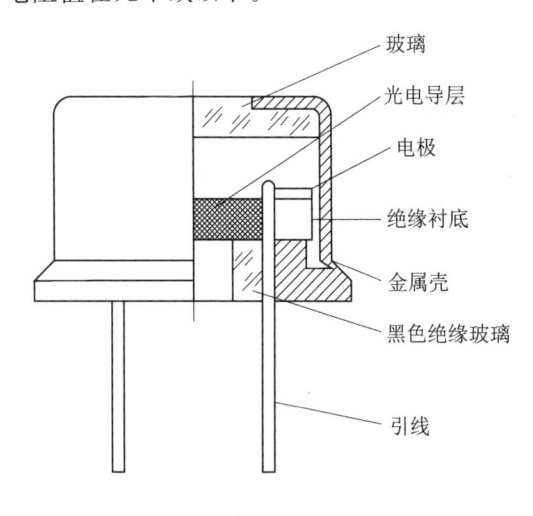

图 2.28 金属封装的硫化镉光敏电阻结构

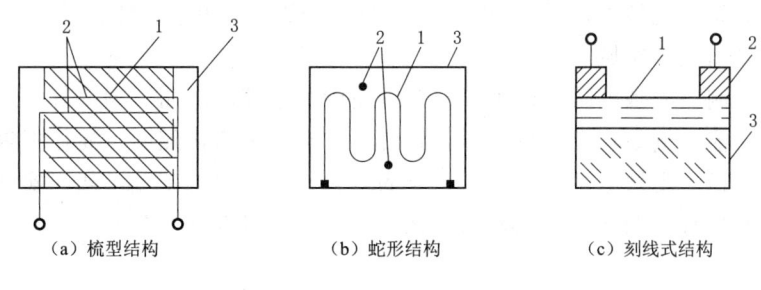

(a)梳型结构　　(b)蛇形结构　　(c)刻线式结构

图 2.29　光敏电阻的电极结构
1—光电导层；2—电极；3—基片

制作光敏电阻的材料一般由金属的硫化物、硒化物、碲化物等组成，如硫化镉、硫化铅、硫化铊、硫化铋、硒化镉、硒化铅、碲化铅等。

光敏电阻的工作原理是基于光电导效应，如图 2.30 所示。当无光照时，光敏电阻具有很高的阻值；当光敏电阻受到一定波长范围的光照射时，光子的能量大于材料的禁带宽度，价带中的电子吸收光子能量后跃迁到导带，激发出可以导电的电子—空穴对，使电阻降低；光线越强，激发出的电子—空穴对越多，电阻值越低；光照停止后，自由电子与空穴复合，导电性能下降，电阻恢复原值。

光敏电阻的基本测量电路如图 2.31 所示。当把光敏电阻连接到外电路中，光敏电阻在受到光的照射时，由于内光电效应使其导电性能增强，电阻 R_G 值下降，所以流过负载电阻 R_L 的电流及其两端电压也随之变化。

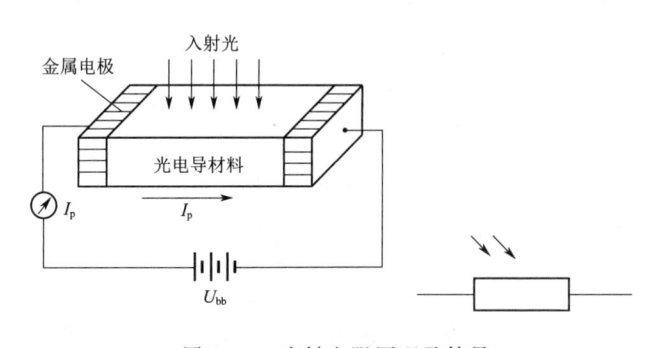

图 2.30　光敏电阻原理及符号 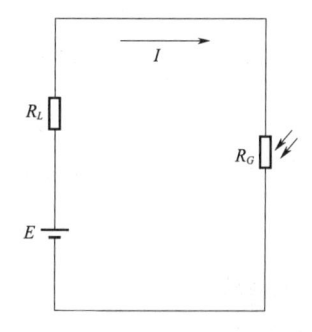　　图 2.31　光敏电阻的基本测量电路

2.2.3　问题界定

光敏电阻是利用半导体材料的光电效应，当光线照射到半导体材料上时，会激发出电子，从而改变材料的电阻值。光敏电阻的结构通常由光敏层、玻璃基片（或树脂防潮膜）和电极等组成。光敏电阻的主要参数有亮电阻、暗电阻、最高工作电压、亮电流、暗电流、时间常数、温度系数、灵敏度等。光敏电阻的类型有紫外光敏电阻、红外光敏电阻、可见光光敏电阻等，根据不同的光谱特性，可以选择合适的光敏电阻来满足不同的应用需求。

光敏电阻的应用主要有以下几个方面。

(1) 光的测量。光敏电阻可以用于测量光线的强度、颜色、波长等参数，例如在摄影、光度计、光谱仪等领域。

(2) 光的控制。光敏电阻可以用于控制电路中的电流、电压、频率等，从而实现开关或调节电压等功能，例如在夜间自动开启路灯、自动调节室内照明、光控报警器等方面。

(3) 光电转换。光敏电阻可以用于将光的变化转换为电的变化，从而实现光电信号的传输、存储、处理等，例如在光电显示、光电通信、光电存储等方面。

1. 伏安特性

在一定照度下，流过光敏电阻的电流与光敏电阻两端电压之间的关系称为光敏电阻的伏安特性。如图2.32（a）为CdS光敏电阻的伏安特性曲线。由图2.32可见，光敏电阻在一定的电压范围内其 $I-U$ 曲线为直线，说明其阻值与入射光量有关，而与电压电流无关。使用时要注意不要超过光敏电阻的最大额定功率。

2. 光照特性

光敏电阻的光照特性是指光电流和光照强度之间的关系。不同材料的光照特性是不同的，绝大多数光敏电阻的光照特性是非线性的。图2.32（b）所示为硫化镉光敏电阻的光照特性。

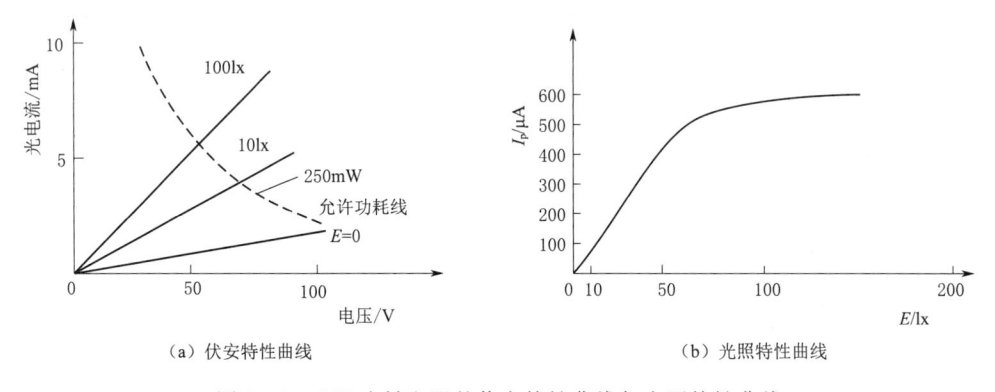

(a) 伏安特性曲线

(b) 光照特性曲线

图2.32　CdS光敏电阻的伏安特性曲线与光照特性曲线

3. 光谱特性

光敏电阻对入射光的光谱具有选择作用，也就是说，光敏电阻对不同波长的入射光有不同的灵敏度。光敏电阻的相对光敏灵敏度与入射波长的关系称为光敏电阻的光谱特性，亦称为光谱响应。图2.33为几种不同材料光敏电阻的光谱特性。对应于不同波长，光敏电阻的灵敏度是不同的，而且不同材料的光敏电阻光谱响应曲线也不同。从图2.33（a）中可见硫化镉光敏电阻的光谱响应的峰值在可见光区域，常被用作光度量测量（照度计）的探头，而硫化铅光敏电阻响应于近红外和中红外区，常用作火焰探测器的探头。

4. 频率特性

实验证明，光敏电阻的光电流不能随着光强的改变而立刻变化，即光敏电阻产生的光电流有一定的惰性，这种惰性通常用时间常数表示。大多数光敏电阻的时间常数都较大，这是它的缺点之一。不同材料的光敏电阻具有不同的时间常数（毫秒量级），因而它们的频率特性也就各不相同。图2.33（b）为硫化铊和硫化铅光敏电阻的频率特性，可见硫化

(a) 光谱特性曲线

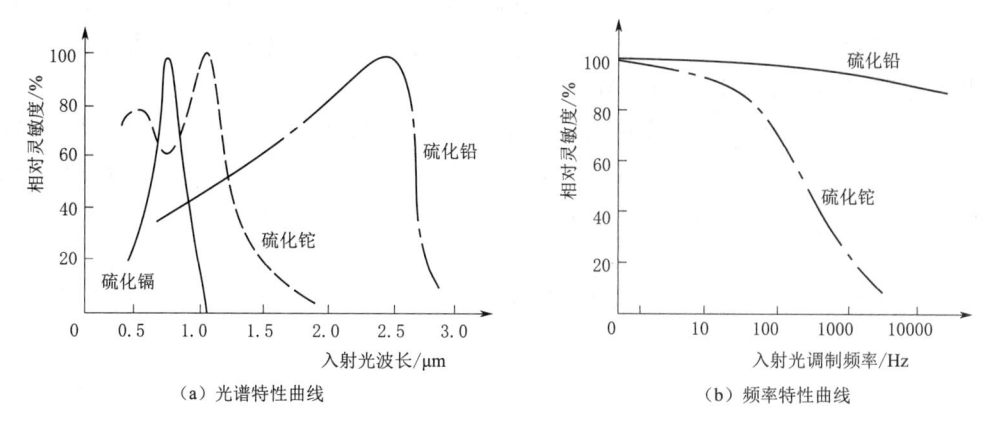

(b) 频率特性曲线

图 2.33 光敏电阻的光谱特性曲线和频率特性曲线

铅的使用频率范围较大。

5. 温度特性

光敏电阻和其他半导体器件一样，受温度影响较大。温度变化时，光敏电阻的灵敏度和暗电阻也随之改变，尤其是响应于红外区的硫化铅光敏电阻受温度影响更大。图 2.34 为硫化镉光敏电阻温度特性和硫化铅光敏电阻光谱温度特性曲线。

(a) 硫化镉光敏电阻温度特性曲线

(b) 硫化铅光敏电阻光谱温度特性曲线

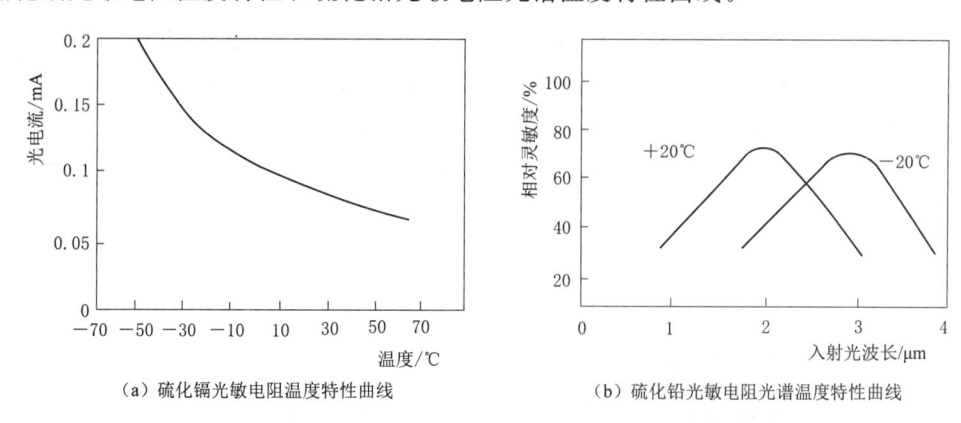

图 2.34 硫化镉光敏电阻温度特性和硫化铅光敏电阻光谱温度特性曲线

温度变化也影响光敏电阻的光谱响应。图 2.34（b）为硫化铅光敏电阻的光谱温度特性曲线，它的峰值随着温度上升向波长短的方向移动。因此，硫化铅光敏电阻要在低温、恒温的条件下使用。对于可见光的光敏电阻，其温度影响要小一些。

2.2.4 方法梳理

光敏二极管的结构与一般二极管相似。它装在透明玻璃外壳中，其 PN 结装在管的顶部，以便接受光照，其上面有一个由透镜制成的窗口，以便使光线集中在敏感面上，如图 2.35 所示。光敏二极管的管芯是一个具有光敏特性的 PN 结，它被封装在管壳内。光敏二极管管芯的光敏面是通过扩散工艺在 N 型单晶硅上形成的一层薄膜。光敏二极管的管芯以及管芯上的 PN 结面积做得较大，而管芯上的电极面积做得较小，PN 结的结深比普通半导体二极管做得浅，这些结构上的特点都是为了提高光电转换的能力。另外与普通的硅半导体二极管一样，在硅片上生长了一层 SiO₂ 保护层，它把 PN 结的边缘保护起来，从而提高了管子的稳定性，减小了暗电流。

光敏三极管是具有 NPN 或 PNP 结构的半导体管，它在结构上与普通半导体三极管类似，如图 2.36 所示。为适应光电转换的要求，它的基区面积做得较大，发射区面积做得较小，入射光主要被基区吸收。和光敏二极管一样，管子的芯片被装在带有玻璃透镜的金属管壳内，当光照射时，光线通过透镜集中照射在芯片上。

1. 光敏二极管的工作原理

光敏二极管和普通半导体二极管一样，它的 PN 结具有单向导电性，因此光敏二极管工作时应加上反向电压，如图 2.37 所示。当无光照时，处于反偏的光电二极管工作在截止状态，这时只有少数载流子在反向偏压的作用下，越过阻挡层形成微小的反向电流，即暗电流。反向电流小的原因是在 PN 结中，P

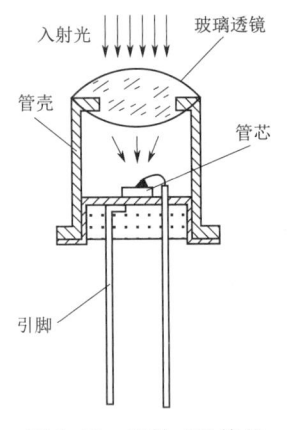

图 2.35 光敏二极管的结构图

型中的电子和 N 型中的空穴很少。当光照射在 PN 结上时，PN 结附近受光子轰击，吸收其能量而产生电子—空穴对，使得 P 区和 N 区的少数载流子浓度增加，在外加反偏电压和内电场的作用下，P 区的少数载流子越过阻挡层进入 N 区，N 区的少数载流子越过阻挡层进入 P 区，从而使通过 PN 结反向电流增加，形成光电流。光电流流过负载电阻 R_L 时，在电阻两端将得到随入射光变化的电压信号。光的照度越大，光电流越大。因此光敏二极管在不受光照射时处于截止状态，受光照射时处于导通状态。这就是光敏二极管的工作原理。

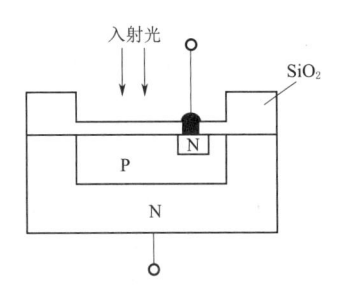

图 2.36 光敏三极管的结构图　　　图 2.37 光敏二极管电路图

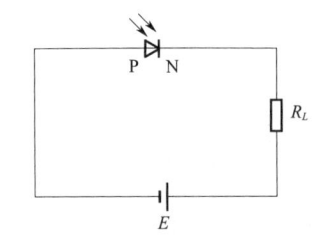

2. 光敏三极管的工作原理

将光敏三极管 VT 接在如图 2.38 所示的电路中，基极开路，集电极处于反偏状态。当无光照时，流过光敏三极管的电流，就是正常情况下光敏三极管集电极与发射极之间的穿透电流 I_{ceo}，它也是光敏三极管的暗电流，其大小为

$$I_{ceo}=(1+h_{FE})I_{cbo}$$

式中：h_{FE} 为共发射极直流放大系数；I_{cbo} 为集电极与基极间的反向饱和电流。

当有光照射在基区时，激发产生的电子—空穴对增加了少数载流子的浓度，使集电极反向饱和电流大大增加，这就是光敏三极管集电极的光生电流。该电流注入发射极进行放大，成为光敏三极管集电极与发射极间电流，它就是光敏三极管的光电流。可以看出，光敏三极管利用类似普通半导体三极管的放大作用，将光敏二极管的光电流放大了（1+h_{FE}）倍。所以，光敏三极管比光敏二极管具有更高的灵敏度。

光敏三极管的光电灵敏度虽然比光敏二极管高得多，但在需要高增益或大电流输出的场合，需采用达林顿光敏管。达林顿光敏管的等效电路是一个光敏三极管和一个晶体管以共集电极连接方式构成的集成器件。由于增加了一级电流放大，所以输出电流能力大大加强，甚至可以不必经过进一步放大，便可直接驱动灵敏继电器。

3. 光谱特性

光敏管的光谱特性是指在一定照度时，输出的光电流（或用相对灵敏度表示）与入射光波长的关系。硅和锗光敏二极管（晶体管）的光谱特性曲线如图 2.39 所示。可以看出，硅的峰值波长约为 0.9μm，锗的峰值波长约为 1.5μm，此时灵敏度最大，而当入射光的波长增大或减小时，相对灵敏度都会下降。一般来讲，锗管的暗电流较大，因此性能较差，故在可见光或探测炽热状态物体时，一般都用硅管。但对红外光的探测，用锗管较为适宜。

（a）光敏三极管电路图　（b）达林顿光敏管的等效电路

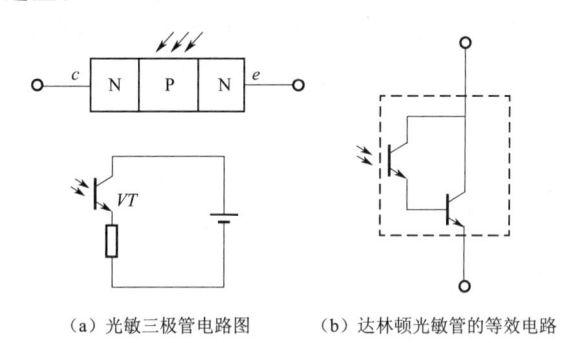

图 2.38　光敏三极管电路图和达林顿光敏管的等效电路

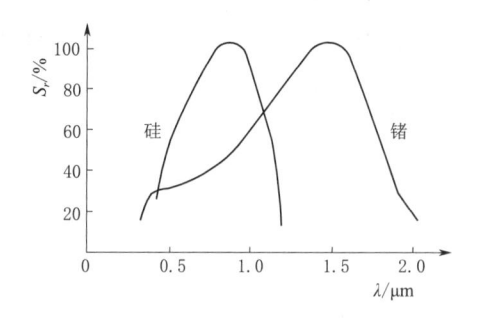

图 2.39　光敏二极管的光谱特性曲线

4. 伏安特性

图 2.40（a）为硅光敏二极管的伏安特性曲线，横坐标表示所加的反向偏压。当光照

（a）硅光敏二极管的伏安特性　　（b）硅光敏三极管的伏安特性

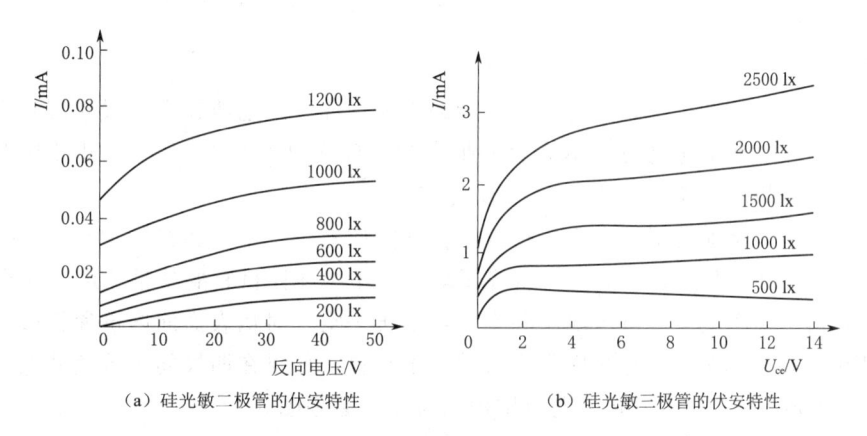

图 2.40　硅光敏二极管的伏安特性和硅光敏三极管的伏安特性

时，反向电流随着光照强度的增大而增大，在不同的照度下，伏安特性曲线几乎平行，所以只要没达到饱和值，它的输出实际上不受偏压大小的影响。图 2.40（b）为硅光敏三极管的伏安特性曲线。纵坐标为光电流，横坐标为集电极—发射极电压 U_{ce}。可以看出，由于晶体管的放大作用，在同样照度下，其光电流比相应的二极管大上百倍。

5. 频率特性

光敏管的频率特性是指光敏管输出的光电流（或相对灵敏度）随频率变化的关系。光敏二极管的频率特性是半导体光电器件中最好的一种，普通光敏二极管频率响应时间达 $0.1\ \mu s$。光敏三极管的频率特性受负载电阻的影响，图 2.41 为光敏三极管的频率特性曲线，减小负载电阻可以提高频率响应范围，但输出电压响应也减小。

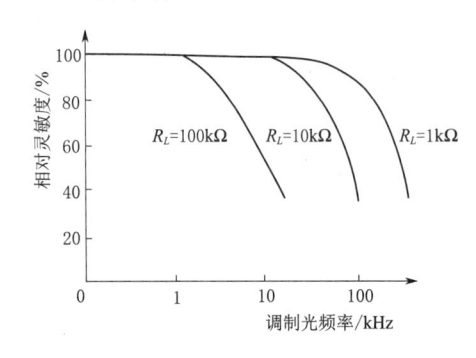

图 2.41 光敏三极管的频率特性曲线

6. 温度特性

光敏管的温度特性是指光敏管的暗电流及光电流与温度的关系。光敏三极管的温度特性曲线如图 2.42 所示。从特性曲线可以看出，温度变化对光电流的影响很小，而对暗电流的影响很大，所以在电子线路中应该对暗电流进行温度补偿，否则将会导致输出误差。

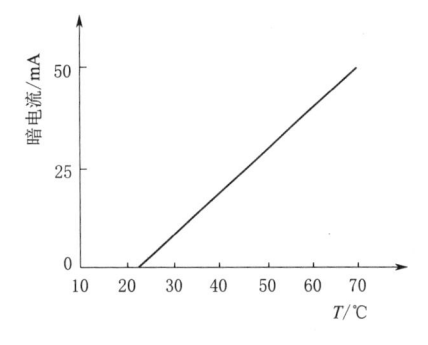

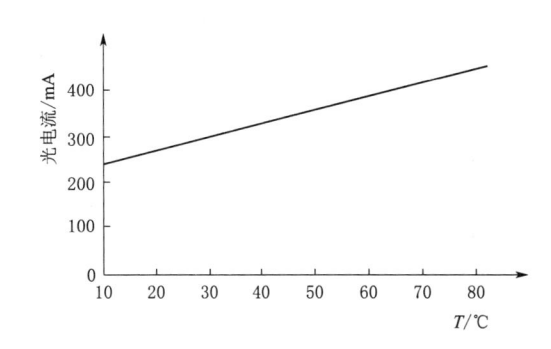

图 2.42 光敏三极管的温度特性曲线（暗电流和光电流）

7. 光伏电池

光伏电池是一种直接将光能转换为电能的光电器件。光电池在有光线作用时实质上就是电压源，电路中有了光电池就不需要外加电源。硅光电池是在一块 N 型硅片上，用扩散的方法掺入一些 P 型杂质（例如硼）形成 PN 结。

光电池的工作原理是基于光生伏特效应。它实质上是一个大面积的 PN 结，当光照射到 PN 结的一个面，例如 P 型面时，若光子能量大于半导体材料的禁带宽度，那么 P 型区每吸收一个光子就产生一对自由电子和空穴，电子—空穴对从表面向内迅速扩散，在结电场的作用下，最后建立一个与光照强度有关的电动势，如果在两极间串接负载电阻，则电路中便产生电流。图 2.43 为硅光电池结构示意图和原理图。

光电池产品的种类很多。按芯片结构可分为 PN 结光电池、异质结光电池、金属—半导

（a）　　　　　　　　　　　　　　　　（b）

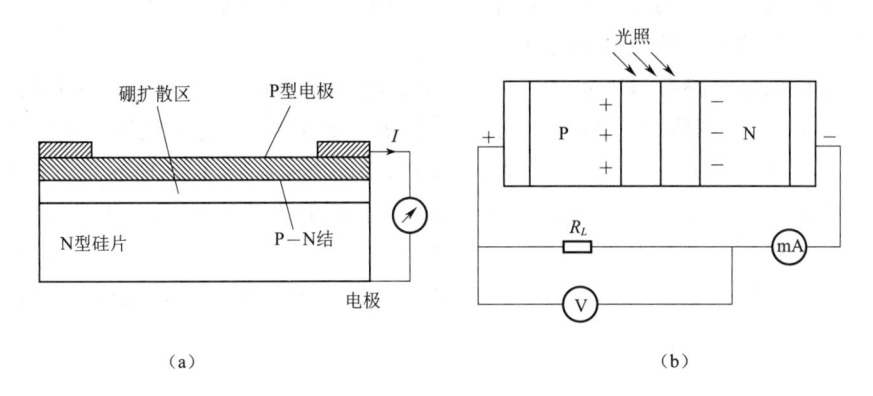

图 2.43　硅光电池结构示意图和原理图

体（肖特基势垒）光电池等三种。按材料可分为单晶硅光电池、多晶硅光电池、非晶硅光电池、硒（Se）光电池、硫化镉（CdS）光电池、GaAsP 光电池、GaAlAs/GaAs 光电池等。

2.2.5　巩固强化

光敏电阻具有光谱特性好、允许的光电流大、灵敏度高、使用寿命长、体积小等优点，所以应用广泛。此外许多光敏电阻对红外线敏感，适宜于红外线光谱区工作。光敏电阻的缺点是型号相同的光敏电阻参数参差不齐，并且由于光照特性的非线性，不适宜于测量要求线性的场合，常用作开关式光电信号的传感元件。

如图 2.44 所示为应用光敏电阻的灯光亮度自动控制器原理。灯光亮度自动控制器可按照环境光照强度自动调节白炽灯或荧光灯的亮度，从而使室内的照明自动保持在最佳状态，避免人们产生视觉疲劳。控制器主要由环境光照检测电桥、放大器 A、积分器、比较器、过零检测器、锯齿波形成电路、双向晶闸管 V 等组成。过零检测器对 50 Hz 市电电压的每次过零点进行检测，并控制锯齿波形成电路使其产生与市电同步的锯齿波电压，该电压加在比较器的同相输入端。另外，由光敏电阻与电阻组成的电桥将环境光照的变化转换成直流电压的变化，该电压经放大并由积分电路积分后加到比较器的反相输入端，其数值随环境光照的变化而缓慢地成正比例变化。

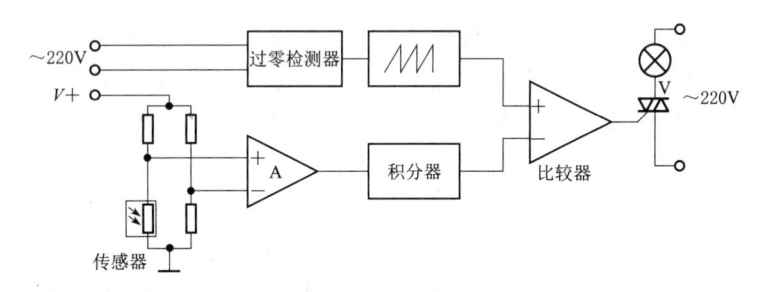

图 2.44　应用光敏电阻的灯光亮度自动控制器原理框图

两个电压经过比较后，便可从比较器输出端得到随环境光照强度变化而脉冲宽度发生变化的控制信号。该控制信号的频率与市电频率同步，其脉冲宽度反比于环境光照，利用这个控制信号触发双向晶闸管，改变其导通角，便可使灯光的亮度随环境光照做相反的变化，从而达到自动控制环境光照不变的目的。

光控闪光标志灯电路原理图如图2.45所示。电路主要由M5332L通用集成电路IC、光敏三极管VT1及外围组件等组成。白天，光敏三极管VT1受到光照，内阻很小，使IC的输入电压高于基准电压，于是IC的3脚输出为高电平，标志灯E不亮；夜晚，无光照射光敏三极管VT1，其内阻增大，使IC的输入电压低于基准电压，于是IC内部振荡器开始振荡，其频率为1.8Hz，与此同时，IC内部的驱动器也开始工作，使IC的3脚输出为低电平，在振荡器的控制下，标志灯E以1.8Hz频率闪烁发光，以警示有路障存在。

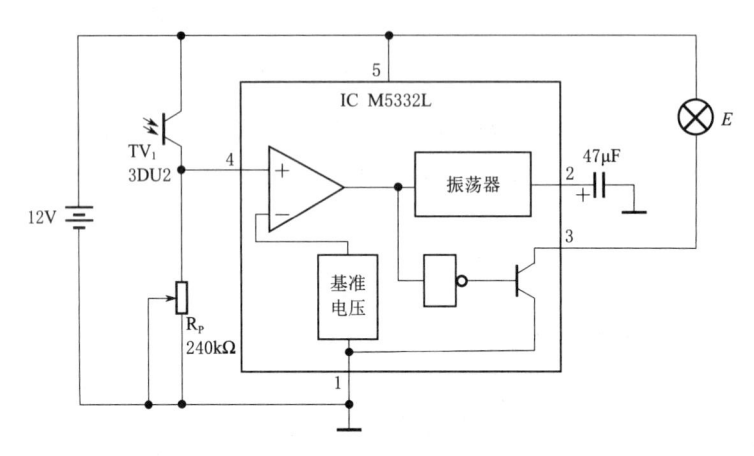

图2.45 光控闪光标志灯电路原理图
1—接地针脚；2—连接振荡器针脚；3—输出针脚；4—输入针脚；5—电源针脚

光电池的应用主要有两个方面：一是作为光电能量器件，将太阳能转变为电能；二是作为光电检测器件。利用光电池将太阳能转变为电能，目前主要是使用硅光电池，因为它能耐较强的辐射，转换效率较其他光电池高。利用光电池作为光电检测器件，有着光敏面积大、频率响应高、光电流随照度线性变化等特点。因此，它既可作为光电开关应用，也可用于线性测量。如图2.46所示为光电比色高温计的结构原理，它是根据普朗克定律通过测量在两个波长下的辐射强度之比而确定物体的温度。

光电比色高温计由感温器和显示仪表两大部分组成。在感温器的光学系统中，一束被测温物体的辐射线通过物镜1聚焦后，经平行平面玻璃2成像于光阑3，再通过光导棒4混合均匀后，投射到分光镜5上。辐射能在此被分为红外及可见光两部分。红外部分可透过分光镜，而可见光部分被反射。红外光经滤光片8后，所透过的某一波长（例如λ_1）的辐射线照射到硅光电池9的受光面上；可见光部分经滤光片6后，所透过的某一波长（例如λ_2）的辐射线照射到硅光电池7上。7、9两个硅光电池上的电流在负载R_{14}、R_{15}上转变为电位差，由显示仪表——电子电位差计对两个电位差的比值进行测量。仪表自动平衡时，滑动触点A停留的位置就代表比色温度。必要时须进行温度系数修正，求得被测物体的实际温度。

为了能观察被测温物体的辐射能是否正确地进入仪表的光学系统，专门设置了瞄准系

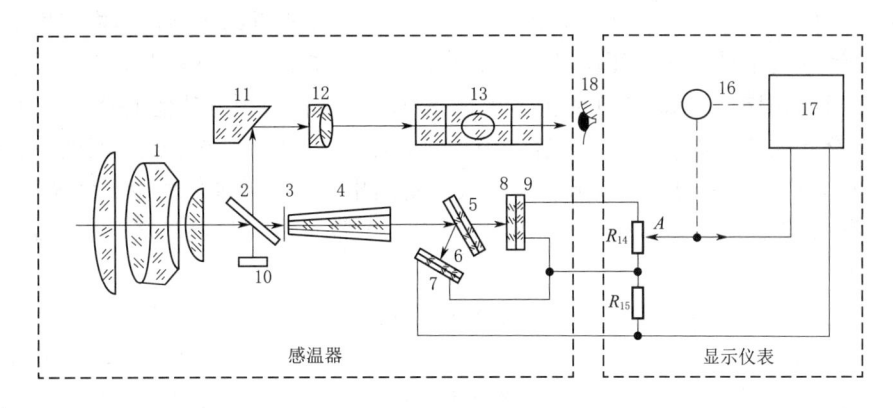

图 2.46 光电比色高温计的结构原理

1—物镜；2—平面玻璃；3—光阑；4—光导棒；5—分光镜；6、8—滤光片；7、9—硅光电池；10—瞄准反射镜；
11—圆柱反射镜；12—目镜；13—多夫棱镜；14、15—硅光电池负载电阻；16—可逆电机；17—电子电位差计

统。利用平面玻璃片 2 的反射作用，把辐射线反射到瞄准反射镜 10，经圆柱反射镜 11、目镜 12、多夫棱镜 13 进入观察者的眼睛 18。目镜可以前后移动，以调整成像的清晰度。

【案例 2.4】 CCD 图像传感器

电荷耦合器件（Charge Couple Device，简称 CCD）是一种大规模金属—氧化物—半导体（MOS）集成电路光电器件。自从贝尔实验室的 W. S. Boyle 和 G. E. Smith 于 1970 年发明 CCD 以来，由于 CCD 具有体积小、重量轻、电压低、功耗小、启动快、抗冲击、耐震动、抗电磁干扰、图像畸变小、寿命长、可靠性高等优点，发展迅速，广泛应用于航天、遥感、工业、农业、天文及通信等军用及民用领域的信息存储及信息处理等方面，尤其适用于以上领域中的图像识别技术。

1. CCD 结构

CCD 是由若干个电荷耦合单元组成的。其基本单元是 MOS（金属—氧化物—半导体）电容器，如图 2.47 所示。它以 P 型（或 N 型）半导体为衬底，上面覆盖一层厚度约 120nm 的 SiO_2，再在 SiO_2 表面依次沉积一层金属电极而构成 MOS 电容转移器件。这样一个 MOS 结构称为一个光敏元或一个像素。将 MOS 阵列加上输入、输出结构就构成了 CCD 器件。

CCD 最基本的结构是一系列彼此非常靠近的 MOS 电容器，这些电容器用同一半导体衬底制成，衬底上面涂覆一层氧化层，并在其上制作许多互相绝缘的金属电极，相邻电极之间仅隔极小的距离，保证相邻势阱耦合及电荷转移。它以电荷为信号，具有光电信号转换、存储、转移并读出信号电荷的功能。

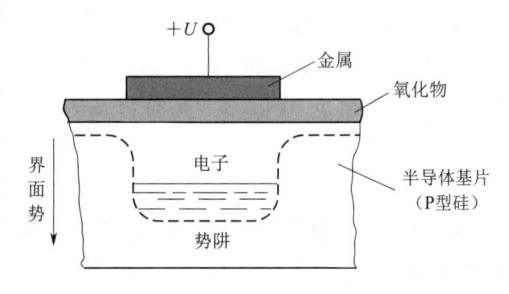

图 2.47 MOS 光敏元的结构原理图

（1）光电荷的产生。CCD 的信号电荷产生有两种方式：光信号注入和电信号注入。CCD 用作固态图像传感器时，接收的是光信号，即光信号注入。当光照射到 CCD 硅片上

时，如果光子的能量大于半导体的禁带宽度，就会在栅极附近的半导体体内产生电子—空穴对，其多数载流子被栅极电压所排斥，少数载流子则被收集在势阱中形成信号电荷。

（2）电荷的存储。构成 CCD 的基本单元是 MOS 电容器。与其他电容器一样，MOS 电容器能够存储电荷。如果 MOS 电容器中的半导体是 P 型硅，当在金属电极上施加一个正电压 U_s 时，P 型硅中的多数载流子（空穴）受到排斥，半导体内的少数载流子（电子）被吸引到 P－Si 界面处来，从而在界面附近形成一个带负电荷的耗尽区，也称表面势阱，如图 2.47 所示。

对带负电的电子来说，耗尽区是个势能很低的区域。如果有光照射在硅片上，在光子作用下，半导体硅产生了电子—空穴对，由此产生的光生电子就被附近的势阱所吸收，势阱内所吸收的光生电子数量与入射到该势阱附近的光强成正比，存储了电荷的势阱被称为电荷包，而同时产生的空穴被排斥出耗尽区。并且在一定的条件下，所加正电压 U_s 越大，耗尽层就越深，Si 表面吸收少数载流子表面势（半导体表面对于衬底的电势差）也越大，这时势阱所能容纳的少数载流子电荷的量就越大。

（3）CCD 电荷转移工作原理。可移动的电荷信号都将力图向表面势大的位置移动，其结构如图 2.48 所示。为保证信号电荷按确定方向和路线转移，在各电极上所加的电压要严格满足相位要求，通常为二相、三相或四相系统的时钟脉冲电压，对应的各脉冲间的相位差分别为 180°、120°和 90°，如图 2.49 所示。

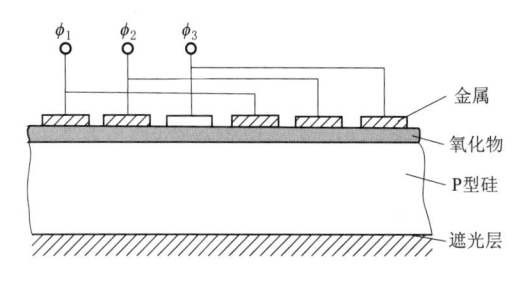

图 2.48 读出移位寄存器结构原理

当 $t=t_1$ 时，ϕ_1 相处于高电平，ϕ_2、ϕ_3 相处于低电平，在电极 ϕ_1 下面出现势阱，存储了电荷。

在 $t=t_2$ 时，ϕ_2 相也处于高电平，电极 ϕ_2 下面出现势阱。由于相邻电极之间的间隙很小，电极 ϕ_1、ϕ_2 下面的势阱互相耦合，使电极 ϕ_1 下的电荷向电极 ϕ_2 下面势阱转移。随着 ϕ_1 电压下降，电极 ϕ_1 下的势阱相应变浅。

在 $t=t_3$ 时，有更多的电荷转移到电极 ϕ_2 下势阱内。

在 $t=t_4$ 时，只有 ϕ_2 处于高电平，信号电荷全部转移到电极 ϕ_2 下面的势阱内。于是实现了电荷从电极 ϕ_1 下面到电极 ϕ_2 下面的转移。

经过同样的过程，在 $t=t_5$ 时，电荷又耦合到电极 ϕ_3 下面。

在 $t=t_6$ 时，电荷就转移到下一位的 ϕ_1

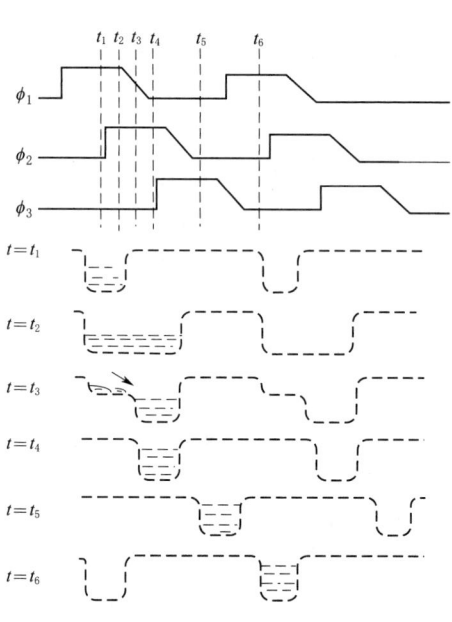

图 2.49 信号电荷的传输

电极下面。

这样，在三相控制脉冲的控制下，信号电荷便从 CCD 的一端转移到终端，实现了电荷的耦合与转移。

（4）电荷的输出。CCD 的输出结构的作用是将信号电荷转换为电流或电压信号输出。目前 CCD 的主要输出方式有二极管电流输出、浮置扩散放大器输出和浮置栅放大器输出。

以二极管电流输出为例，图 2.50 是 CCD 输出端结构示意图。它实际上是在 CCD 阵列的末端衬底上制作一个输出二极管，当输出二极管加上反向偏压时，转移到终端的电荷在时钟脉冲作用下移向输出二极管，被二极管的 PN 结所收集，在负载上就形成脉冲电流。输出电流的大小与信号电荷大小成正比，并通过负载电阻变为信号电压输出。

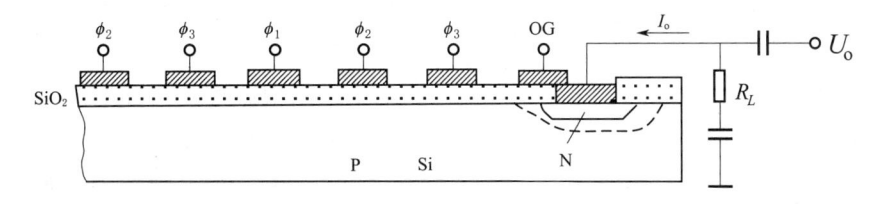

图 2.50　CCD 输出端结构示意图

2. CCD 的类型

根据光敏元件排列形式的不同，CCD 可分为线阵 CCD 和面阵 CCD。它们主要由信号输入、信号电荷转移和信号输出三个部分组成。

（1）线阵 CCD。线阵 CCD 图像传感器是由排成直线的 MOS 光敏单元和 CCD 移位寄存器构成的，光敏单元与移位寄存器之间有一个转移栅，基本结构如图 2.51 所示。转移栅控制光电荷向移位寄存器转移，以便将光生电荷逐位转移输出，一般使信号转移时间远小于光积分时间。

图 2.51（a）为单排结构，用于低位数 CCD 传感器。图 2.51（b）为双排结构，当中间的光敏元阵列收集到光生电荷后，奇、偶单元的光生电荷分别送到上、下两列移位寄存器后串行输出，最后合二为一，恢复光生信号电荷的原有顺序。采用双排结构可以加速信息的传输速度，进一步减少图像信息的失真。

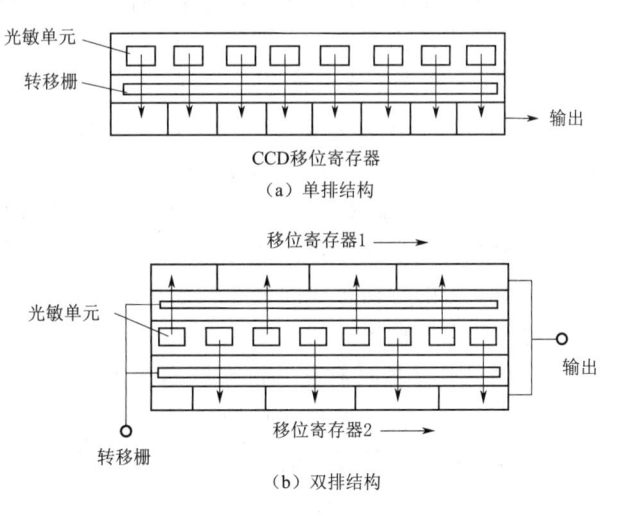

图 2.51　线阵 CCD 的结构

线阵 CCD 图像传感器可以直接接收一维光信息，不能直接将二维图像转变为视频信号输出，为了得到整个二维图像的视频信号，就必须用扫描的方法。线阵 CCD 图像传感器主要用于测试、传真和光学文字识别技术等方面。

（2）面阵CCD。按一定的方式将一维线型光敏单元及移位寄存器排列成二维阵列，即可以构成面阵CCD图像传感器。面阵CCD图像传感器由感光区、信号存储区和输出转移部分组成，并有多种结构形式，如帧转移方式、隔列转移方式、线转移方式、全帧转移方式等。面阵CCD图像传感器主要用于摄像机及测试技术。

图2.52是帧转移面阵CCD的结构示意图，它由一个光敏元面阵（由若干列光敏元线阵组成）、一个存储器面阵（可视为由若干列读出移位寄存器组成）和一个水平读出移位寄存器组成。

假设面阵器件是一个4×4的面阵。在光积分时间，各个光敏元曝光，吸收光生电荷。曝光结束时，器件实行场转移，即在一个瞬间内将感光区整帧的光电图像迅速地转移到存储器列阵中去，例如，将a_1、a_2、a_3、a_4光敏元中的光生电荷分别转移到对应的存储单元中去。此时光敏元开始第二次光积分，而存储器列阵则将它里面存储的光生电荷信息一行行地转移到读出移位寄存器。在高速时钟驱动下的读出移位寄存器读出每行中各位的光敏信息，如第一次将a_1、b_1、c_1、d_1这一行信息转移到读出移位寄存器，读出移位寄存器立即将它们按a_1、b_1、c_1、d_1的次序有规则地输出，接着再将a_2、b_2、c_2、d_2这一行信息传到读出移位寄存器，直至最后由读出移位寄存器输出a_4、b_4、c_4、d_4的信息为止。

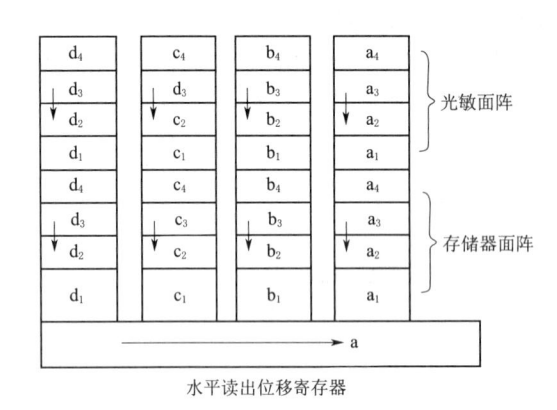

图2.52　帧转移面阵CCD的结构示意图

3. CCD图像传感器的应用

CCD用于固态图像传感器中，作为摄像或像敏的器件。CCD固态图像传感器由感光部分和移位寄存器组成。感光部分是指在同一半导体衬底上布设的由若干光敏单元组成的阵列元件，光敏单元简称"像素"。固态图像传感器利用光敏单元的光电转换功能将投射到光敏单元上的光学图像转换成电信号"图像"，即将光强的空间分布转换为与光强成正比的、大小不等的电荷包空间分布，然后利用移位寄存器的移位功能将电信号"图像"传送，经输出放大器输出。

CCD图像传感器具有高分辨率和高灵敏度，具有较宽的动态范围，这些特点决定了它可以广泛应用于自动控制和自动测量，尤其适用于图像识别技术。CCD图像传感器在检测物体的位置、工件尺寸的精确测量及工件缺陷的检测方面有独到之处。

（1）CCD图像传感器在工件尺寸检测中的应用。图2.53为应用线阵CCD图像传感器的物体尺寸测量系统。物体成像聚焦在图像传感器的光敏面上，视频处理器对输出的视频信号进行存储和数据处理，整个过程由微机控制

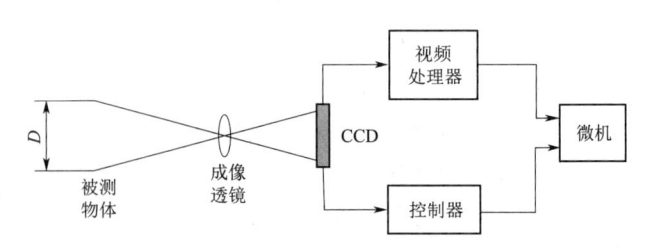

图2.53　应用线阵CCD图像传感器的物体尺寸测量系统

完成。根据几何光学原理，可以得到被测物体尺寸计算公式为

$$D = \frac{np}{M}$$

式中：n 为覆盖的光敏像素数；p 为像素间距；M 为倍率。

计算机可对多次测量求平均值，精确得到被测物体的尺寸。测量结果的最大误差为图像末端两个光敏像素所对应的物体尺寸。任何能够用光学成像的零件都可以用这种方法，实现非接触的在线自动检测。

（2）CCD 图像传感器在文字图像识别系统中的应用。如图 2.54 所示为邮政编码识别系统的工作原理。写有邮政编码的信封放在传送带上，CCD 图像传感器光敏元的排列方向与信封的运动方向垂直。光学镜头将编码的数字聚焦到光敏元上，当信封运动时，CCD 图像传感器以逐行扫描的方式把数字依次读出。

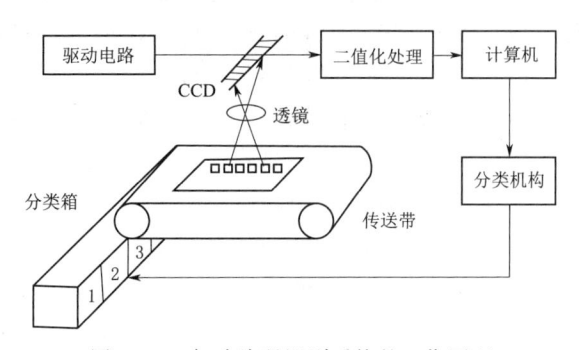

图 2.54 邮政编码识别系统的工作原理

读出的数字经二值化处理，与计算机中存储的数字特征相比较，最后识别出数字码，外观结构如图 2.55 所示。利用数字码和计算机控制分类机构，最终把信件送入相应的分类箱中。

图 2.55 CCD 图像传感器

4. CMOS 图像传感器

CMOS（Complementary Metal Oxide Semiconductor，互补金属氧化物半导体）图像传感器是将光信号转换为电信号的装置。CMOS 与 CCD 传感器的研究几乎是同时起步，两者都是利用感光二极管（photodiode）进行光电转换，将光图像转换为电子数据。但由于受当时工艺水平的限制，CMOS 图像传感器图像质量差、分辨率低、噪声高和光照灵敏度不够，因而没有得到重视和发展。到了 20 世纪 80 年代，随着集成电路设计技术和工艺水平的提高，CMOS 传感器显示出强劲的发展势头。

CMOS 图像传感器是一种利用 CMOS 技术将光信号转换为电信号的图像系统。CMOS 技术是一种集成电路的设计工艺，可以在硅质晶圆模板上制造出 NMOS 和 PMOS 的基本元件，由于 NMOS 和 PMOS 在物理特性上为互补性，因此被称为 CMOS。CMOS 图像传感器和 CCD 传感器类似，在光检测方面都利用了硅的光电效应原理。不同之处在

于光电转换后信息传送的方式不同。CMOS 具有信息读取方式简单、输出信息速率快、耗电少、体积小、重量轻、集成度高、价格低等特点。根据像素的不同结构，CMOS 图像传感器可分为无源像素图像传感器（Passive Pixel Sensor，简称 PPS）和有源像素图像传感器（Active Pixel Sensor，简称 APS）两种类型。

(1) CMOS 图像传感器的工作原理。

1) CMOS 图像传感器由一个二维的像素阵列组成，每一个像素上都包含一个光敏二极管和一些微电子元件，如放大器、复位门、传输门、浮动扩散等。光敏二极管是用来将入射光转换为电荷信号的，而其他元件是用来控制和读取电荷信号的。

2) 当外界光照射到像素阵列上时，每个像素中的光敏二极管会根据光强产生相应的电荷，并存储在浮动扩散区域。这个过程称为光电转换和积分。

3) 当积分时间结束时，每个像素中的传输门会打开，将浮动扩散区域的电荷转移至放大器，然后通过复位门将浮动扩散区域复位到参考电压。这个过程称为读出和复位。

4) 每个像素中的放大器会将电荷信号转换为电压信号，并输出到信号总线上。然后，信号总线上的电压信号会经过模数转换器（ADC）转换为数字信号，并输出到图像处理电路或数据接口上。这个过程称为信号转换和输出。

CMOS 图像传感器芯片的整体结构如图 2.56 所示。CMOS 图像传感器芯片可将光敏单元阵列、控制与驱动电路、模拟信号处理电路、A/D（模拟/数字转换）电路集成在一块芯片上，加上镜头等其他配件就构成了一个完整的摄像系统。

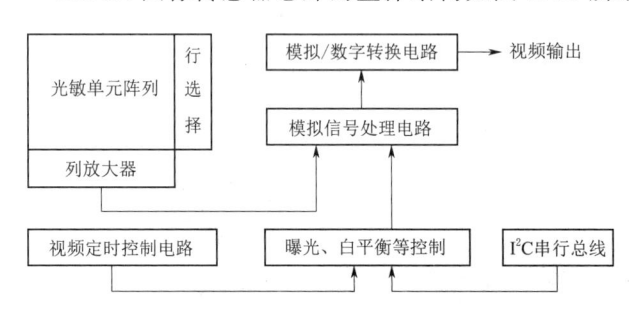

图 2.56 CMOS 图像传感器芯片的整体结构

性能完整的 CMOS 芯片内部结构主要是由光敏单元阵列、帧（行）控制电路和时序电路、模拟信号处理电路、A/D 转换电路、数字信号处理电路和接口电路等组成。CMOS 图像传感器的支持电路包括一个晶体振荡器和电源去耦合电路。这些组件安装在 PCB 板的背面，占据很小的空间。微处理器通过 I^{2}C 串行总线直接控制传感器寄存器的内部参数。

(2) CMOS 图像传感器的作用。

1) CMOS 图像传感器可以用于各种图像采集和处理的领域，如数码相机、手机、扫描仪、医疗成像、生物识别、机器视觉、太空探测等。CMOS 图像传感器可以提供高分辨率、高速度、低功耗、低成本、易集成等优点，满足不同应用的需求。

2) CMOS 图像传感器可以通过集成不同的电子元件和电路，实现不同的功能和性能，如全局快门、卷帘快门、单色、彩色、红外、超声波、深度等。CMOS 图像传感器还可以通过改变像素的形状、大小、排列、滤色等，实现不同的图像效果和质量。

3) CMOS 图像传感器可以通过与其他传感器或器件的结合，实现更多的创新和应用，如三维成像、多光谱成像、全景成像、增强现实、虚拟现实等。CMOS 图像传感器还可以通过与人工智能、大数据、云计算等技术的结合，实现更智能和更高效的图像分析和处理。

【案例 2.5】 光纤传感器

光纤传感器是 20 世纪 70 年代以来随着光导纤维技术的发展而出现的新型传感器，它以光波为载体、光纤为媒质来感知和传输外界被测量信号。由于它具有灵敏度高、电绝缘性能好、抗电磁干扰、耐腐蚀、耐高温、体积小、质量轻等优点，因而广泛应用于位移、速度、加速度、压力、温度、液位、流量、水声、电流、磁场、放射性射线和 pH 值等物理量的测量，在自动控制、在线检测、故障诊断、安全报警等方面具有极为广泛的应用潜力和发展前景。

光纤传感器是一种利用光在光纤中传播时的物理特性来检测温度、声音、振动和应变等物理量的传感器。光纤传感器的特点是高灵敏度、抗电磁干扰、耐高温、耐腐蚀、长距离传输、多点测量等。

光纤传感器的结构如图 2.57 所示，一般由以下几个部分组成。

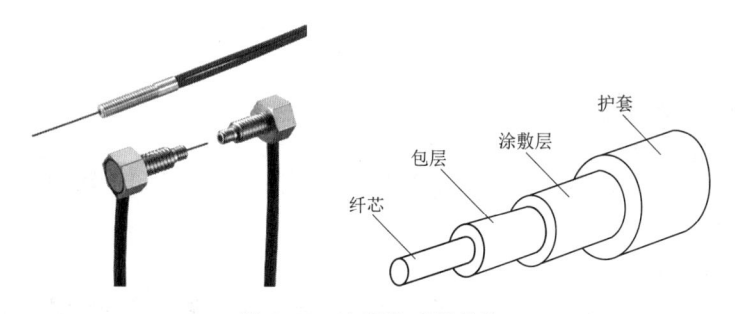

图 2.57 光纤传感器结构

（1）光源。一般为激光器或半导体发光二极管，用于产生稳定的光信号，作为载波。

（2）传输光纤。一般为单模光纤或多模光纤，用于将光信号从光源传送到传感头和从传感头传送到光电探测器。

（3）传感头（调制器）。一般为光纤自身或其他光学元件，用于将待测参数与进入调制区的光相互作用，导致光的光学性质（如光的强度、波长、频率、相位、偏振态等）发生变化，成为被调制的信号光。

（4）光电探测器。一般为光电二极管或光电倍增管，用于将光信号转换为电信号，便于信号处理。

（5）信号处理部分。一般为放大器、滤波器、模数转换器、微处理器等电子元件，用于对电信号进行放大、滤波、解调、数字化、显示等处理，还原出被测参数。

光纤模式是指光波传播的途径和方式。对于不同入射角度的光线，在界面反射的次数是不同的，传递的光波之间的干涉所产生的横向强度分布也是不同的，这就是传播模式不同。在光纤中传播模式很多的话不利于光信号的传播，因为同一种光信号采取很多模式传播将使一部分光信号分为多个不同时间到达接收端的小信号，从而导致合成信号的畸变，因此希望光纤信号模式数量要少。

一般纤芯直径为 $2\sim12\mu m$，只能传输一种模式的光纤称为单模光纤。这类光纤的传输性能好、信号畸变小、信息容量大、线性好、灵敏度高，但由于纤芯尺寸小，制造、连接和耦合都比较困难。如果纤芯直径较大（50～100μm），传输模式较多称为多模光纤。这类光纤的性能较差，输出波形有较大的差异，但由于纤芯截面积大，故容易制造，连接和耦合比较方便。

光纤传输损耗主要来源于材料吸收损耗、散射损耗和光波导弯曲损耗。目前常用的光纤材料有石英玻璃、多成分玻璃、复合材料等。在这些材料中，由于存在杂质离子、原子的缺陷等都会吸收光，从而造成材料吸收损耗。

散射损耗主要是由于材料密度及浓度不均匀引起的，这种散射与波长的四次方成反比。因此散射随着波长的缩短而迅速增大。所以可见光波段并不是光纤传输的最佳波段，在近红外波段（1～1.7μm）有最小的传输损耗。因此长波长光纤已成为目前发展的方向。光纤拉制时粗细不均匀，造成纤维尺寸沿轴线变化，同样会引起光的散射损耗。另外纤芯和包层界面的不光滑、污染等，也会造成严重的散射损耗。

光波导弯曲损耗是使用过程中可能产生的一种损耗。光波导弯曲会引起传输模式的转换，激发高阶模进入包层产生损耗。当弯曲半径大于10cm时，损耗可忽略不计。

知识小结

光电式传感器是将光信号转换成电信号的光敏器件，它可用于检测直接引起光强变化的非电量，如光强、辐射测温、气体成分分析等。光电式传感器可用来检测能转换成光量变化的其他非电量，如表面粗糙度、位移、速度、加速度等。光电式传感器是一种利用光电效应将光信号转换为电信号的传感器。光电效应是指某些材料在受到光的照射时，会产生电荷或电流的现象。光电式传感器的主要组成部分有光源、光敏元件、电路和外壳等。

光电式传感器的优点包括以下几个方面。

（1）响应速度快。光电式传感器可以在微秒或毫秒的时间内对光信号进行检测和转换，适合于实时监测和控制的应用。

（2）可靠性高。光电式传感器没有机械运动的部分，因此不易损坏或磨损，使用寿命长，故障率低。

（3）精度高。光电式传感器可以实现高分辨率和高灵敏度的测量，对微小的光信号变化也能敏感地反应。

（4）体积小、重量轻。光电式传感器的结构简单，占用空间小，重量轻，便于安装和携带。

（5）成本低。光电式传感器的制造工艺成熟，材料和元件的价格相对低廉，因此具有较高的性价比。

灵敏度低。光电式传感器的灵敏度受到光源的稳定性、光敏元件的特性、电路的设计等因素的影响，如果这些因素不理想，可能会导致光电式传感器的灵敏度降低，测量误差增大。

光电式传感器的缺点包括以下几个方面。

（1）温度漂移大。光电式传感器的工作温度对其性能有很大的影响，温度的变化会导致光源的发光强度、光敏元件的光电特性、电路的电阻等参数发生变化，从而影响光电式传感器的输出信号的稳定性和准确性。

（2）环境干扰较大。光电式传感器对环境光的变化、尘埃、水汽、油污等有一定的敏感性，这些因素可能会影响光电式传感器的光学系统的透光性和反射性，从而影响光电式传感器的测量结果。

光电式传感器的应用领域非常广泛，例如在工业自动化、医疗仪器、安防监控、交通信号、光通信等方面都有广泛的应用。

思政小故事

在红外物理领域，中国科学院院士褚君浩在20世纪80年代提出的CXT公式和吸收系数公式成为碲镉汞材料器件设计的重要依据，至今仍是国际上判断红外探测器新材料、新结构的通用公式。

1945年3月，褚君浩出生在江苏宜兴，1966年毕业于上海师范学院（现上海师范大学）物理系，被分到上海市梅陇中学当物理老师，1978年考上中国科学院上海技术物理研究所研究生，先后获得硕士学位和博士学位，1984年12月起，担任中国科学院上海技术物理研究所物理室副主任，1993年7月起，担任中国科学院红外物理国家重点实验室主任，2005年正式当选中国科学院院士。

全球红外物理领域科研人员的必读书目，其中一本是褚君浩所著的《窄禁带半导体物理学》，作为国际上全面综述窄禁带半导体有关研究成果的第一本专著，被几十个国家的研究机构作为开展相关材料和器件研究的理论依据；另一本，则是国际权威的科学手册 Landolt-Bornstein，这本拥有120余年历史的科学手册，涵盖了人类科学和技术各领域的基本数据和函数关系，每隔10~15年邀请各领域最有影响力的科学家集中修订，手册含汞化合物部分，就是由褚君浩来编写的。

科学史上，红外光的发现多少带着偶然的成分。19世纪初，英国科学家赫胥尔设计了一个实验装置，将太阳光分解成彩色光带，然后在不同颜色光带中放置温度计，以测量光带中不同色光所包含的能量，再和室内其他位置的温度计进行比较。赫胥尔意外发现，放在光带红光外的温度计，比室内其他温度计的指示值都要高。经过反复实验，他证实了太阳发出的光线中除了可见光外，还有一种看不见的"热线"，由于位于红色光外侧，因而被称之为"红外光"。

褚君浩和红外光的相遇，也是偶然。由于高考语文作文偏题，他和第一志愿复旦大学失之交臂，被上海师范大学录取。然而，这并未影响他从小对物理的喜爱。1978年，我国恢复研究生考试。中国科学院院士严东生很欣赏机敏好学的褚君浩，便推荐他参加中国科学院上海技术物理所的研究生录取考试。在上海技术物理所，中国半导体科学和红外技术开拓者之一、著名红外物理学家汤定元当时已经敏锐地看到，碲、镉、汞是制备第三代红外光子探测器最重要的材料，也是开展太空探测的基础。

2.2.6 巩固习题

1. 光电式传感器的具体结构，以及它们分别有哪些优缺点？
2. 阐述光敏电阻的原理和应用。
3. CMOS 图像传感器结构和工作原理？
4. 阐述 CCD 图像传感器应用。

任务 2.3　热电式红外辐射传感器

2.3.1　案例引入

在工业自动化高度集成的今天，温度测量不再遥不可及。如果再配上无线传输，无论是高塔还是深海，都不再是问题，而且稳定性好，大大减少了维护和安装成本。测量就是工艺控制的眼睛，可以提前预知参数的微小变化，到达精细控制的目的。红外测温仪（便携式）特点是非接触测温，测温范围宽（6001800℃/9002500℃），精度高，性能稳定，响应时间快（0.7s），工作距离大于0.5m，现场巡检必配的巡检工具之一。那么它是如何进行工作的呢？

2.3.2　原理分析

光线也是一种辐射电磁波，以人类的经验而言，通常指的是肉眼可见的光波域，是从 400nm（紫光）到 700nm（红光）可以被人类眼睛感觉得到的范围，分为可见光、γ 射线、X 射线、紫外光、可见光、红外光等，如图 2.58 所示。把红光之外、波长在 760nm 到 1mm 之间的辐射称为红外光。红外光是肉眼看不到的，但通过一些特殊光学设备，我们依然可以感受到。红外线是一种人类肉眼看不见的光，所以，它具有光的一切光线的所有特性。但同时，红外线还有一种还具有非常显著的热效应。所有高于绝对零度即 −273℃ 的物质都可以产生红外线。

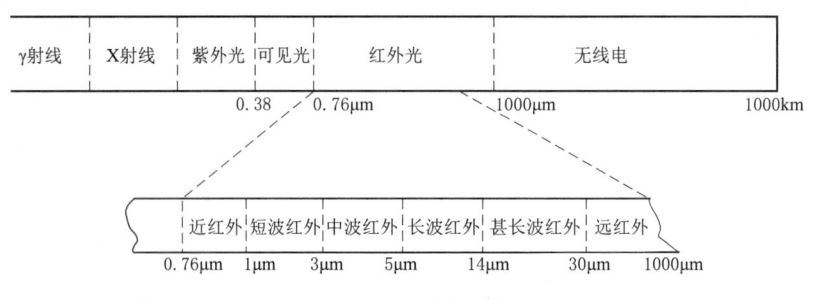

图 2.58　不同波长段的光线

因此，简单地说，红外线传感器是利用红外线为介质来进行数据处理的一种传感器。热电式传感器是将温度变化转换为电量变化的装置。它是利用某些材料或元件的性能随温度变化的特性来进行测量的。例如将温度变化转换为电阻、热电动势、热膨胀、导磁率等的变化，再通过适当的测量电路达到检测温度的目的。把温度变化转换为电势的热电式传感器称为热电偶；把温度变化转换为电阻值的热电式传感器称为热电阻。

一切随温度变化而物体性质亦发生变化的物质均可作为温度传感器。但是，一般真正能作为实际中可使用的温度传感器的物体一般需要具备以下条件。

(1) 物体的特性随温度的变化有较大的变化，且该变化量易于测量。

(2) 对温度的变化有较好的——对应关系，即除对温度外对其他物理量的变化不敏感。

(3) 性能比较稳定，重复性好，尺寸小。

(4) 有较强的耐机械、化学及热作用等特点。

热电式传感器是将温度变化转换为电量变化的装置，它利用敏感元件的电磁参数随温度变化的特性来实现对温度的测量。热电式传感器主要包括热电偶、热电阻和热敏电阻，是温度测量的基本传感器。

红外辐射传感器是利用红外线来测量温度的设备。它的敏感元件与被测对象互不接触，通过红外线测量运动物体、小目标和热容量小或温度变化迅速（瞬变）对象的表面温度，也可用于测量温度场的温度分布。

温度的定义：温度表征物体的冷热程度。温度是决定一系统是否与其他系统处于热平衡的物理量，一切互为热平衡的系统都具有相同的温度。温度与分子的平均动能相联系，它标志着物体内部分子无规则运动的剧烈程度[《温度计量名词术语及定义》（JJF 1007—2007）]。

热辐射的定义：物体在热平衡时的电磁辐射，由于热平衡时物体具有一定的温度，所以热辐射又称温度辐射。其波长范围从软 X 射线至微波，物体向外辐射的能量大部分是通过红外线辐射出来的。

黑体的定义：特殊的热辐射体。在同温度下，其辐射能力最大。描述其辐射能量和温度之间的关系有两个重要的定律，它们是普朗克定律和斯蒂芬—玻尔兹曼定律。

普朗克定律（Planck's law）：黑体的光谱辐射能量与温度之间的关系，如图 2.59 所示。

$$M_\lambda^b = \frac{C_1}{\lambda^5} \frac{1}{e^{\frac{C_2}{\lambda T}} - 1}$$

式中：λ 为波长，m；T 为黑体温度，K；C_1 为第一辐射常数，3.742×10^{-16} W·m^2。C_2 为第二辐射常数，1.4388×10^{-2} W·K。

斯特藩-玻尔兹曼定律（Stefan - Boltzmann law）：从一个表面发出的总辐射热功率与其绝对温度的四次方成正比，即

$$M^b = \sigma T^4$$

塞贝克效应（Seebeck effect）：指在两种不同导电材料构成的闭合回路中，当两个接点温度不同时，回路中产生的电势使热能转变为电能的一种现象。

只要用传感器接受到物体的光谱辐射能量或全波辐射能量，就能够测量出物体的温

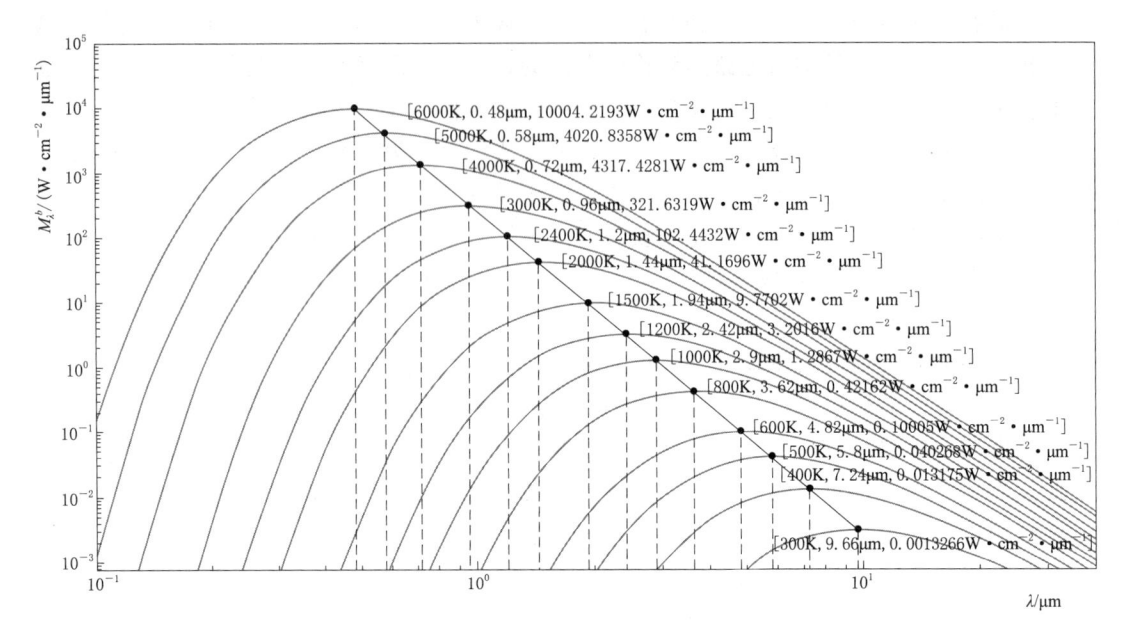

图 2.59 温度不同的普朗克黑体单色辐射能力与波长的曲线

度,这就是辐射温度传感器或热像仪的工作原理。

2.3.3 问题界定

塞贝克效应又被称为热电效应,即将两种不同的导体或半导体两端相接组成闭合回路,当两接点的温度不同时,则在回路中产生热电势,并形成回路电流,如图 2.60 所示。热电偶回路产生的热电动势由两部分组成。

(1) 接触电动势。1834 年珀耳帖（I. C. A. Peltier）研究了热电现象,他发现当电流流过两种不同金属材料的接点时,接点的温度会随电流的方向产生升高或下降的现象,如图 2.61 所示。他提出要发生这种现象,接点处必定存在电动势,并且电动势的方向随电流方向可逆,我们把这一可逆电动势称为接触电动势,又称其为珀耳帖电动势。

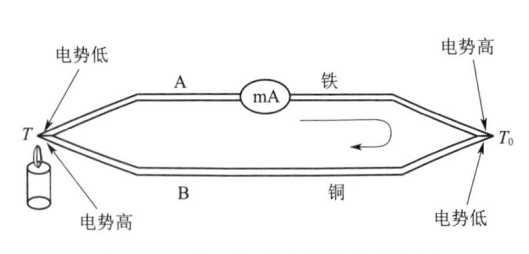

图 2.60 塞贝克效应的热电偶回路　　图 2.61 接触电动势原理图

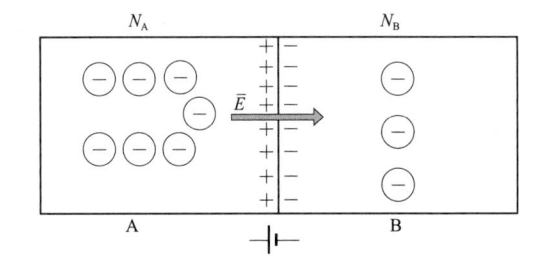

(2) 温差电动势。1854 年汤姆逊（W. Thomson）研究了热电现象,他发现当电流流过一根两端处于不同温度的导体时,导体中除产生焦耳热外,还有一随电流方向改变而吸收或产生热量的现象,如图 2.62 所示。他提出要发生这种现象,导体中必定存在电动势,

并且电动势的方向随电流方向可逆,我们把这一可逆电动势称为温差电动势,又称其为汤姆逊电动势。

当A、B两种金属构成热电偶回路,两端的温度分别为T、T_0时,回路中存在两个接触电动势和两个温差电动势,其方向相反,则热电偶回路中的总电势是它们的代数和。

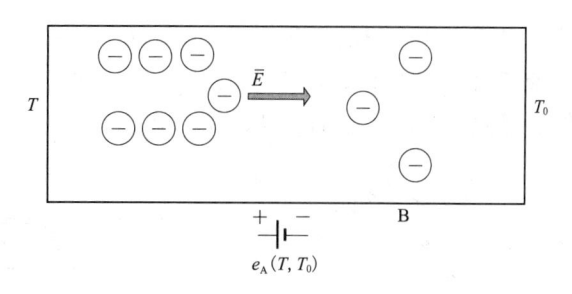

图 2.62 温差电动势原理图

$$E_{AB}(T,T_0)=e_{AB}(T)-e_{AB}(T_0)-e_A(T,T_0)+e_B(T,T_0)$$

结论:如果组成热电偶的两个电极的材料相同,即使是两节点的温度不同也不会产生热电势。组成热电偶的两个电极的材料虽然不相同,但是两节点的温度相同也不会产生热电势。不同电极材料A、B组成的热电偶,当冷端温度T_0恒定时,产生的热电势在一定的温度范围内仅是热端温度T的单值函数。

均质导体定律:由同一种均质材料组成的热电偶回路,不管温度分布如何,其回路电动势为零。此定律告诉我们,热电偶必须要由两种不同的材料组成。用此定律也可以用来检验材料的均质性。

中间导体定律:由A、B两种材料组成的热电偶对的冷端(T_0端)断开而接入第三种导体C后,只要冷、热端的T_0、T保持不变,则回路的总热电动势不变。例如,用热电偶测温时,必须接入仪表(第三种材料),只要仪表两接入点的温度保持一致,仪表的接入就不会影响回路热电势。

中间温度定律:热电偶的电动势可以分为两段温度分别为T和T_0,热电偶的电动势$E_{AB}(T,T_0)$可以分为两端温度分别为T和T_n及T_n和T_0的两个电动势之和,如图2.63所示。

$$E_{AB}(T,T_0)=E_{AB}(T,T_n)+E_{AB}(T_n,T_0)$$

参考电极定律:材料A、B分别与第三种参考电极C(或称标准电极)组成热电偶,如图2.64所示。若热电偶A—C和B—C所产生的热电势已知,分别为$E_{AB}(T,T_0)$和$E_{BC}(T,T_0)$则用A与B组成的热电偶的热电势为$E_{AB}(T,T_0)=E_{AC}(T,T_0)-E_{CB}(T,T_0)$。

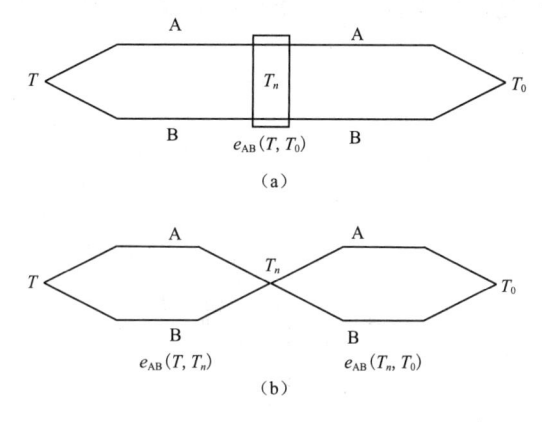

图 2.63 中间温度定律示意图

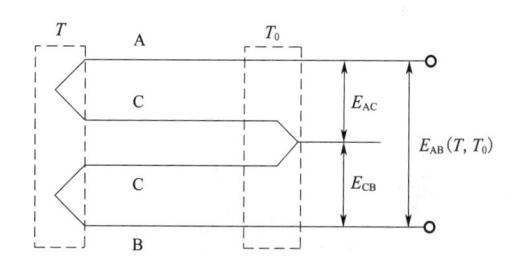

图 2.64 参考电极定律示意图

工业用热电偶的封装形式如图 2.65 所示。感温元件主要由热电极、绝缘材料、保护套管等组成。为了便于安装和连线，在保护套管上还安装法兰盘和接线盒等。工业用热电偶的感温元件除了普通的装配型外，还有铠装热电偶、薄膜热电偶等。

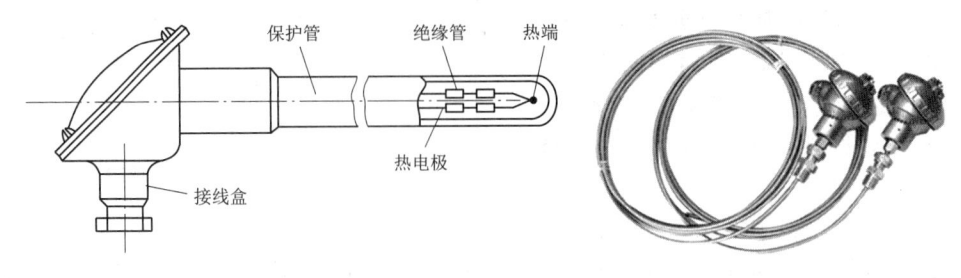

图 2.65　工业用热电偶

常用热电偶分为标准化和非标准化两大类，也可以根据组成热电偶的材料将热电偶分为廉金属热电偶和贵金属热电偶两大类。一般高温用热电偶大多是由贵金属材料构成的。贵金属热电偶的性能比较稳定，常常用来作为标准来使用。

标准化热电偶是指生产工艺成熟、成批生产、性能稳定的热电偶，其最大特点是所有国家都采用由 IEC 推荐的统一分度表。非标准化热电偶因生产工艺、使用范围等因素的限制，不同国家生产的热电偶之间的热电动势与温度之间的关系难以采用统一的分度表，但各个国家或行业内还是有各自的标准。

热电偶测量电路：

（1）单点测温。

根据中间导体定律，只要保证接入的测量仪表及连接线两端的温度一致，如图 2.66 所示，并保持为 T_0，则测得的电动势为 T 的单值函数。若 T_0 为 0℃，就可以直接用测得的电动势值，查相应的电势—温度表，求出被测温度 T。若 T_0 不为 0℃但恒定，则可用中间温度定律修正。

1）电桥补偿法。电桥补偿法是利用不平衡电桥输出的电势来补偿热电偶因参考端温度变化而引起的热电势变化值，测量电路如图 2.67 所示。适当选择桥路电阻，使 U_{ab} 正好补偿参考端温度变化而引起的热电动势的变化，仪表就可指示出正确的温度。R_t 为铜电阻，R_1、R_2、R_3 为锰铜电阻（温度系数小）。

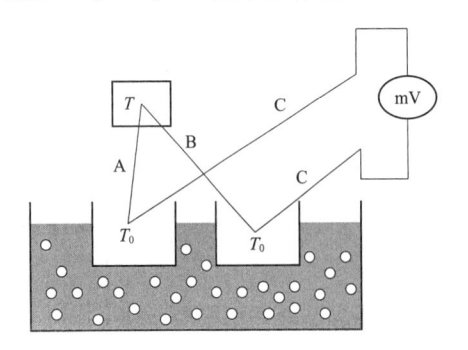

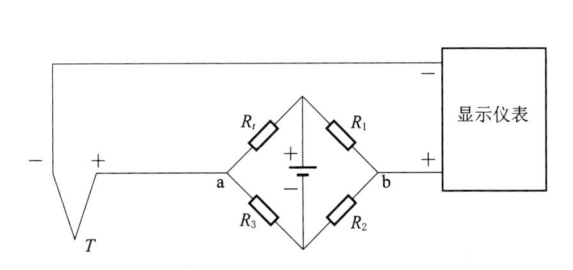

图 2.66　单点测温示意图　　图 2.67　电桥补偿法示意图

2) 补偿导线的应用。如图 2.68 所示，C、D 为与热电偶电极 A、B 相配用的补偿导线。要求补偿导线的热电势特性与热电偶的热电势特性相同，此时测得的温差热电势相当于将热电偶的冷端从 T_1 端延长到 T_0 端。

图 2.68 补偿导线示意图

（2）温差测量。

图 2.69 为测量两个温度 T_1 和 T_2 之差的电路，使用两只完全相同的热电偶，配用相同的连接导线，按图示的连线方式连接，即可测得两个热电势之差，从而得到它们的温度差，仪表度数为

$$E_t(T_1,T_2)=E_{AB}(T_1)-E_{AB}(T_2)$$

（3）平均温度测量。

图 2.70 为测量平均温度的测量线路，要求使用统一型号的热电偶和补偿导线，仪表度数为

$$E_t=\frac{E_1+E_2+E_3}{3}$$

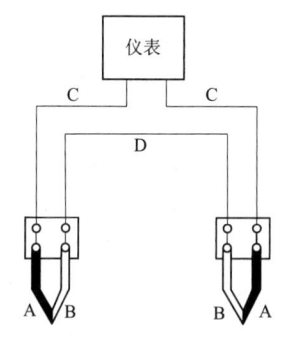

图 2.69 温差测量的示意图

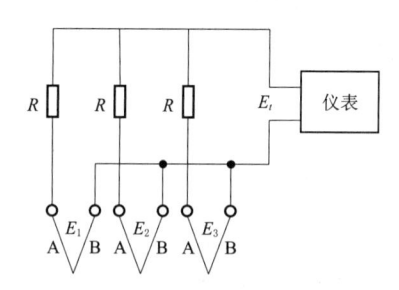

图 2.70 平均温度测量示意图

由于热电偶的热电势较小，对测量仪表的要求相应较高，不能使用内阻并不太高的普通电压表。所以在实验室中常用电位差计来测量热电偶的热电势，而工业现场一般可用自动补偿式电位差计或数字式仪表。

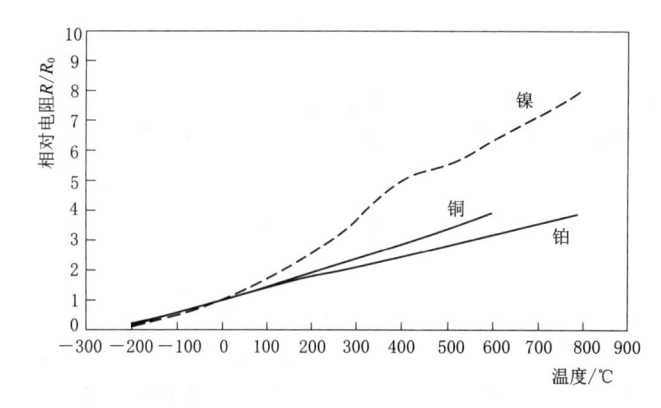

图 2.71 不同金属随温度不同的电阻值变化规律

热电偶的温差热电势很小，所以当需要对此电势进行放大时，放大器的输入失调电压和输入失调电压的漂移必须很小才行，否则将会引入较大的测温误差，所以放大器的器件应使用特殊元件。

在工业应用中，还有一类比较常见的热电传感器——热电阻传感器。它是利用导体的电阻随温度变化的特性进行测温的装置，如图 2.71 所示。热电阻在常温和

较低温区范围内的灵敏度比热电偶更高,主要分为铂热电阻、铜热电阻和半导体热敏电阻等。常用的纯金属材料的电阻随温度变化的关系在一定温度范围内可以表示为

$$R_t = R_0(1 + \alpha t + \beta t^2)$$

式中:R_t 为热电阻在任一温度 t 下的电阻;R_0 为热电阻在 0℃ 时的电阻;α、β 为常数,与材料性质有关。

热电阻的感温元件主要由电阻丝、绝缘骨架、引线和保护管四部分组成,如图 2.72 所示。

(1) 电阻丝是热电阻感温元件的核心。

(2) 绝缘骨架是用来缠绕、支撑和固定电阻丝的支架。

(3) 保护管用来保护感温元件、内引线等不受外界环境的污染。

在测量电阻时,需要通过电流来提高灵敏度,但电流过大会使电阻发热,引起自热效应,造成测量误差。规定工业热电阻的工作电流不超过 6mA,一般为 1mA。引线电阻会导致测量结果产生误差。如果要求不高,可以采用二线制接法,但引线电阻不能超过铂热电阻 R_0 值的 0.1%。

工业测量中最常用的是三线制热电阻,采用三线制测量电路可以将引线电阻的影响基本消除。在精密测量特别是在实验室测量时采用四线制测量电路,就可以将引线电阻的影响减小,甚至完全消除。

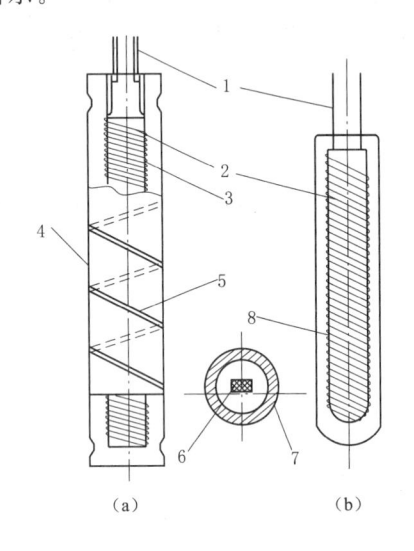

图 2.72 热电阻的感温元件结构示意图
1—银线引出;2—铂丝;3—锯齿形云母骨架;4—保护用云母;5—银绑带;6—铜电阻横截面;7—保护管套;8—石英骨架

热敏电阻也是工业中应用广泛的一类电阻型热电式传感器。它是指由过渡族金属元素的氧化物的混合物做成的测温元件,其热电特性呈现出半导体的 $R-t$ 特性,如图 2.73 所示。热敏电阻按电阻温度系数可分为负温度系数热敏电阻(NTC)、正温度系数热敏电阻(PTC)和临界温度型热敏电阻(CTR)。

1. 负温度系数热敏电阻(NTC)

电阻值随着温度的升高而降低,呈现出半导体的导电特性,具有负的电阻温度系数,电阻温度特性为非线性。

2. 正温度系数热敏电阻(PTC)

电阻值随温度的升高而增加。

3. 临界温度型热敏电阻(CTR)

临界温度型热敏电阻的特点是:当温度降低到某一值时,其电阻值急剧降低,其结构如图 2.74 所示。

热敏电阻在使用时为了充分保证其优点、克服其

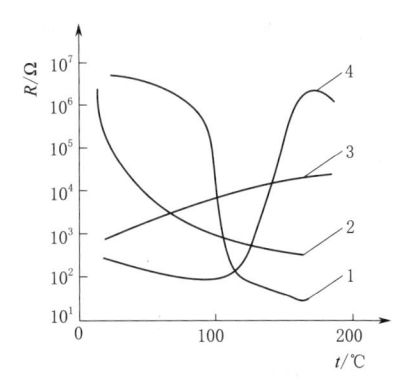

图 2.73 热敏电阻的类型
1—突变型 NTC;2—负指数型 NTC;3—线性型 PTC;4—临界温度型 CTR

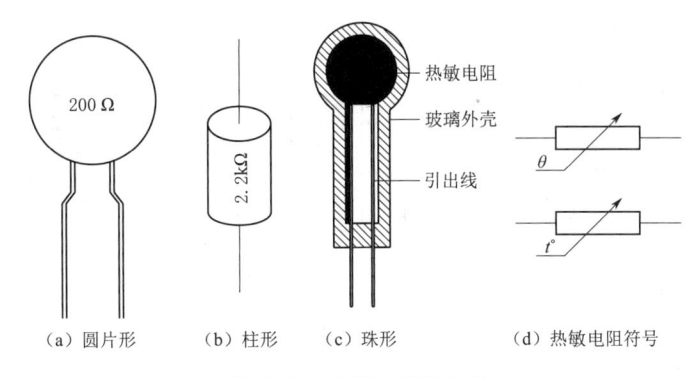

图 2.74 热敏电阻的结构

(a) 圆片形　(b) 柱形　(c) 珠形　(d) 热敏电阻符号

缺点,除了金属热电阻应用时的注意事项外,还应注意如下事项。

(1) 应尽可能避免在温度急剧变化的环境中使用。

(2) 会被过大电流破坏,必须在规定额定功率下使用。

(3) 一般应在经过时间常数 5~7 倍后再开始测量。

(4) 电磁感应的影响。由于热敏电阻的阻值很大,易受电磁感应的影响,所以可采用屏蔽线或将两根线绞绕后引出。

(5) 互换性。由于单个热敏电阻的互换性差,一般可通过串联、并联等形式组成新的测量元件,实现互换。

2.3.4　方法梳理

红外辐射传感器是一种能够检测红外辐射的装置,它可以将红外辐射转换为电信号,以便进行进一步的测量和分析。所有高于绝对零度即-273℃的物质都可以产生红外线。红外辐射传感器广泛应用于多个领域,包括遥感、温度测量、气体分析、生物医学诊断等。

红外辐射传感器一般由光学系统、探测器、信号调理电路及显示单元等组成。红外探测器是红外传感器的核心。红外探测器是利用红外辐射与物质相互作用所呈现的物理效应来探测红外辐射的。红外探测器的种类很多,按探测机理的不同,分为热探测器和光子探测器两大类。

热探测器:利用红外辐射的热效应,探测器的敏感元件吸收辐射能后引起温度升高,进而使某些有关物理参数发生相应变化,通过测量物理参数的变化来确定探测器所吸收的红外辐射。

光子探测器:利用入射光辐射的光子流与探测器材料中的电子互相作用,从而改变电子的能量状态,引起各种电学现象(光电效应)。

红外温度传感器中的红外光是人眼看不见的一种光,但实际上它是一种与任何其他光一样的客观物质。红外辐射的物理本质是热辐射,物体的温度越高,发射的红外辐射越多,红外辐射的能量也就越强。任何温度高于热力学零度的物体都会有红外线辐射到周围环境。红外线是可见光以外的光线,因此被称为红外线,其波长范围大致为 $0.75\sim100\mu m$。利用热辐射体在红外波段的辐射通量来测量温度。图 2.75 为目前常见红外测温仪的工作示意图。

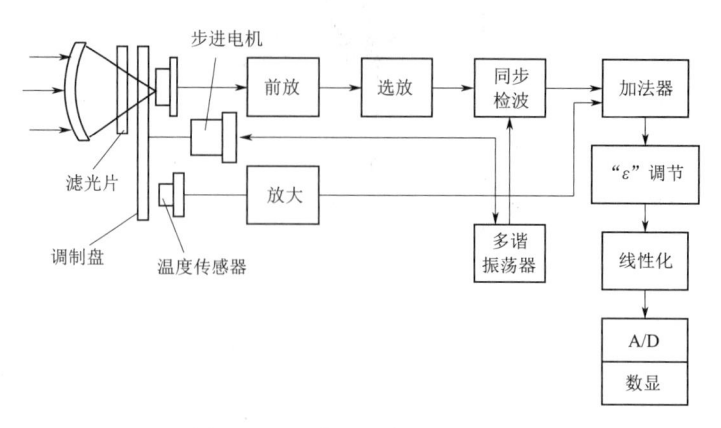

图 2.75 红外测温仪工作示意图

红外热像仪是利用物体的热辐射,通过热图像技术,能给出热辐射体的温度、温度分布的数值,并能转换成可见热图像的仪器,按工作波段可分为短波($3\sim5\mu m$)热像仪和长波($8\sim14\mu m$)热像仪,其主要有光学成像系统和红外探测器两部分组成。探测器有焦平面探测器(见图2.76)和光机扫描探测器(见图2.77)两种。

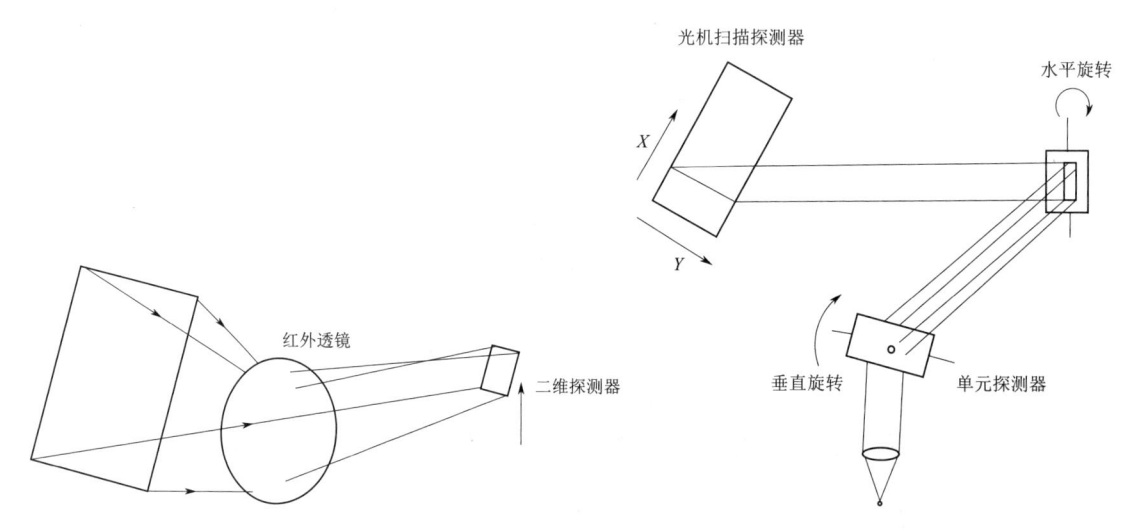

图 2.76 焦平面探测器成像原理图　　图 2.77 光机扫描探测器成像原理图

【案例 2.6】 红外线气体分析仪

根据气体对红外线具有选择性吸收的特性来对气体成分进行分析。对于不同气体其吸收波段(吸收带)不同,图2.78中给出了几种气体对红外线的透射光谱。

图 2.79 为工业用红外线气体分析仪的结构原理图。该分析仪由红外线辐射光源、气室、红外检测器及电路等部分组成。其中还设置了滤波气室,其目的是为了消除干扰气体对测量结果的影响。

【案例 2.7】 热电堆红外温度传感器

热电堆红外温度传感器直接感应热辐射,用于测量小的温差或平均温度,为非接触温

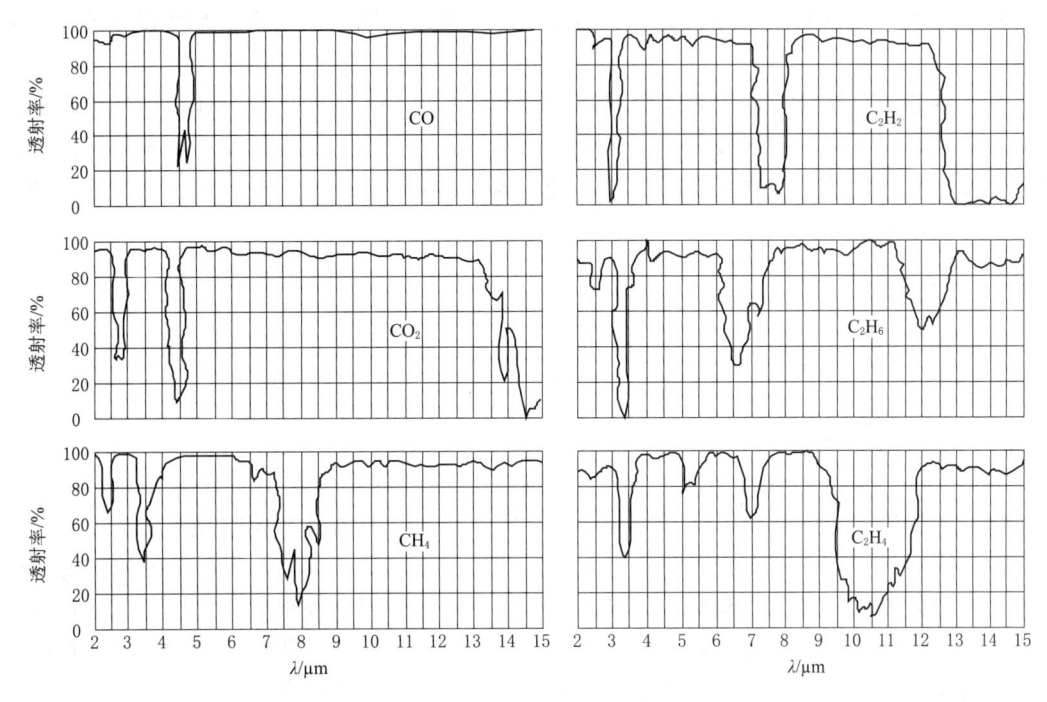

图 2.78 几种气体对红外线的透射光谱

度测量提供完美的解决方案。热电堆红外温度传感器中的热电堆是一种温度测量元件,它一般由两个或多个串联的热电偶组成,热电偶的热电势叠加在一起,用于测量小的温差或平均温度,如图 2.80 所示。

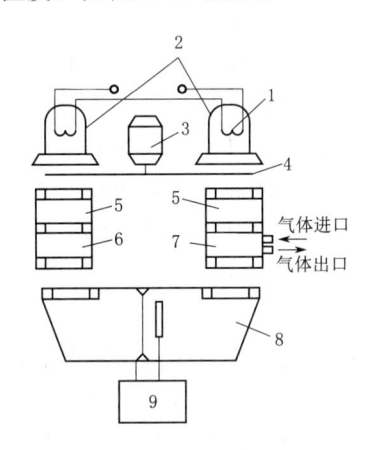

图 2.79 工业用红外线气体分析仪结构原理图
1—光源;2—反射镜;3—同步电机;4—斩光片;
5—滤波气室;6—参比气室;7—测量室;
8—红外探测器;9—放大器

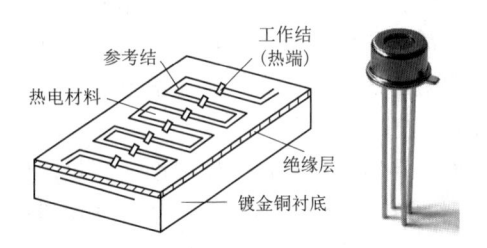

图 2.80 热电堆红外传感器的结构与工作原理图

在测量过程中,热电堆红外温度传感器与待测物体进行对准,感应物体发出的红外线,红外线转换成模拟电压信号,热电堆红外温度传感器的温度由热敏电阻检测,最后使用信号处理单元计算物体温度和传感器的温度,并通过传感器上的集成 SPI 接口进行结果输出。

热电堆感应是从任何温度高于绝对零度（-273.15℃）的物体或身体表面发出的电磁辐射。这种辐射具有取决于发射体表面温度的宽带光谱分布。热电堆红外探测器可配置各种透镜和滤波器,从而实现在温度测量、气体成分的定性/定量分析、医疗设备等多种应用场景中的应用。

2.3.5 巩固强化

理想的辐射源称为黑体。它为每个波长发出最大可能的热辐射,其特性恰好由普朗克辐射定律描述。黑体不会反射任何光线,也不会透射任何光线。这意味着 100% 的入射光被黑体吸收。这种吸收的辐射能量提高了吸收黑体的温度,因此根据斯特凡—玻尔兹曼定律,黑体发出的辐射也略有增加,该定律说明温度越高的物体发出的辐射越多。简单地说：吸收的辐射被重新发射；或者换句话说,吸收系数和发射系数相同且等于 1。

在现实世界中,不存在完美的黑体,物体的发射率将低于 1。因此,发射的辐射将低于普朗克辐射定律所描述的辐射。如果我们的传感器检测到这种辐射,它也会显示较低的温度,因为它接收到的辐射比预期的要少。为了补偿这种影响,我们必须知道待测物体的表面发射率。发射率是解释真实物体与完美黑体的偏差的一个因素。

人体皮肤是一个近乎完美的黑体,发射率约为 0.98,而大多数金属和其他典型工业目标的发射率系数较低,也可能随着温度和金属的氧化以复杂的方式发生变化。因此,金属表面温度的测量要困难得多。

表面的发射率,能够解释真实物体的非理想黑体行为的影响,但补偿大气的影响并不总是那么容易。要理解这一点,重要的是要了解大气对红外光传输的影响。

大气中含有 H_2O、CO_2、O_3、N_2O、CO、CH_4、O_2 和 N_2 等气体。当物体发出的红外辐射与其中一种气体分子相互作用时,光可能会被散射或吸收。这发生在每种气体与其分子结构相对应的特征波长处。突然间,可以看到平滑连续的红外黑体辐射光谱与深谷相交,在深谷中,一种或另一种气体的吸收已经根据存在的气体的波长特征选择性地衰减了能量。虽然某些光谱范围在正常大气条件下显示出高吸收率,但其他范围内的辐射几乎可以不受阻碍地通过。高透射光谱范围被称为大气窗口。3~5μm（中红外）；8~14μm（远红外线）。

如果将温度或衡量气体浓度的测量限制在这些光谱范围内,大气对测量精度的影响就会得到改善。然而,即使在这些大气窗口中,透射率也不是 100%。如果辐射穿过大气层的距离更长,那么随着距离的增加,窗口区域的这种小吸收将与测量结果越来越相关。如果传感器靠近测量对象放置,在大多数情况下可以忽略大气窗口中的微小吸收。

光学元件,是为了将接收到的辐射限制在规定的光谱范围内,需要滤光片。虽然滤光器可能将光谱范围限制在 8~14μm,但它本身的传输系数小于 100%。这导致传感器接收到的红外辐射进一步减少。

非接触式红外热电堆温度传感器能够用于各种非接触式温度测量应用,例如入耳式或额头温度计、热点检测、激光束分析、工业过程控制或公共建筑中的人体存在检测。

例如，红外热像仪（FOTRIC）在电力电气配电房检修方面的应用，电力安全一直都是我们社会不断的追求，只有保证了正常的电力设备供应才能确保我们的生活生产能够正常进行。对于配电房设备或者供电设备这些容易导致停电、电压不稳的问题故障，我们要提前想好对策，做好预防，尽量把问题扼杀在萌芽状态。电气设备发生故障时通常有70%的时间是在判断和查找问题，30%的时间用在解决问题，所以，定期进行配电房电气设备检测维保非常重要。

供电设备、配电房电气设备的是否正常运行影响着小区居民的衣食住行，影响着一些园区的生产作业。配电房设备老化、故障等容易导致停电、电压不稳等电气事故。所有的设备在使用的过程中都存在老化现象，都有一个劣化的过程。这一点在机械设备上表现的比较明显，但是在电气设备中却很难观察到，因而定期进行电气设备、配电房检测维保很重要。

配电房里的电气设备如电机、变压器、电抗器等设备可以通过温度、电气特性如线圈本身的电阻、对地的绝缘电阻、电流的变化等来观测，但电子设备的劣化程度却很难监测到。因此电气设备需要注重日常的保养，减少甚至杜绝突发事故的发生。设备的保养分为在线保养和线下保养。一些大型设备需要在线保养。有条件的话中小型设备最好是更换后线下保养。

对于普通设备也要定期测量。将测量得到的值记录下来制作成图表或曲线来检测劣化情况。根据生产实际情况将设备定期更换，下线后做保养。电子设备的发热是由于功率元件造成，主要是二极管、可控硅等。通常都有冷却风扇，有的大型设备也用水冷。对于大型设备的冷却装置都有温度、风压、水压、流量等在线监测传感器，监测的数据出现问题后会及时停机。在设备停机时应对这些部位进行检测。电气设备的铜排连接处或接线部位的螺栓长时间使用后也会松动导致接触不实，造成发热。在日常点检过程中需要用红外热像仪测量温度，发现温度升高要及时申请停机处理。

1. 接触故障

电流通过具有高阻值的触点时产生热量。这类故障通常与开关触点或连接器有关。实际发热点可能非常小，开始时小于1/16in（英寸）。以下为利用热成像仪发现的几个实例。

图2.81为某个电梯的电机控制器进行热成像，其中，三相中有一相的连接松动，造

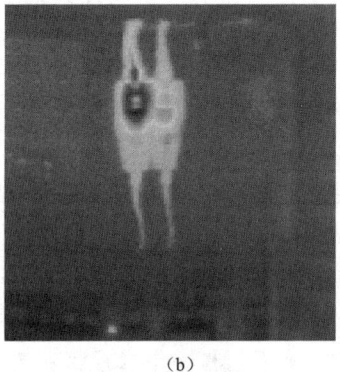

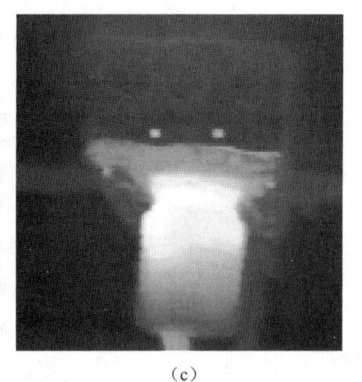

(a)　　　　　　　　　(b)　　　　　　　　　(c)

图2.81　热成像仪拍摄的实际温度变化

成连接器处电阻值增大。过度发热造成温度升高50℃（90℉）。图2.81（a）所示的热图像为一个三相保险丝装置，其中一个保险丝的一端与电路接触不良。接触电阻增大造成该连接的温度比其他保险丝连接高45℃（81℉）。图2.81（b）所示的热图像为保险丝夹，其中一个触点的温度比其他触点高55℃（99℉）。图2.81（c）所示的热图像是一个两相墙式插头，其中接线送到，造成连接端子比环境温度高55℃（100℉）。

图2.81（a）所示的热图像说明了解释电气电路热模式的原理，保险丝只有一端发热。如果保险丝两端发热，故障现象的解释将完全不同。电路过热、三相不平衡或保险丝规格太小，都会造成保险丝两端过热。如果仅仅是一端发热，说明发热端存在高接触电阻。图2.81（c）所示热图像中的墙式插头被严重损坏，然而它能继续工作，直到被更换。

2. 过载电路故障

图2.82所示热图像的配电盘中，顶部的主断路器比环境温度高75℃（135℉）。这个总配电盘过载，需要立即引起注意。图2.82（a）所示热图像显示全部的标准短路器发生过热，温度比环境温度高60℃（108℉）。尽管热图像中的导线颜色为蓝色，但其温度也高45~50℃（81~90℉）。需要重新整理整个电气系统。

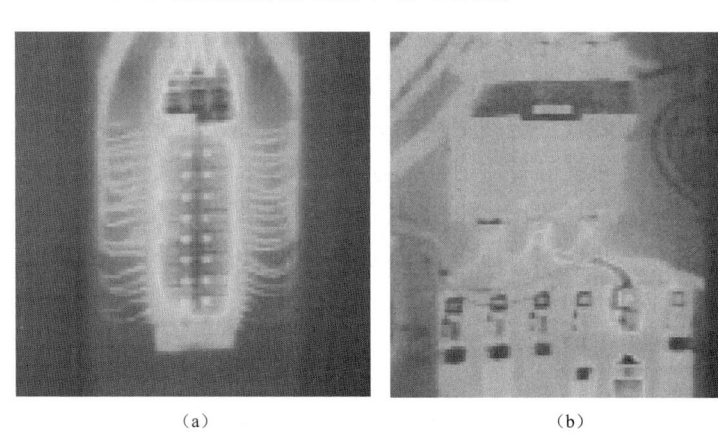

图2.82　过载电路热图像

图2.82（b）所示热图像显示控制器的一根线比其他线温度高20℃（36℉）。需要进一步调查，以确定为什么这根线比其他线温度高，并根据需要进行维修。

知识小结

红外辐射传感器是一种能够检测红外辐射的装置，它可以将红外辐射转换为电信号，以便进行进一步的测量和分析。红外辐射传感器广泛应用于遥感、温度测量、气体分析、生物医学诊断等领域。

红外辐射传感器的工作原理主要是通过测量物体表面的红外辐射能量，然后将辐射能量转换为电信号。这种传感器通常包括一个红外探测器和一些信号处理电路。红外探测器可以采用热电偶、热敏电阻、红外二极管等材料制成,它们能够灵敏地检测到红外辐射,并将其转化为电信号。信号处理电路则负责对探测到的电信号进行放大、滤波、模数转换等处理,最终输出一个与红外辐射能量成正比的电压或电流信号。

在实际应用中,红外辐射传感器需要根据不同的测量目的和环境条件选择合适的红外探测器材料和信号处理电路。例如,在高温测量中,需要选择耐高温的红外探测器;在气体分析中,需要选择对特定气体敏感的红外探测器;在生物医学诊断中,需要选择高灵敏度和高分辨率的红外探测器。

红外辐射传感器在工业故障诊断上具有广泛的应用,主要包括以下几个方面。

(1) 设备温度监测。红外辐射传感器可以实时测量设备表面的温度,从而及时发现设备过热现象,避免设备因过热而损坏。在工业生产过程中,许多设备,如电机、变压器、电缆接头等,都需要进行温度监测,以确保设备正常运行。

(2) 故障预警。红外辐射传感器可以检测设备表面的热辐射变化,当设备出现故障时,热辐射会发生变化,从而可以通过红外辐射传感器及时发现故障。例如,在发电厂的锅炉、涡轮机等设备上安装红外辐射传感器,可以实时监测设备运行状态,提前发现潜在的故障,并进行及时维修。

(3) 设备状态诊断。红外辐射传感器可以对设备进行非接触式测量,避免了对设备的损坏和干扰。通过分析红外辐射信号,可以判断设备的状态,如正常运行、过载、故障等。在工业生产中,对设备状态的及时了解有助于提高生产效率,降低维修成本。

(4) 安全监测。红外辐射传感器可以检测到设备表面的热辐射,当设备出现异常高温时,可以及时发出警报,提醒操作人员注意安全。例如,在化工厂、炼油厂等存在火灾风险的场所,可以通过红外辐射传感器进行安全监测,预防火灾事故的发生。

(5) 节能优化。红外辐射传感器可以监测设备表面的温度,从而可以对设备的能耗进行优化。例如,在制冷设备中,通过监测冷凝器的温度,可以调节制冷剂的流量,实现节能降耗。

红外辐射传感器在工业故障诊断上具有重要作用,可以提高设备的可靠性和安全性,降低维修成本,提高生产效率。

思政小故事

尤政于1981年考入华中工学院,先后获得工学学士、硕士、博士学位;1990—1992在清华大学光学工程博士后科研流动站从事研究;1992年博士后出站后在清华大学精密仪器系工作;1994年晋升教授;1998—2000年担任英国萨里大学空间中心访问教授;2005—2007年担任清华大学精密仪器系主任;2005年入选国家"新世纪百千万人才工程";2007—2012年担任清华大学机械工程学院第三任院长;2013年当选中国工程院院士。

尤政于20世纪90年代中期,在中国国内率先开展了基于微纳技术的航天器功能部件微型化技术的研究，研制了一系列具有国际先进水平的微型化、高性能的空间微系统并实现了在轨应用；提出了基于微纳技术的新型超级电容器设计方法，研制出多种超级电容器在新能源汽车及多型武器装备中得到成功应用；作为总负责人主持研制了中国第一颗"NS-1"纳型卫星（2004年）以及"TH-1""NS-2"等多颗微纳卫星。

尤政长期从事微米纳米技术、智能微系统技术及其应用研究，在中国率先开展了微机电系统（MEMS）、微系统技术及其在高端装备中的应用研究，以及微纳航天器的技术创新与工程实践。

尤政对待学生，总是采取鼓励的方式，他认为培养学术自信是取得科研进展的前提。他引用王国维的人生三重境界说明了科研的秘诀。第一重，做任何都要登高望远，把握住科学前沿；第二重，把握好方向之后要坚持去做；第三重，瞄准了方向，矢志不渝地努力，机遇和成功是会来找你的。他鼓励大家要趁着年轻多学知识，即使现在看似"没有用"的知识将来也可能成为自身发展的关键。

2.3.6 巩固习题

1. 热电式传感器主要包括哪些类型？分别有什么优点和缺点？
2. 阐述热电偶测量电路的工作过程。
3. 阐述红外辐射传感器工作原理与作用。
4. 阐述红外辐射传感器的应用范围。

任务 2.4　数字式光电编码器

2.4.1 案例引入

随着工业4.0的发展，工业机器人产业前所未有地崛起，在机器人控制系统中，伺服电机扮演着重要角色。伺服电机的控制均需配备编码器以供伺服电机控制器作为换相、速度及位置的检出等。编码器的应用范围相当广泛，那么它是如何进行工作的呢？

2.4.2 原理分析

光电编码器，是一种通过光电转换将输出轴上的机械几何位移量转换成脉冲或数字量的传感器。这是目前应用最多的传感器，光电编码器是由光源、光码盘和光敏元件组成。光栅盘是在一定直径的圆板上等分地开通若干个长方形孔。由于光电码盘与电动机同轴，电动机旋转时，光栅盘与电动机同速旋转，经发光二极管等电子元件组成的检测装置检测输出若干脉冲信号，通过计算每秒光电编码器输出脉冲的个数就能反映当前电动机的转速。

光电编码器是集光、机、电技术于一体的数字化传感器，主要利用光栅衍射的原理来实现位移—数字变换，通过光电转换将输出轴上的机械几何位移量转换成脉冲或数字量的传感器。典型的光电编码器由码盘、检测光栅、光电转换电路（包括光源、光敏器件、信号转换电路）、机械部件等组成，如图 2.83 所示。光电编码器具有结构简单、精度高、寿命长等优点，广泛应用于精密定位、速度、长度、加速度、振动等方面。此外，为了更好判断旋转方向，码盘还可提供相位相差 90°的两路脉冲信号。

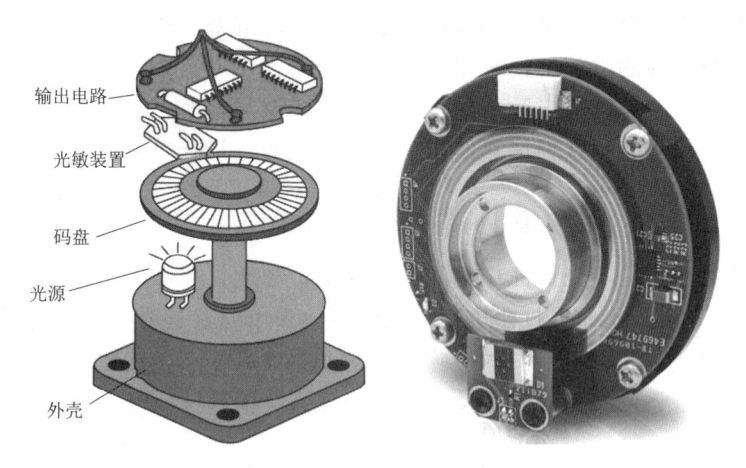

图 2.83　光电编码器结构示意图

根据检测原理，编码器可分为光学式、磁式、感应式和电容式。根据其刻度方法及信号输出形式，可分为增量式编码器、绝对式编码器以及混合式绝对值编码器三种。

1. 增量式编码器

增量式编码器是直接利用光电转换原理输出三组方波脉冲 A 相、B 相和 Z 相；A、B 两组脉冲相位差 90°，从而可方便地判定出旋转方向，而 Z 相为每转一个脉冲，用于基准点定位。如图 2.84 所示，它的优点是原理构造简单，机械均匀寿命可在几万小时以上，抗干扰能力强，可靠性高，适合于长间隔传输。其缺点是无法输出轴转动的绝对位置

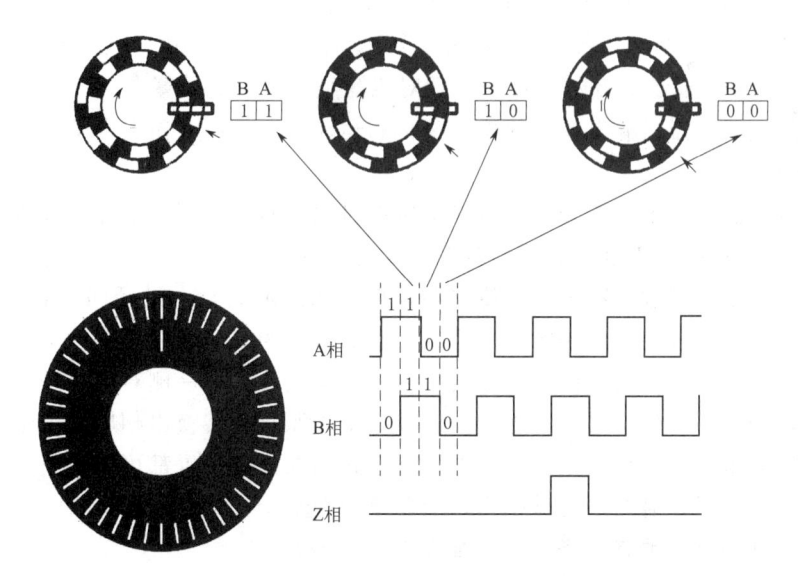

图 2.84　增量式编码器工作示意图

信息。

增量式编码器是将位移转换成周期性的电信号，再把这个电信号转变成计数脉冲，用脉冲的个数表示位移的大小，绝对式编码器的每一个位置对应一个确定的数字码，因此它的示值只与测量的起始和终止位置有关，而与测量的中间过程无关。

旋转增量式编码器以转动时输出脉冲，通过计数设备来知道其位置，当编码器不动或停电时，依靠计数设备的内部记忆来记住位置。这样，当停电后，编码器不能有任何的移动，当来电工作时，编码器输出脉冲过程中，也不能有干扰而丢失脉冲，不然，计数设备记忆的零点就会偏移，而且这种偏移的量是无从知道的，只有错误的生产结果出现后才能知道。

解决的方法是增加参考点，编码器每经过参考点，将参考位置修正进计数设备的记忆位置。在参考点以前，是不能保证位置的准确性的。为此，在工控中就有每次操作先找参考点/开机找零等方法。比如，打印机扫描仪的定位采用的就是增量式编码器的工作原理，每次开机，我们都能听到噼里啪啦的一阵响，它在找参考零点，然后才工作。

增量式编码器是将设备运动时的位移信息变成连续的脉冲信号，脉冲个数表示位移量的大小。其特点如下：

（1）只有当设备运动时才会输出信号。

（2）一般会输出通道A和通道B两组信号，并且有90°的相位差（1/4个周期），同时采集这两组信号就可以计算设备的运动速度和方向。

（3）如图2.84所示，通道A和通道B的信号的周期相同，且相位相差1/4个周期。当B相和A相先是都读到高电平（１１），再B读到高电平，A读到低电平（１０），则为顺时针转。

（4）当B相和A相先是都读到低电平（００），再B读到高电平，A读到低电平（１０），则为逆时针转。

（5）除通道A、通道B以外，还会设置一个额外的通道Z信号，表示编码器特定的参考位置。如图2.84所示，传感器转一圈后Z轴信号才会输出一个脉冲，在Z轴输出时，可以通过将AB通道的计数清零，实现对码盘绝对位置的计算。

（6）增量式编码器只输出设备的位置变化和运动方向，不会输出设备的绝对位置。

2. 绝对式编码器

增量式编码器增加零点的方法对有些工控项目比较麻烦，甚至不允许开机找零（开机后就要知道准确位置），于是就有了绝对编码器的出现。

绝对编码器是直接输出数字量的传感器，在它的圆形码盘上沿径向有若干同心码道，每条道上由透光和不透光的扇形区相间组成，相邻码道的扇区数目是双倍关系，码盘上的码道数就是它的二进制数码的位数，在码盘的一侧是光源，另一侧对应每一码道有一光敏元件；当码盘处于不同位置时，各光敏元件根据受光照与否转换出相应的电平信号，形成二进制数。这种编码器的特点是不要计数器，在转轴的任意位置都可以读出一个固定的与位置相对应的数字码。显然，码道越多，分辨率就越高，对于一个具有n位二进制分辨率的编码器，其码盘必须有n条码道。如图2.85所示。

绝对编码器光码盘上有许多道光通道刻线，每道刻线依次以2线、4线、8线、16线……

图 2.85 绝对式编码器工作原理图

绝对式码盘—自然二进制　　绝对式码盘—格雷码

编排，这样，在编码器的每一个位置，通过读取每道刻线的通、暗，获得一组从 2 的零次方到 2 的 $n-1$ 次方的唯一的 2 进制编码（格雷码），这就称为 n 位绝对编码器。这样的编码器是由光电码盘的机械位置决定的，它不受停电、干扰的影响。绝对编码器由机械位置决定的每个位置是唯一的，它无需记忆，无需找参考点，而且不用一直计数，什么时候需要知道位置，什么时候就去读取它的位置。这样，编码器的抗干扰特性、数据的可靠性大大提高了。

绝对值编码器为每一个轴的位置提供一个独一无二的编码数字值。单圈绝对值编码器把轴细分成规定数量的测量步，最大的分辨率为 13 位，这就意味着最大可区分 8192 个位置。

绝对式编码器在总体结构上与增量式比较类似，都是由码盘、检测装置和放大整形电路构成，但是具体的码盘结构和输出信号含义不同。它是将设备运动时的位移信息通过二进制编码的方式（特殊的码盘）变成数字量直接输出。其特点如下：

(1) 其码盘利用若干透光和不透光的线槽组成一套二进制编码，这些二进制码与编码器转轴的每一个不同角度是唯一对应的。

(2) 绝对式编码器的码盘上有很多圈线槽，被称为码道，每一条（圈）码道内部线槽数量和长度都不同。它们共同组成一套二进制编码，一条（圈）码道对应二进制数的其中一个位（通常是码盘最外侧的码道表示最低位，最内侧的码道表示最高位）。

(3) 码道的数量决定了二进制编码的位数，一个绝对式编码器有 n 条码道，则它输出二进制数的总个数是 2 的 n 次方个。

(4) 读取这些二进制码就能知道设备的绝对位置，所以称之为绝对式编码器。

(5) 编码方式一般采用自然二进制、格雷码或者 BCD 码等。

(6) 自然二进制的码盘易于理解，但当码盘的制造工艺有误差时，在两组信号的临界区域，所有码道的值可能不会同时变化，或因为所有传感器检测存在微小的时间差，导致读到错误的值。比如从 000 跨越到 111，理论上应该读到 111，但如果从内到外的 3 条码道没有完全对齐，可能会读到如 001 或其他异常值。

(7) 格雷码（相邻的两个 2 进制数只有 1 个位不同）码盘可以避免二进制码盘的数据读取异常，因为格雷码码盘的相邻两个信号组只会有 1 位的变化，就算制造工艺有误差导致信号读取有偏差，最多也只会产生 1 个偏差（相邻信号的偏差）。

3. 混合式绝对值编码器

混合式绝对值编码器，它输出两组信息：一组信息用于检测磁极位置，带有绝对信息功能；另一组则完全同增量式编码器的输出信息。

2.4.3 问题界定

1. 光电编码器的组成

光电编码器将位置信息转化为光脉冲信号以对其进行检测。光电编码器由发光元件、光敏元件、码盘（即一个刻有规则的透光和不透光线条的圆盘）组成。当安装在电机转轴上的码盘旋转时，固定住的发光元件发出的光经过码盘，产生透光和不透光的光脉冲。光敏元件检测到这些光脉冲后，转换成数字信号输出，如图2.86所示。

光电编码器检测透过编码盘的光脉冲信号，并将其转换为数字信号输出。光电编码器比磁性编码器更容易提高精度和分辨率，可用于强磁场的应用场合。反射式光电编码器更加易于小型化，另外编码器是通过堆叠方法制造的，因此组装过程会更加简化。

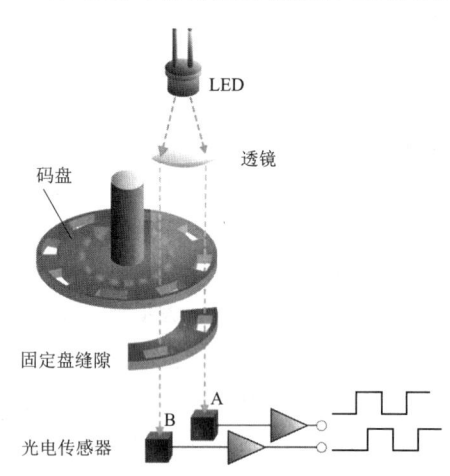

图 2.86 光电编码器工作原理示意图

（1）发光元件（LED）。光电编码器中的发光元件大都使用价格低廉的红外LED，但有时为了抑制光的扩散，会使用波长较短的有色LED。而对于要求高性能、高分辨率的应用，则会使用价格昂贵的激光二极管。

（2）透镜。LED发出的光是无方向性的漫射光，因此需要通过凸透镜使其平行。

（3）码盘。码盘是带有狭缝的圆盘，用于透过或遮挡LED发出的光。码盘的材质有金属、菲林和玻璃。金属对振动和温度、湿度的鲁棒性强，适用于工业领域；菲林的价格便宜，适合大批量生产，适用于消费产品应用；玻璃主要用于要求高精度和高分辨率的应用场合。另外，为了使光敏元件更好地接收通过码盘传输的透光或遮光信号，有时会在码盘的对侧安装固定发光元件。

（4）光敏元件。光敏元件通常是由硅（Si）、锗（Ge）、磷化铟镓（InGaP）等半导体材料制成的光电二极管或光电晶体管。

2. 光电编码器的分类

光电编码器从结构上分两种。一种是码盘夹在发光元件和光敏元件之间的"透射型"；另一种是发光元件和光敏元件在同一平面，通过码盘反射光源的"反射型"，如图2.87所示。

3. 光电编码器的分辨率

光电编码器的分辨率是由编码盘的狭

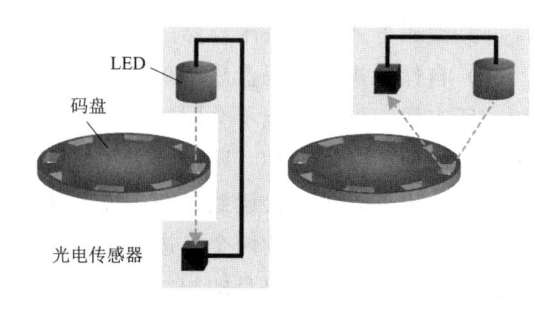

图 2.87 "透射型"和"反射型"码盘

缝的数量决定的。因此，为了实现高分辨率，需要增加码盘上狭缝数量，但为了兼顾编码器的小型化，又需要减少每个狭缝的面积。因此，对组件组装的精度要求很高，并且在某些地方达到了物理极限。

为了进一步提高分辨率，可以通过插值的方法，将 A 相、B 相输出信号由脉冲方波改为正余弦的模拟量信号，再由细分器分出更多的方波或者数字位置信息，如图 2.88 所示。这种方法叫做电子细分。这样，通过优化光学编码器发光元件、码盘、光敏元件的构造，减少模拟信号（正余弦信号）变形量，从而实现高分辨率、高精度。

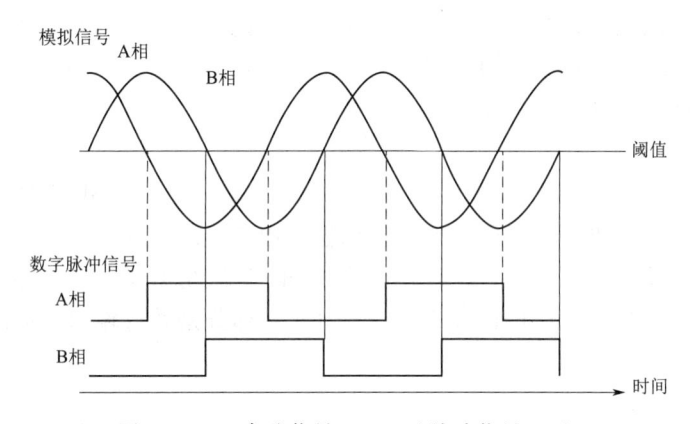

图 2.88　正余弦信号（上）及脉冲信号（下）

4. 光电编码器的优点及应用

光电式编码器的原理是检测光是否通过光栅码盘，在光栅的形状上下工夫就能轻松提高精度与分辨率。因此，可用于对精度要求较高的伺服控制系统和空心轴式电机。此外，由于不受周围磁场的影响，可以用于产生强磁场的应用场合。光电编码器检测透过码盘的光脉冲信号，并将其转换为数字信号输出。光电编码器比磁性编码器更容易提高精度和分辨率，可用于强磁场的应用场合。反射式光电编码器更加易于小型化，另外编码器是通过堆叠方法制造的，因此组装过程会更加简化。

2.4.4　方法梳理

编码器是一种将物理量（如角度、线位移等）转换为数字信号的传感器，广泛应用于工业自动化、机器人、航空航天、交通运输等领域。编码器技术参数具体如下。

1. 分辨率

指编码器能够分辨的最小单位。

对于增量式编码器，其分辨率表示为编码器转轴旋转一圈所产生的脉冲数，即脉冲数/转（Pulse Per Revolution 或 PPR）。

码盘上透光线槽的数目其实就等于分辨率，也叫多少线，较为常见的有 5～6000 线。对于绝对式编码器，内部码盘所用的位数就是它的分辨率，单位是位（bit），具体还分单圈分辨率和多圈分辨率。

2. 精度

精度与分辨率是两个不同的概念。精度是指编码器每个读数与转轴实际位置间的最大误差，通常用角度、角分或角秒来表示。例如有些绝对式编码器参数表里会写±20″，这个就表示编码器输出的读数与转轴实际位置之间存在正负 20 角秒的误差。

精度由码盘刻线加工精度、转轴同心度、材料的温度特性、电路的响应时间等各方面因素共同决定。

3. 最大响应频率

指编码器每秒输出的脉冲数，单位是 Hz。计算公式为

$$最大响应频率=分辨率×轴转速/60$$

例如，某电机的编码器的分辨率为 100（即光电码盘一圈有 100 条栅格），轴转速为 120 转每分钟（即每秒转 2 圈），则响应频率为 $100×120/60=200(Hz)$，即该转速下，编码器每秒输出 200 个脉冲（电机带动编码器转了 2 圈）。

4. 信号输出形式

对于增量式编码器，每个通道的信号独立输出，输出电路形式通常有集电极开路输出、推挽输出、差分输出等。对于绝对式编码器，由于是直接输出几十位的二进制数，为了确保传输速率和信号质量，一般采用串行输出或总线型输出，例如同步串行接口（SSI）、RS485、CANopen 或 EtherCAT 等，也有一部分是并行输出，输出电路形式与增量式编码器相同。

5. 编码器倍频

什么是编码器倍频？比如某光栅编码器一圈有 N 个栅格，理论上电机带动编码器转一圈，只能输出 N 个信号，通过倍频技术，可以实现转一圈，却能输出 $N×n$ 个信号，这里的 n 为倍频数。

增量式编码器输出的脉冲波形一般为占空比 50% 的方波，通道 A 和 B 相位差为 90°。

如果只使用通道 A 计数，并且只捕获通道 A 的上升沿，则一圈的计数值=码盘的栅格数，即为 1 倍频（没有倍频），如图 2.89 中的 X1 倍频所示。

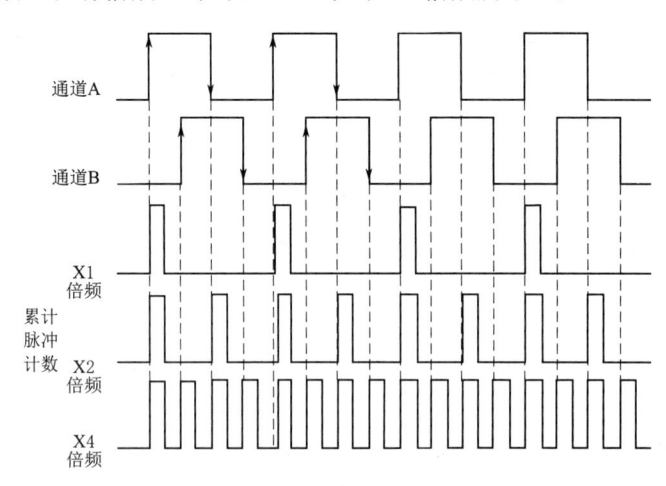

图 2.89 编码器倍频原理图

如果只使用通道 A 计数，并且捕获了通道 A 的上升沿和下降沿，则编码器转一圈的计数值翻倍，实现 2 倍频，如图 2.89 中的 X2 倍频所示。

如果既使用通道 A 计数，又使用通道 B 计数，且都捕获了上升沿和下降沿，则实现了 4 倍频，如图 2.89 中的 X4 倍频所示。

假设某个增量式编码器它的分辨率是 600PPR，能分辨的最小角度是 0.6°，对它进行 4 倍频之后就相当于把分辨率提高到了 600×4＝2400（PPR），此时编码器能够分辨的最小角度为 0.15°。

2.4.5 巩固强化

1. M 法测速（频率测量法）

该方法是在一个固定的时间内（以秒为单位），统计这段时间的编码器脉冲数，计算速度值。M 法适合测量高速。

假设：①编码器单圈总脉冲数为 C（常数）；②统计时间为 T_0（固定值，单位秒）；③该时间内统计到的编码器脉冲数为 M_0（测量值）。则转速 n（圈/秒）的计算公式为

$$n=\frac{M_0}{C \cdot T_0}$$

如何理解这个公式呢？

式中，$\frac{M_0}{C}$ 即统计时间内有多少个编码器脉冲，再除以统计时间 T_0，即 1s（单位时间）内转了多少圈。

【案例 2.8】 统计时间 T_0 为 3s，在 3s 内测得的脉冲数 M_0 为 60，而编码器的单圈脉冲数 C 为 20，则转速 $n=60/(20×3)=1$(圈/秒)。

由于 C 是常数，所以转速 n 跟 M_0 成正比。这就使得：

(1) 在高速时，测量时 M_0 变大，可以获得较好的测量精度和平稳性。

(2) 但在低速时（低到每个 T_0 内只有少数几个脉冲），此时算出的速度误差就会比较大，并且很不稳定。

如图 2.90 所示，方波为编码器某一通道输出的脉冲。

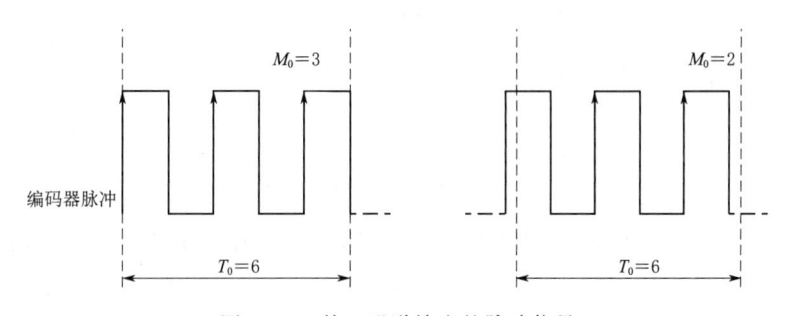

图 2.90 某一通道输出的脉冲信号

当转速较高时，每个统计时间 T_0 内的计数值较大，可以得到较准确的转速测量值。

当转速较低时，每个统计时间 T_0 内的计数值较小，由于统计时间的起始位置与编码器脉冲的上升沿不一定对应，当统计时间的起始位置不同时，会有一个脉冲的误差（只统计上升沿时，最多会有 1 个脉冲误差，统计上升沿和下降沿时，最多会有 2 个脉冲的误差）。

通过倍频提高单位时间测得的脉冲数可以改善 M 法在低速测量的准确性（比如原本捕获到的脉冲 M_0 只有 4 个，经过 4 倍频后，相同电机状态 M_0 变成了 16 个），但也不能从根本上改变低速时的测量问题。

2. T 法测速（周期测量法）

建立一个已知频率的高频脉冲并对其计数。T 法适合测量低速。

假设：①编码器单圈总脉冲数为 C（常数）；②高频脉冲的频率为 F_0（固定值，单位 Hz）；③捕获到编码器相邻两个脉冲的间隔时间为 T_E，其间的计数值为 M_1（测量值）。则转速 n 的计算公式为

$$n = \frac{1}{C \cdot T_E} = \frac{F_0}{C \cdot M_1}$$

式中：$\frac{1}{T_E}$ 即 1s 内有多少个编码器脉冲，再除以一圈的脉冲数 C，即 1s 内转了多少圈；$\frac{F_0}{M_1}$ 即 1s 内的高频脉冲数除以两编码器脉冲间的高频脉冲数，也即 1s 内有多少个编码器脉冲，再除以一圈的脉冲数 C，即 1s 内转了多少圈。

【案例 2.9】 高频脉冲的周期是 1ms，即频率 F_0 为 1000Hz，在编码器的两个脉冲之间，产生的高频脉冲数 M_1 为 50 个（即两个编码器脉冲的间隔 T_E 为 0.05s），编码器一圈的脉冲数 C 为 20，则转速 $n = 1000/(50 \times 20) = 1$ 圈/s。

由于 C 和 F_0 是常数，所以转速 n 跟 M_1 成反比。这就使得：

(1) 在高速时，编码器脉冲间隔时间 T_E 很小，使得测量周期内的高频脉冲计数值 M_1 也变得很少，导致测量误差变大。

(2) 在低转速时，T_E 足够大，测量周期内的 M_1 也足够多，所以 T 法和 M 法刚好相反，更适合测量低速。

如图 2.91 所示，黑色方波为编码器某一通道输出的脉冲，黄色方波为高频测量脉冲。

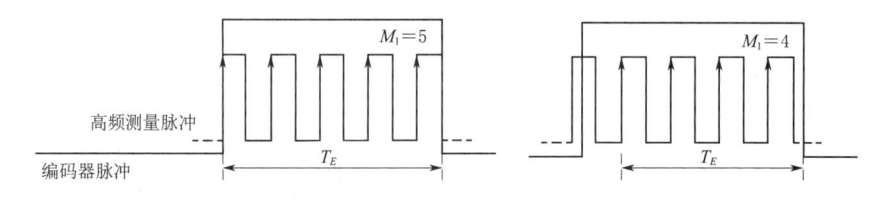

图 2.91 某一通道输出的脉冲和高频测量脉冲

当转速较低时，高频测量脉冲数 M_1 较大，可以得到较准确的转速测量值。当转速较高时，编码器两脉冲间的时间间隔变短，导致高频测量脉冲数 M_1 较小，由于高频脉冲的上升沿位置与编码器脉冲的上升沿不一定对应，当两波的上升沿位置不同时，会有一个脉冲的误差。

3. M/T 法测速

该方法综合了 M 法和 T 法各自的优势，既测量编码器脉冲数又测量一定时间内的高频脉冲数。

在一个相对固定的时间内，假设：①编码器脉冲数产生 M_0 个（测量值）；②计数一

个已知频率为 F_0（固定值，单位 Hz）的高频脉冲，计数值为 M_1（测量值），计算速度值；③编码器单圈总脉冲数为 C（常数）。则转速 n 的计算公式为

$$n = \frac{F_0 \cdot M_0}{C \cdot M_1}$$

【案例 2.10】 如图 2.92 所示，在一个相对固定的时间内，编码器脉冲数 M_0 为 3 个；高频脉冲的周期是 1ms，即频率 F_0 为 1000Hz，产生的高频脉冲数 M_1 为 150 个；编码器一圈的脉冲数 C 为 20，则转速 $n=1000×3/(150×20)=1$ 圈/s。

由于 M/T 法公式中的 F_0 和 C 是常数，所以转速 n 就只受 F_0 和 M_1 的影响。

（1）高速时，M_0 增大，M_1 减小，相当于 M 法。

（2）低速时，M_1 增大，M_0 减小，相当于 T 法。

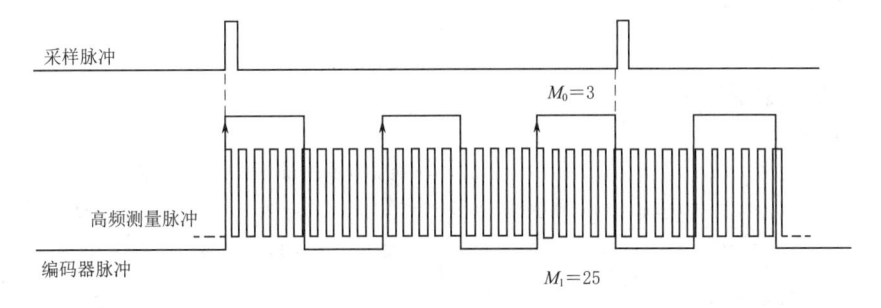

图 2.92 编码器脉冲数

知识小结

光电编码器是一种将物理量（如角度、线位移等）转换为数字信号的传感器，主要利用光电效应将输入的物理量转换为电信号。它广泛应用于工业自动化、机器人、航空航天、交通运输等领域。

光电编码器的核心部件是编码盘（Disk），码盘上沿径向有若干同心码道，每条道上由透光和不透光的扇形区相间组成。相邻码道的扇区数目是双倍关系，编码盘上的码道数就是它的二进制数码的位数。在编码盘的一侧是光源，另一侧对应每一码道有一光敏元件。当编码盘处于不同位置时，各光敏元件根据受光照与否转换出相应的电平信号，形成二进制数。

根据光电编码器产生脉冲的方式不同，可以分为增量式、绝对式以及复合式三大类。按编码器运动部件的运动方式来分，可以分为旋转式和直线式两种。旋转式光电编码器容易做成全封闭型式，易于实现小型化，传感长度较长，具有较长的环境适用能力。

在实际应用中，光电编码器主要用于速度或位置（角度）的检测。典型的光电编码器由编码盘、检测光栅、光电转换电路（包括光源、光敏器件、转换电路）和机械部件等组成。

光电编码器具有以下优势。

(1) 精度高。光电编码器通过光电效应将输入的物理量转换为数字信号，具有较高的精度，可达到纳米级别的测量精度。

(2) 响应速度快。光电编码器具有较快的响应速度，能够实时检测和输出物理量的变化，适用于高速运动和动态测量场景。

(3) 抗干扰能力强。光电编码器信号转换过程不涉及电接触，因此具有较高的抗电磁干扰和抗射频干扰能力，能在恶劣环境中稳定工作。

(4) 可靠性高。光电编码器结构简单，无接触磨损，使用寿命长，具有较高的可靠性。

(5) 适用范围广。光电编码器可将多种物理量（如角度、线位移等）转换为数字信号，适用于多种应用场景，如工业自动化、机器人、航空航天、交通运输等。

思政小故事

黄昆，固体物理、半导体物理学家，原籍浙江，1919年9月生于北京。1941年毕业于燕京大学，1948年获英国布里斯托尔大学博士学位，1980年当选为瑞典皇家科学院外籍院士，1985年当选为第三世界科学院院士，中国科学院半导体研究所名誉所长。主要从事固体物理理论、半导体物理学等方面的研究并取得多项国际水平的成果，是中国半导体物理学研究的开创者之一。20世纪50年代与合作者首先提出多声子的辐射和无辐射跃迁的量子理论即"黄—佩卡尔理论"；首先提出晶体中声子与电磁波的耦合振动模式及有关的基本方程（被誉为黄方程）。40年代首次提出固体中杂质缺陷导致X光漫散射的理论（被誉为黄散射）。证明了无辐射跃迁绝热近似和静态耦合理论的等价性，澄清了这方面的一些根本性问题。获2001年度国家最高科学技术奖。1955年当选为中国科学院院士（学部委员）。

黄昆先生是世界著名的物理学家，他对固体物理学做出了许多开拓性的重大贡献，是中国固体物理学和半导体物理学的奠基人之一。黄昆先生一贯强调德才兼备、教书与育人相结合的教育原则，呕心沥血、教诲提携，以极大精力投入为国家培养科技人才的光荣事业，认为在中国培养一支科技队伍的重要性远远超过他个人在学术上的成就，堪称中国科学界的典范。黄昆先生为我们留下的不仅是一些举世瞩目的科学成果，还有在科学研究上不断创新、勇于探索的精神，还有严谨求实的治学态度和淡泊明志的高尚情操。他对祖国的赤子之情，对事业的赤子之诚，对党的赤诚之心和高尚的情操将垂范世人，启迪后学。

2.4.6 巩固习题

1. 光电传感器主要包括哪些类型？分别有什么优点和缺点？
2. 阐述光电传感器的工作过程。
3. 阐述光电编码器的工作原理与作用。
4. 阐述光电编码器的分辨率。

<项目2 拓展视频：
热电式传感器　热电偶>

项目 3　复杂环境中多传感器信息融合系统

一、学习目标

1. 知识目标
- 了解多传感器信息融合体系结构。
- 掌握不同类型传感器中数据融合形式。
- 掌握多传感器数据融合与智能传感器数据传输的工作原理。
- 了解多传感器在选型和应用过程中的优点与局限性。
- 掌握无线传感器网络系统的结构和特点。

2. 能力目标
- 能够根据工业控制过程中需求进行多传感器初步部署。
- 能够判断多传感器融合的工作范围和局限性。
- 能够理解智能传感器数据处理和传输方式。
- 能够理解常见多传感器融合过程。

3. 素质目标
- 养成精益求精的质量意识和工匠精神。
- 养成数字化信息素养。
- 养成技术创新思维。

二、知识图谱

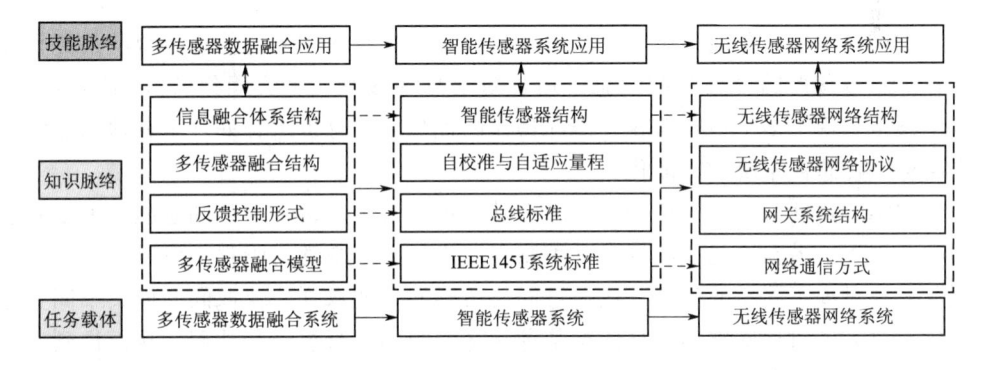

技能脉络	多传感器数据融合应用	智能传感器系统应用	无线传感器网络系统应用
知识脉络	信息融合体系结构 多传感器融合结构 反馈控制形式 多传感器融合模型	智能传感器结构 自校准与自适应量程 总线标准 IEEE1451系统标准	无线传感器网络结构 无线传感器网络协议 网关系统结构 网络通信方式
任务载体	多传感器数据融合系统	智能传感器系统	无线传感器网络系统

任务 3.1　多传感器数据融合系统

3.1.1　案例引入

> 单一传感器获得的信息非常有限，而且，还要受到自身品质和性能的影响，因此，智能机器人通常配有数量众多的不同类型的传感器，以满足探测和数据采集的需要。多传感器融合又称多传感器信息融合，有时也称作多传感器数据融合。可增加各个传感器之间的信息互通，提高整个系统的可靠性和稳健性，增强数据的可信度，提高精度，扩展系统的时间、空间覆盖率，增加系统的实时性和信息利用率等。随着机器人技术的不断发展，机器人的应用领域和功能有了极大的拓展和提高。智能化已成为机器人技术的发展趋势，而传感器技术则是实现机器人智能化的基础之一。由于单一传感器获得的信息非常有限，而且，还要受到自身品质和性能的影响，因此，智能机器人通常配有数量众多的不同类型的传感器，以满足探测和数据采集的需要。若对各传感器采集的信息进行单独、孤立地处理，不仅会导致信息处理工作量的增加，而且，割断了各传感器信息间的内在联系，丢失了信息经有机组合后可能蕴含的有关环境特征，造成信息资源的浪费，甚至可能导致决策失误。那么它是如何解决新的问题呢？

3.1.2　原理分析

多传感器信息融合（Multi-sensor Information Fusion，简称 MSIF），就是利用计算机技术将来自多传感器或多源的信息和数据，在一定的准则下加以自动分析和综合，以完成所需要的决策和估计而进行的信息处理过程。

多传感器信息融合技术的基本原理就像人的大脑综合处理信息的过程一样，将各种传感器进行多层次、多空间的信息互补和优化组合处理，最终产生对观测环境的一致性解释。

在这个过程中要充分地利用多源数据进行合理支配与使用，而信息融合的最终目标则是基于各传感器获得的分离观测信息，通过对信息多级别、多方面组合导出更多有用信息。这不仅是利用了多个传感器相互协同操作的优势，而且也综合处理了其他信息源的数据来提高整个传感器系统的智能化。

从生物学的角度来看，人类和自然界中其他动物对客观事物的认知过程，就是对多源数据的融合过程。人类不是单纯依靠一种感官，而是通过视觉、听觉、触觉、嗅觉等多种感官获取客观对象不同质的信息，或通过同类传感器（如双耳）获取同质而又不同量的信息，然后通过大脑对这些感知信息依据某种未知的规则进行组合和处理，从而得到对客观对象和谐与统一的理解和认识。这一处理过程是复杂的，也是自适应的，它将各种信息（图像、声音、气味和触觉）转换为对环境的有价值的解释。自动化数据融合系统实际上就是模仿这种由感知到认知的过程。

多传感器系统可以用于地球环境监测。主要应用于对地面的监视，以便识别和监视地貌、气象模式、矿产资源、植物生长、环境条件和威胁情况（如原油泄漏、辐射泄漏等）。

1. 信息融合系统的体系结构类型

在信息融合处理过程中，根据对原始数据处理方法的不同，信息融合系统的体系结构主要有三种：集中式、分布式和混合式。

（1）集中式。集中式将各传感器获得的原始数据直接送至中央处理器进行融合处理，可以实现实时融合，其数据处理的精度高，算法灵活，缺点是对处理器要求高，可靠性较低，数据量大，故难于实现。

（2）分布式。每个传感器对获得的原始数据先进行局部处理，包括对原始数据的预处理、分类及提取特征信息，并通过各自的决策准则分别作出决策，然后将结果送入融合中心进行融合以获得最终的决策。分布式对通信带宽需求低、计算速度快、可靠性和延续性好，但跟踪精度没有集中式高。

（3）混合式。大多情况是把上述二者进行不同的组合，形成一种混合式结构。它保留了上述两类系统的优点，但在通信和计算上要付出较昂贵的代价。但是，此类系统也有上述两类系统难以比拟的优势，在实际场合往往采用此类结构。

2. 多传感器融合系统的显著特点

（1）信息的冗余性。对于环境的某个特征，可以通过多个传感器（或者单个传感器的多个不同时刻）得到它的多份信息，这些信息是冗余的，并且具有不同的可靠性，通过融合处理，可以从中提取出更加准确和可靠的信息。此外，信息的冗余性可以提高系统的稳定性，从而能够避免因单个传感器失效而对整个系统所造成的影响。

（2）信息的互补性。不同种类的传感器可以为系统提供不同性质的信息，这些信息所描述的对象是不同的环境特征，它们彼此之间具有互补性。如果定义一个由所有特征构成的坐标空间，那么每个传感器所提供的信息只属于整个空间的一个子空间，和其他传感器形成的空间相互独立。

（3）信息处理的及时性。各传感器的处理过程相互独立，整个处理过程可以采用并行导热处理机制，从而使系统具有更快的处理速度，提供更加及时的处理结果。

（4）信息处理的低成本性。多个传感器可以花费更少的代价来得到相当于单传感器所能得到的信息量。另一方面，如果不将单个传感器所提供的信息用来实现其他功能，单个传感器的成本和多传感器的成本之和是相当的。

数据融合过程主要由数据校准、相关、识别、估计等部分组成。其中校准与相关是识别和估计的基础，数据融合在识别和估计中进行。校准、相关、识别和估计贯穿于整个多传感器数据融合过程，既是融合系统的基本功能，也是制约融合性能的关键环节。如图3.1所示，数据融合过程包括数据检测、数据校准、数据相关、参数估计、目标识别、行为估计。

多传感器数据融合形式包括数据级融合（图3.2）、特征级融合（图3.3）、决策级融合（图3.4）。

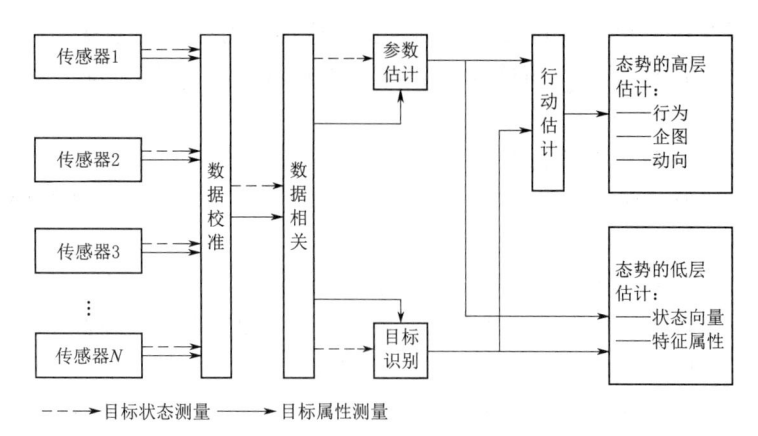

图 3.1 数据融合过程示意图

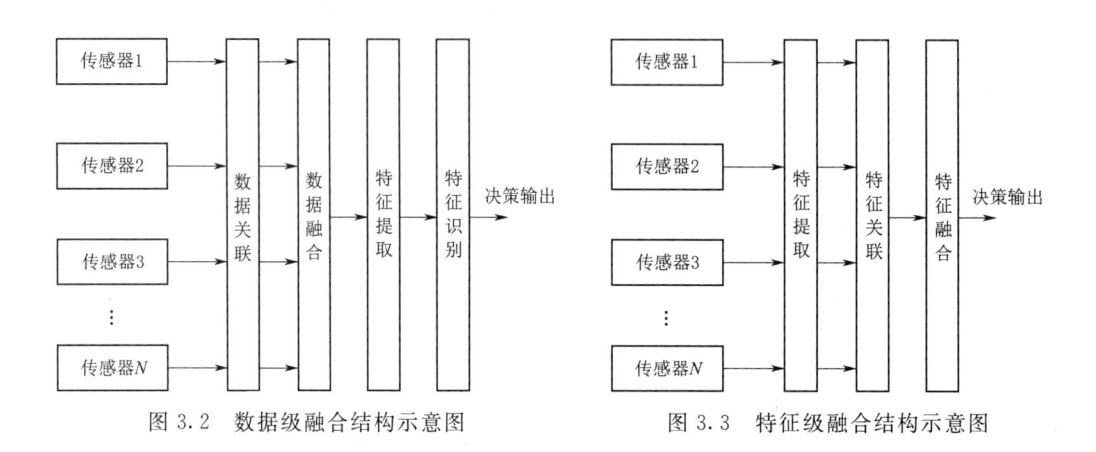

图 3.2 数据级融合结构示意图

图 3.3 特征级融合结构示意图

3.1.3 问题界定

1. 多传感器数据融合结构

(1) 串联型融合，如图 3.5 所示。

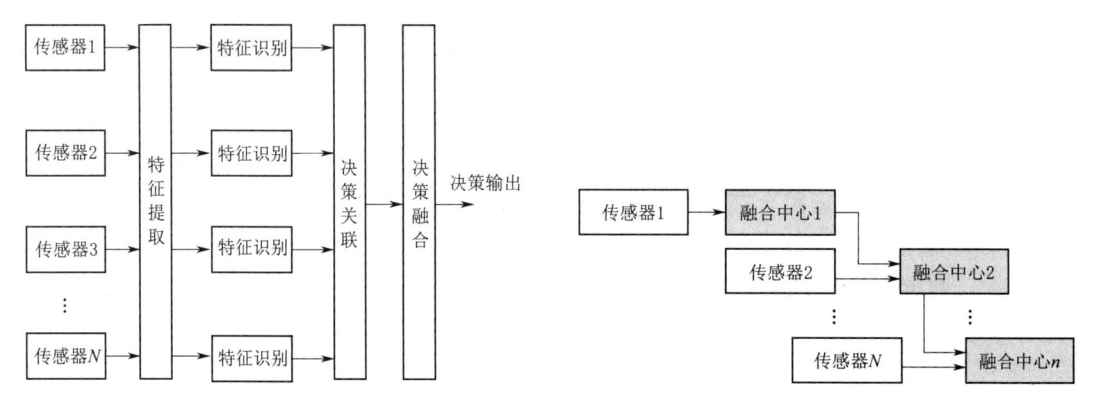

图 3.4 决策级融合结构示意图

图 3.5 串联型融合结构示意图

(2) 并联型融合，如图 3.6 所示。

(3) 混联型融合，如图 3.7 所示。

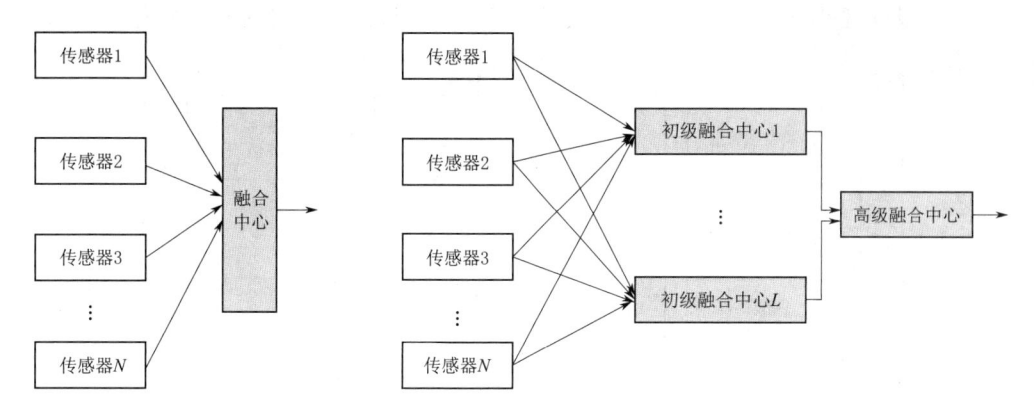

图 3.6 并联型融合结构示意图

图 3.7 混联型融合结构示意图

从数据融合的控制关系来看，反馈型多传感器数据融合过程中，传感器或数据融合中心的处理方式及判断规则受数据融合中心最终决策或中间决策的影响。数据处理依赖于一个反馈控制过程，这种反馈可以是正反馈，也可以是负反馈。反馈控制可分为决策对传感器的控制（图 3.8）、对数据融合中心的控制（图 3.9），以及中间决策输出对传感器的控制（图 3.10）三种。

图 3.8 输出决策对传感器的反馈控制

图 3.9 决策对融合中心的反馈控制

对传感器的控制多体现在对传感器策略、精度的控制、对传感器跟踪目标的跟踪控制等。对融合中心的控制包括对融合中心判断规则的控制、对融合中心数据融合方式的控制、对融合中心某一参数的控制等。

2. 反馈控制过程类型

多传感器数据融合系统的模型设计是多传感器数据融合的关键问题，取决于实际需求、环境条件、计算机、通信容量及可靠性要求等，模型设计直接影响融合算法的结构、性能和融合系统的规模。

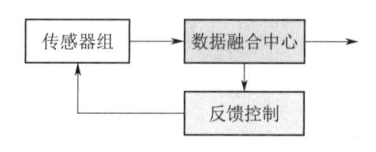

图 3.10 中间决策输出对传感器的反馈控制

3.1.4 方法梳理

多传感器数据融合模型实际上是一种数据融合的组织策略，根据任务、要求和设计者认识不同，模型设计千差万别。目前流行的有多种数据融合模型，其中 JDL 数据融合模型最具通用性。

1. JDL 模型

JDL 数据融合模型如图 3.11 所示，数据融合过程包括五级处理和数据库、人机接口支持等。五级处理并不意味着处理过程的时间顺序，实际上，处理过程通常是并行的。

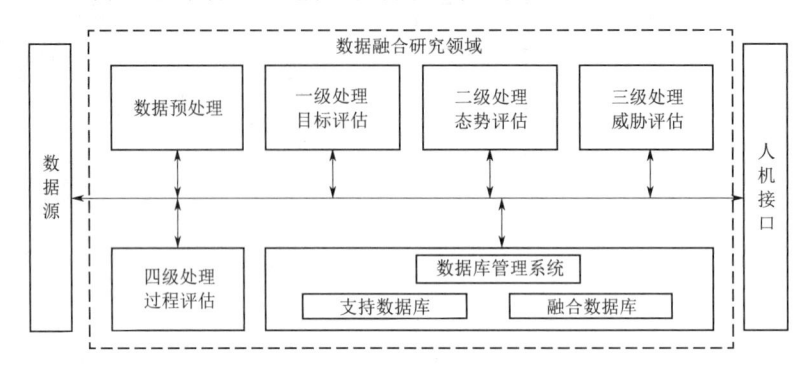

图 3.11 JDL 数据融合模型

2. Boyd 控制环

Boyd 控制环包括四个处理环节，如图 3.12 所示。

(1) 观测环节获取目标信息，与 JDL 模型的数据预处理功能相当。

(2) 定向环节确定对象的基本特征，与 JDL 模型的目标评估、态势评估和威胁评估功能相当。

(3) 决策环节确定最佳评估，制定反馈控制策略，与 JDL 模型过程优化与评估功能相当。

(4) 执行环节利用反馈控制调整传感系统状态，获取额外数据等。JDL 模型没有这一环节。

3. Waterfall 模型

Waterfall 模型的数据融合过程包括三个层次，如图 3.13 所示。

图 3.12 Boyd 控制环

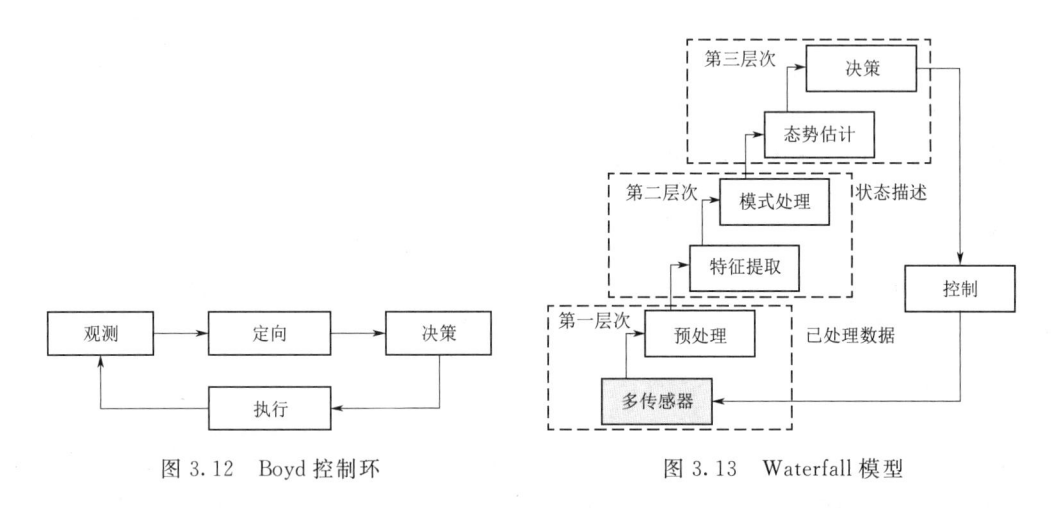

图 3.13 Waterfall 模型

(1) 基于传感模型和物理测量模型对原始数据进行预处理。

(2) 进行特征提取和特征融合以获取信息的抽象表达，减少数据量，提高信息传递效率，第二层次的输出是关于对象特征的估计及其置信度。

（3）利用现有知识对对象特征进行评价，形成关于对象、事件或行为的认识。传感器系统利用第三层次形成的反馈信息不断调整自身状态和数据准备策略，进行重新设置和标定等，提高传感信息的利用率。

4. Dasarathy 模型

Dasarathy 模型充分注意到传感器数据融合中数据融合、特征融合和决策融合三者往往交替应用或联合使用的事实，根据所处理信息的类型对数据融合功能进行了归纳，明确了五种可能的融合形式，见表3.1。

表 3.1　　　　　　　　　　五 种 融 合 形 式

输入形式	输出形式	符号表示	功能定义
数据	数据	DAI – DAO	数据融合
数据	特征	DAI – FEO	特征选择与提取
特征	特征	FEI – FEO	特征融合
特征	决策	FEI – DEO	模式识别与处理
决策	决策	DEI – DEO	决策融合

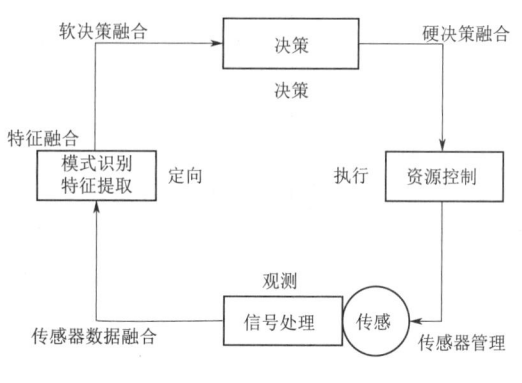

5. OMNIBUS 模型

OMNIBUS 模型是 Boyd 控制环、Dasarathy 模型和 Waterfall 模型的混合，其结构如图 3.14 所示，既体现了数据融合过程的循环本质，用融合结论调整传感器系统的状态，提高信息融合的有效性，又细化了数据融合过程中各个环节的任务，改善了数据融合实现的可组合性。

6. 多传感器集成融合模型

根据传感器所提供信息的等级参加不同融合中心的数据融合，低等级的传感器输出原始数据或信号，高等级的传感器输出特征或抽象符号信息，融合结论在最高等级的融合中心产生，辅助信息系统为各融合中心提供资源，包括各种数据库、知识表达、特征解析、决策逻辑等，如图 3.15 所示。

图 3.14　OMNIBUS 模型

3.1.5　巩固强化

多传感器数据融合算法基本类型，如图 3.16 所示。

在物理模型中，根据物理模型模拟出可观测或可计算的数据，并把观测数据与预先存储的对象特征进行比较，或将观测数据特征与物理模型所得到的模拟特征进行比较。比较过程涉及计算预测数据和实测数据的相关关系。如果相关系数超过一个预先设定的值。则认为两者存在匹配关系（身份相同）。这类方法中，Kalman 滤波技术最为常用。

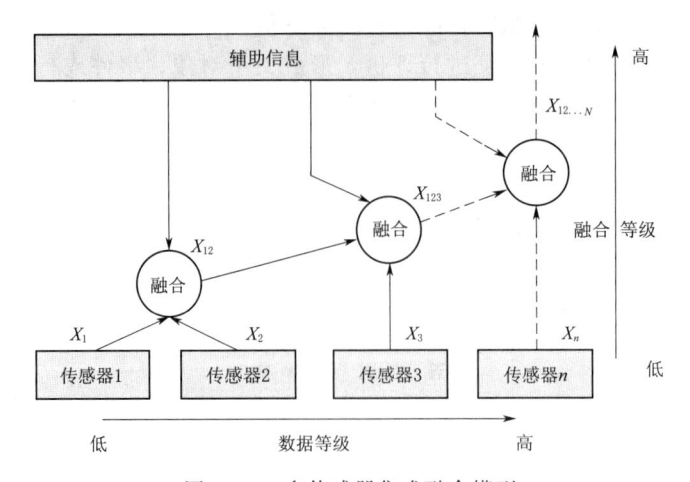

图 3.15 多传感器集成融合模型

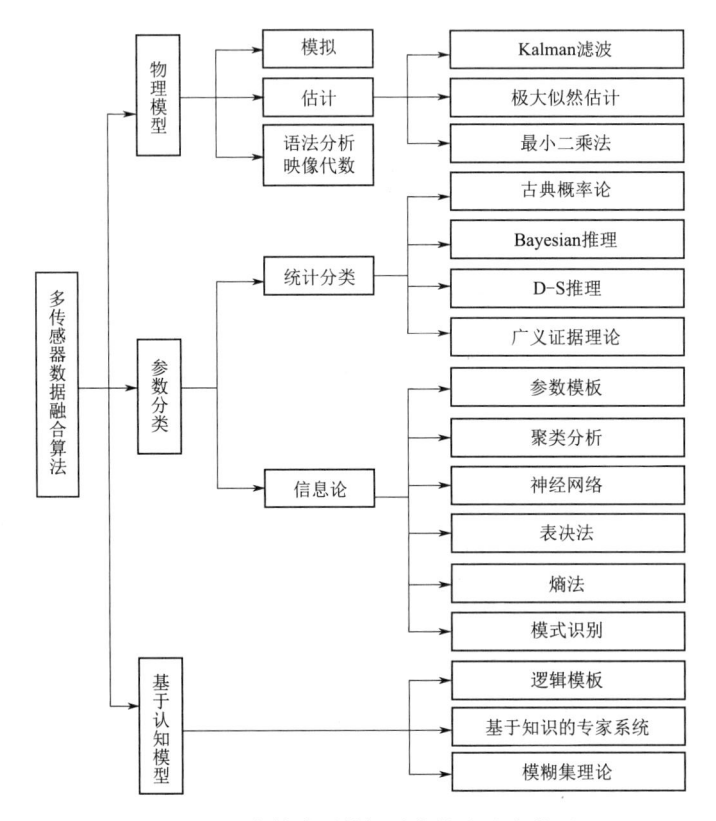

图 3.16 多传感器数据融合算法基本类型

参数分类技术依据参数数据获得属性说明,在参数数据(如特征)和一个属性说明之间建立一种直接的映像。参数分类分为有参技术和无参技术两类,有参技术需要身份数据的先验知识,如分布函数和高阶矩等;无参技术则不需要先验知识。常用的参数分类方法包括 Bayesian 估计、D-S 推理、人工神经网络、模式识别、聚类分析、信息熵法等。

基于认知的方法主要是模仿人类对属性判别的推理过程,可以在原始传感器数据或数据特征基础上进行。基于认知的方法在很大程度上依赖于一个先验知识库。有效的知识库利用知识工程技术建立，这里虽然未明确要求使用物理模型，但认知建立在对待识别对象组成和结构有深入了解的基础上，因此，基于认知的方法采用启发式的形式代替了数学模型。当目标物体能依据其组成及相互关系来识别时，这种方法尤其有效。

1. Kalman 滤波

Kalman 滤波实时融合动态的低层次传感器冗余数据，只需当前的一个测量值和前一个采样周期的预测值就能进行递推估计。如果系统具有线性动力学模型，且系统噪声和传感器噪声可用白噪声模型来表示，Kalman 滤波为融合数据提供了统计意义下的最优估计。

离散序列的一阶递推估计模型如图 3.17 所示。

$$S(k)=aS(k-1)+\omega(k-1)$$

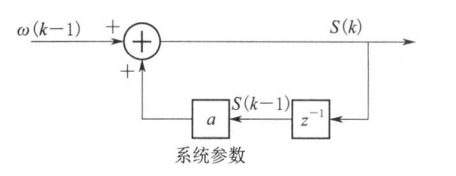

图 3.17　一阶递推估计模型

实际中的很多序列都适合用这种自回归模型来描述，例如，飞机以某一速度飞行，飞行员可以根据飞行条件做机动飞行，所产生的速度变化取决于两个因素：系统总的响应时间和由于加速度随机变化造成的速度随机起伏。若用 $S(k)$ 表示 k 时刻的飞行速度，用 $\omega(k)$ 表示改变飞机速度的各种外在因素，如云层及阵风等。这些随机因素对飞机速度的影响是通过参数 a（代表飞机受惯性和空气阻力等影响）完成的。

Kalman 滤波可以实现不同层次的数据融合。集中融合结构在系统融合中心采用 Kalman 滤波技术，可以得到系统的全局状态估计信息。传感器数据自低层向融合中心单方向流动，各传感器之间缺乏必要的联系。分散融合结构在对每个节点进行局部估计的基础上，接受其他节点传递来的信息进行同化处理，形成全局估计。分散融合结构网络中，任何一个节点都可以独立作出全局估计，某一节点的失效不会显著地影响系统正常工作，其他节点仍可以对全局作出估计，有效地提高了系统的鲁棒性和容错性。

2. 基于 Bayes 理论数据融合

利用 Bayes 方法进行数据融合的过程如图 3.18 所示。

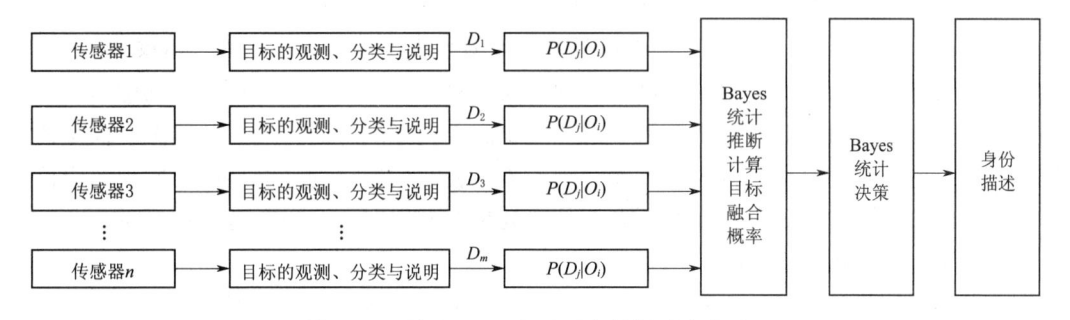

图 3.18　利用 Bayes 方法进行数据融合的过程

（1）将每个传感器关于对象的观测转化为对象属性的说明，即

$$D_1, D_2, \cdots, D_m$$

（2）计算每个传感器关于对象属性说明的不确定性，即

$$P(D_j|O_i) \quad i=1,2,\cdots,n; j=1,2,\cdots,m$$

(3) 计算对象属性的融合概率，即

$$P(O_i \mid D_1, D_2, \cdots, D_m) = \frac{P(D_1, D_2, \cdots, D_m \mid O_i) P(O_i)}{\sum_{i=1}^{n} P(D_1, D_2, \cdots, D_m \mid O_i) P(O_i)} \quad i = 1, 2, \cdots, n; j = 1, 2, \cdots, m$$

运用 Bayes 方法中的条件概率进行推理，能够在出现某一证据时给出假设事件在此证据发生的条件概率，能够嵌入一些先验知识，实现不确定性的逐级传递。但它要求各证据之间都是相互独立的，当存在多个可能假设和多条件相关事件时，计算复杂性增加。另外，Bayes 方法要求有统一的识别框架，不能在不同层次上组合证据。

3. 基于神经网络数据融合

人工神经网络源于大脑的生物结构，神经元是大脑的一个信息处理单元，包括细胞体、树突和轴突。神经元利用树突整合突触所接收到的外界信息，经轴突将神经冲动由细胞体传至其他神经元或效应细胞。神经网络使用大量的处理单元（即神经元）处理信息，神经元按层次结构的形式组织，每层上的神经元以加权的方式与其他层上的神经元连接，采用并行结构和并行处理机制，具有很强的容错性以及自学习、自组织及自适应能力，能够模拟复杂的非线性映射。

神经网络的结构、功能特点和强大的非线性处理能力，如图 3.19 所示，恰好满足了多源信息融合技术处理的要求，人工神经网络以其泛化能力强、稳定性高、容错性好、快速有效的优势，在数据融合中的应用日益受到重视。

如果将数据融合划分为三级，并针对具体问题将处理功能赋予信息处理单元，可以用三层神经网络描述融合模型。第一层神经元对应原始数据层融合。第二层完成特征层融合，并根据前一层提取的特征，做出决策。第三层为输出层，对于目标识别，输出就是目标识别结论及其置信度；对于跟踪问题，输出就是目标轨迹及误差。输出层对应决策融合，决策层的输入输出都应该为软决策及对应决策的置信度。

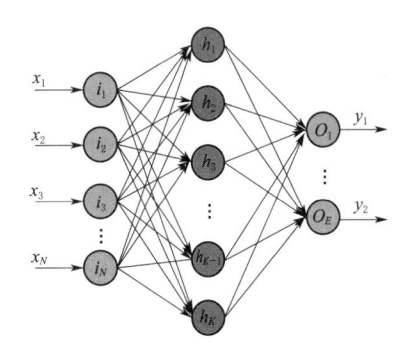

图 3.19 神经网络模型

融合模型的全并行结构对应神经网络的跨层连接。决策信息处理单元组的输出可以作为原始数据层数据融合单元组的输入，对应数据融合模型的层间反馈。数据融合模型的内环路对应前向神经网络中层内的自反馈结构。不论在数据融合的哪个层次，同层各个信息处理单元组或同一信息处理单元组的各个信息处理单元之间或多或少地存在联系。

人工神经网络信息融合具有如下性能。

(1) 神经网络的信息统一存储在网络的连接权值和连接结构上，使得多源信息的表示具有统一的形式，便于管理和建立知识库。

(2) 神经网络可增加信息处理的容错性，当某个传感器出现故障或检测失效时，神经网络的容错功能可以使融合系统正常工作，并输出可靠的信息。

(3) 神经网络具有自学习和自组织功能，能适应工作环境的不断变化和信息的不确定性对融合系统的要求。

(4) 神经网络采用并行结构和并行处理机制，信息处理速度快，能够满足信息融合的实时处理要求。

4. 基于专家系统的数据融合

专家系统（expert system）是一个具有大量专门知识与经验的程序系统，根据某领域一个或多个专家提供的知识和经验，进行推理和判断，模拟人类专家的决策过程，以便解决那些需要人类专家处理的复杂问题。专家系统具有如下特点。

(1) 启发性。专家系统能运用专家的知识和经验进行推理、判断和决策。

(2) 透明性。专家系统能够解释本身的推理过程和回答用户提出的问题，用户能够了解推理过程，提高对专家系统的信赖感。

(3) 灵活性。专家系统能不断地增长知识，修改原有知识，不断更新，不断充实和丰富系统内涵，完善系统功能。

一个典型的专家系统由知识库、推理器和用户接口三部分组成，如图 3.20 所示。

知识库组织事实和规则。

推理器具有知识库中有效的事实与规则，在用户输入的基础上给出结果。

接口是用户与专家系统间的沟通渠道，是人与系统进行信息交流的媒介，为用户提供了直观方便的交互作用手段。

建立专家系统首先要确认需解决的问题，根据需求明确相关的知识并将其概念化，由这些概念组成一个系统的知识库。其次是制定涵盖上述知识的规则。测试用于检验专家系统各个环节的完整性。在专家系统的建立过程中，需求、概念、组织结构与规则是不断完善的，往往需要不断更新。建立专家系统的关键在于知识的获取与知识表达。

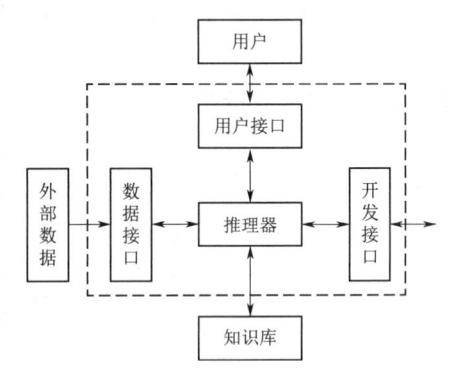

图 3.20 专家系统框架

5. 多传感器数据融合的应用领域

多传感器数据融合作为一种可消除系统的不确定因素、提供准确的观测结果和综合信息的智能化数据处理技术，已在军事、工业监控、智能检测、机器人、图像分析、目标检测与跟踪、自动目标识别等领域获得普遍关注和广泛应用。

(1) 机器人。多传感器数据融合技术的另一个典型应用领域为机器人。目前主要应用在移动机器人和遥感操作机器人上，因为这些机器人工作在动态、不确定与非结构化的环境中（如"勇气"号和"机遇"号火星车）。这些高度不确定的环境要求机器人具有高度的自治能力和对环境的感知能力，而多传感器数据融合技术正是提高机器人系统感知能力的有效方法。实践证明：采用单个传感器的机器人不具有完整、可靠地感知外部环境的能力。智能机器人应采用多个传感器，并利用这些传感器的冗余和互补的特性来获得机器人外部环境动态变化的、比较完整的信息，并对外部环境变化做出实时响应。目前，机器人学界提出向非结构化环境进军，其核心的关键之一就是多传感器系统和数据融合。

(2) 遥感。多传感器融合在遥感领域中的应用，主要是通过高空间分辨力全色图像和低光谱分辨力图像的融合，得到高空间分辨力和高光谱分辨力的图像，融合多波段和多时段的遥感图像来提高分类的准确性。

（3）智能交通管理系统。数据融合技术可应用于地面车辆定位、车辆跟踪、车辆导航以及空中交通管制系统等。

（4）复杂工业过程控制。复杂工业过程控制是数据融合应用的一个重要领域。目前，数据融合技术已在核反应堆和石油平台监视等系统中得到应用。融合的目的是识别引起系统状态超出正常运行范围的故障条件，并据此触发若干报警器。通过时间序列分析、频率分析、小波分析，从各传感器获取的信号模式中提取出特征数据，同时，将所提取的特征数据输入神经网络模式识别器，神经网络模式识别器进行特征级数据融合，以识别出系统的特征数据，并输入到模糊专家系统进行决策级融合；专家系统推理时，从知识库和数据库中取出领域知识规则和参数，与特征数据进行匹配（融合）；最后，决策出被测系统的运行状态、设备工作状况和故障等。

【案例 3.1】 管道泄漏检测中的数据融合

当管道发生泄漏时，由于管道内外的压差，泄漏处流体迅速流失，压力迅速下降，同时激发瞬态负压波沿管道向两端传播。在管道两端安装传感器拾取瞬态负压波信号可以实现管道的泄漏检测和定位，如图 3.21 所示。

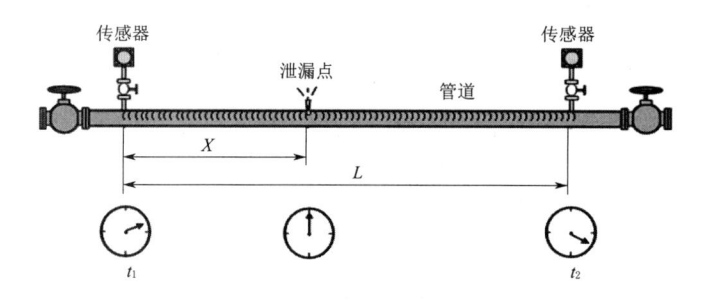

图 3.21 管道数据采集示意图

$$X = \frac{L + a\Delta t}{2}$$

式中：a 为负压波在管道中的传播速度；Δt 为两个检测点接收负压波的时间差；L 为所检测的管道长度。

负压波在管道中的传播速度受传送介质的弹性、密度、介质温度及管材等实际因素的影响，并不是一个常数，如下公式所示，显然，温度变化将影响传送介质的密度，负压波在管道中的传播速度不再是一个常数，为了准确地对泄漏点进行定位，需要利用温度信息校正负压波的传播速度。

$$a = \sqrt{\frac{K/\rho}{1 + [(K/E)(D/e)]C_1}}$$

式中：a 为负压波的传播速度；K 为介质的体积弹性系数；ρ 为介质密度；E 为管材的弹性系数；D 为管道直径；e 为管壁厚度；C_1 为与管道工艺参数有关的修正系数。

泄漏点的定位与管道两端获取负压波信号的时间差有关，提高泄漏点的定位精度，不仅需要在负压波信号中准确捕捉泄漏发生的时间，还需要将两端获取的负压波信号建立在同一个时间基准上，不仅如此，由于不可避免的现场干扰、输油泵振动等因素的影响，负压波信号被淹没在噪声中，准确捕捉泄漏发生的时间点并不是一件容易的事，在小泄漏情况下更是如此。

根据质量守恒定律，没有泄漏时进入管道的质量流量和流出管道的质量流量是相等的。如果进入流量大于流出流量，就可以判断管道沿线存在泄漏。对于装有流量计的管道，利用瞬时流量的对比有助于区分管道泄漏与正常工况：管道发生泄漏时，上游端瞬时流量上升、压力下降，下游端瞬时流量下降、压力下降；正常工况下，两端流量、压力同时上升或下降。

管道运行时，正常的调泵、调阀所激发的声波信号可能与泄漏激发的负压波信号具有相同特征，造成泄漏检测的错误判断。在管道的两端各增加一个传感器，可利用辨向技术正确识别泄漏，如图3.22所示。调泵、调阀所激发的声波信号先到达传感器A，后到达传感器B，而泄漏激发的负压波信号则先到达传感器B，后到达传感器A。两个传感信号的相关处理可以准确区分信号来源。

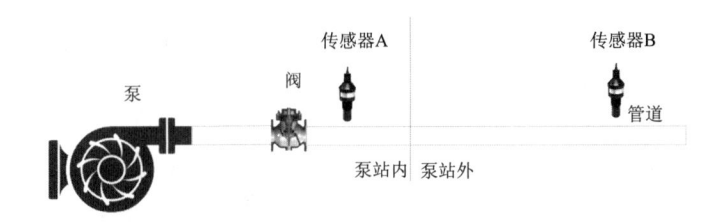

图 3.22　管道泄漏检测传感器布置示意图

管道泄漏检测系统的多传感器数据融合结构如图3.23所示。

【案例 3.2】　自动驾驶中的传感器数据融合系统

自动驾驶汽车是一个集环境感知、规划决策、运动控制、多级辅助驾驶等功能于一体的综合系统，如图3.24所示。它集中运用了计算机、现代传感、信息融合、V2X通讯、人工智能及自动控制等技术，自动驾驶的关键技术依次可以分为环境感知、行为决策、路径规划和运动控制四个部分。

而自动驾驶关键的环境感知用来采集周围环境的基本信息，也是自动驾驶的基础。自动驾驶汽车通过传感器来感知环境，传感器就如同汽车的眼睛。而传感器又分为好多种，比如摄像头、超声波雷达、毫米波雷达和激光雷达等。

由于自动驾驶路线的不同，实现的自动驾驶等级不同，部署的传感器种类略有差异，其中最为明显的特征是激光雷达，由于激光雷达的高成本和稳定性问题，以激光雷达为主要感知单元的自动驾驶技术距离落地还有很长的路要走，而各大车企为了自动驾驶领域抢占先机，选择以摄像头为主要感知器件的自动驾驶路线，尤其是传统车企，使用该技术路线的自动驾驶车型已经实现L3级落地，L2级量产。

摄像头可以采集图像信息，与人类视觉最为接近。通过采集的图像，经过计算机的算法分析，能够识别丰富的环境信息，如行人、自行车、机动车、道路轨迹线、路牙、路牌、信号灯等，通过算法加持还可以实现车距测量、道路循迹，从而实现前车碰撞预警（FCW）和车道偏离预警（LDW）。

摄像头在汽车领域应用广泛，技术十分成熟，成本也非常低廉。目前，汽车摄像头应用可分为单目、双目及多目，安装位置可分为前视、后视、侧视、环视，如图 3.25 所示。目前，Mobileye 在单目 ADAS 开发方面走在世界前列，其生产的芯片 EyeQ 系列能够根据摄像头采集到的数据，对车道线、路中的障碍物进行识别，第三代芯片 EyeQ3 已经可以达到 L2 自动驾驶水平，目前市面上 ADAS 系统装车量最多的就是 Mobileye，第四代、第五代摄像头已经面世，其中第五代摄像头已经考虑技术开源。

优点：技术成熟、成本低、采集信息丰富。

缺点：三维立体空间感不强；受环境影响大，黑夜、雨雪、大雾等能见度

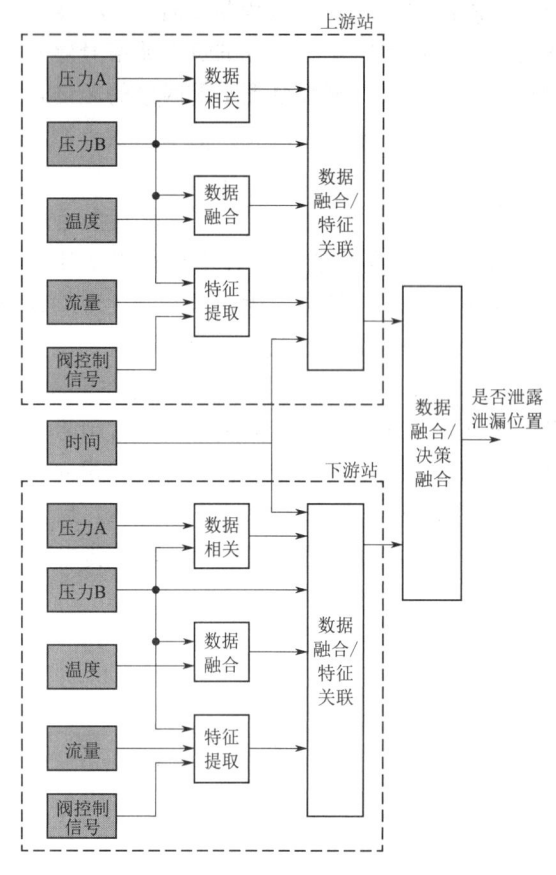

图 3.23　多传感器数据融合结构示意图

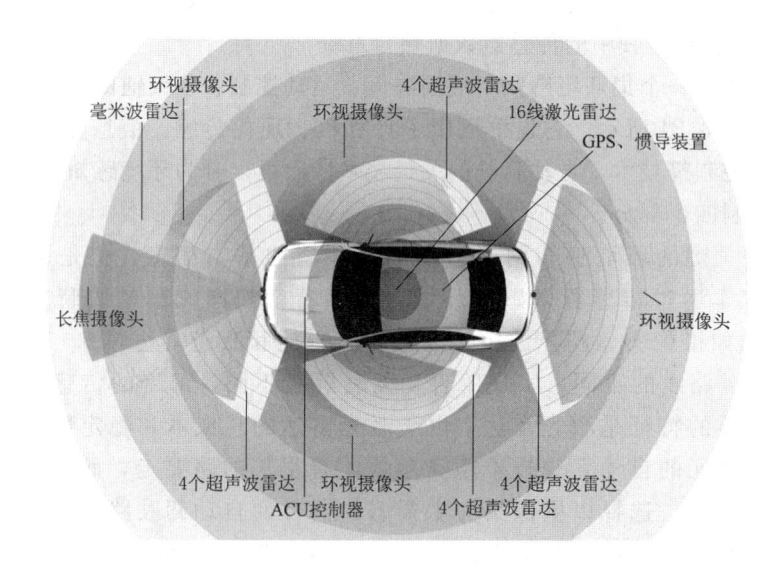

图 3.24　自动驾驶中的多传感器安装位置示意图

低的情况，识别率大幅降低。

车辆上的传感器包括雷达、激光雷达、摄像机和带有地图的 GPS，用于在驾驶过程中创建 AD 车辆的环境表示。基于可分辨单元的融合策略通过观测激光雷达数据的多次累积用于生成网格图。然后，每个网格都有一个观察值的统计屏障，当该数字高于特定数量时，将出现风险警告。识别出的目标将与毫米波雷达检测到的候选目标进行比较。如果两者都显示该区域存在目标，则将其集成到静态地图中。最后，利用距离信息更新车辆的位置误差，构建安全驾驶区域。

图 3.25 车载摄像头

知识小结

多传感器融合（Multi-sensor Fusion，简称 MSF）是利用计算机技术，将来自多传感器或多源的信息和数据以一定的准则进行自动分析和综合，以完成所需的决策和估计而进行的信息处理过程。

多传感器融合基本原理就像人脑综合处理信息的过程一样，将各种传感器进行多层次、多空间的信息互补和优化组合处理，最终产生对观测环境的一致性解释。在这个过程中要充分利用多源数据进行合理支配与使用，而信息融合的最终目标则是基于各传感器获得的分离观测信息，通过对信息多级别、多方面组合导出更多有用信息。这不仅是利用了多个传感器相互协同操作的优势，而且也综合处理了其他信息源的数据来提高整个传感器系统的智能化。

具体来讲，多传感器数据融合原理如下：

(1) 多个不同类型传感器（有源或无源）收集观测目标的数据。

(2) 对传感器的输出数据（离散或连续的时间函数数据、输出矢量、成像数据或一个直接的属性说明）进行特征提取的变换，提取代表观测数据的特征矢量 Y_i。

(3) 对特征矢量 Y_i 进行模式识别处理（如聚类算法、自适应神经网络或其他能将特征矢量 Y_i 变换成目标属性判决的统计模式识别法等），完成各传感器关于目标的说明。

(4) 将各传感器关于目标的说明数据按同一目标进行分组，即关联。

(5) 利用融合算法将目标的各传感器数据进行合成，得到该目标的一致性解释与描述。

多传感器数据融合作为一种可消除系统的不确定因素、提供准确的观测结果和综合信息的智能化数据处理技术，已在军事、工业监控、智能检测、机器人、图像分析、目标检测与跟踪、自动目标识别等领域获得普遍关注和广泛应用。

> **思政小故事**
>
> 王耀南院士长期从事智能机器感知与控制技术研究，主攻智能机器人控制、机器视觉感知与图像处理、智能制造装备测控技术、智能电动车控制技术、机械电力工业自动化控制系统等方面的教学和科研工作。
>
> 王耀南出生于云南省一个革命干部家庭。父辈跟随党闹革命参加解放军，一直从江西打到云南，之后就留在云南建设边疆。王耀南从小就对无线电子十分感兴趣，喜欢动手制作、组装半导体收音机，经常鼓捣收音机到深夜；2019 年，当选为中国工程院院士。
>
> 王耀南围绕中国高端制造的重大需求，开创机器人自主加工动态规划与决策控制技术体系，提出系列高速高精视觉感知与自适应鲁棒控制方法，解决了多机器人高效协同制造的技术难题，发明机器人灵巧精准作业控制技术。率先研制出工业移动作业机器人、精密检测分拣机器人和智能制造机器人自动化加工柔性生产线，并成功应用于航空、舰船、汽车、电子、医药等 620 余家国内外企业，取得了一定的社会经济效益，创建了机器人国家工程实验室，推动了中国制造业转型升级。开创机器人自主加工规划与决策技术体系，提出高速高精视觉感知与自适应鲁棒控制等方法，突破多机器人协同制造技术难题，发明机器人灵巧精准作业技术。率先研制出智能制造机器人自动化柔性生产线控制系统等，并成功应用于航空、舰船、汽车、电子、医药等多家国内外企业和国家重大工程。
>
> 王耀南认为，高校科教人员最需要具备的素质有三：一是立德树人，为国家培养出更多的高水平人才；二是爱国务实，要以国家需求为导向，把爱国情怀化为建设国家的强大精神动力；三要开拓创新，充分发挥创造力，把科研成果最大限度地转化为生产力，把人才智力优势转化为国家发展优势。

3.1.6　巩固习题

1. 什么是多传感器数据融合？多传感器数据融合的实质是什么？
2. 比较不同数据融合形式的特点、结构和适应性。
3. 阐述多传感器数据融合的机理、过程。
4. 阐述传感器数据融合的效果和局限性。

任务 3.2　智能传感器系统

3.2.1　案例引入

> 在工业生产中，利用传统的传感器无法对某些产品质量指标（例如黏度、硬度、表面光洁度、成分、颜色及味道等）进行快速直接测量并在线控制。而利用智能传感器可直接测量与产品质量指标有函数关系的生产过程中的某些量（如温度、压力、流量等），利用神经网络或专家系统技术建立的数学模型进行计算，可推断出产品的质量。那么它们是如何进行协同工作的呢？

3.2.2 原理分析

智能传感技术是涉及微机械电子技术、计算机技术、信号处理技术、传感技术与人工智能技术等多种学科的综合密集型技术，它能实现传统传感器所不能完成的功能。智能传感器是 21 世纪最具代表性的高新科技成果之一。

智能传感器（intelligent sensor）是具有信息处理功能的传感器。智能传感器带有微处理机，具有采集、处理、交换信息的能力，是传感器集成化与微处理机相结合的产物。与一般传感器相比，智能传感器具有以下三个优点：通过软件技术可实现高精度的信息采集，而且成本低；具有一定的编程自动化能力；功能多样化。

一个良好的智能传感器是由微处理器驱动的传感器与仪表套装，并且具有通信与板载诊断等功能。智能传感器能将检测到的各种物理量储存起来，并按照指令处理这些数据，从而创造出新数据。智能传感器之间能进行信息交流，并能自我决定应该传送的数据，舍弃异常数据，完成分析和统计计算等。

早期认识：

人们简单地认为智能传感器是将"传感器与微处理器组装在同一块芯片上的装置"。

后来定义：

智能传感器是"将一个或多个敏感元件和信号处理器集成在同一块硅或砷化锌芯片上的装置"。

智能传感器是"一种带微处理机并具有检测、判断、信息处理、信息记忆、逻辑思维等功能的传感器"。

（1）智能传感器主要由传感器、微处理器（或微计算机）及相关电路组成，如图 3.26 所示，比传统传感器在功能上有极大提高，几乎包括仪器仪表的全部功能，主要表现在以下几个方面。

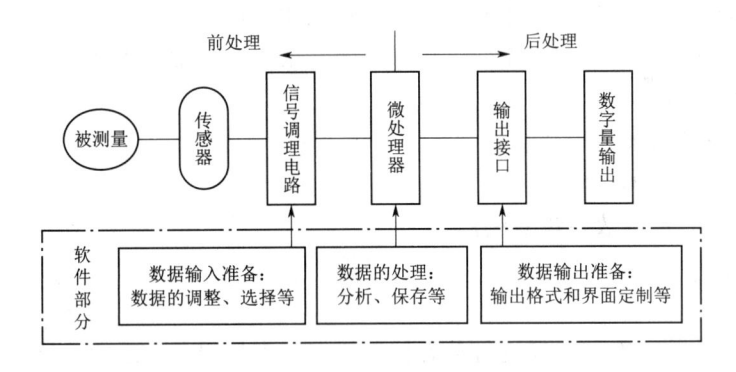

图 3.26 智能传感器基本结构框图

1) 逻辑判断、统计处理功能。
2) 自检、自诊断和自校准功能。
3) 软件组态功能。
4) 双向通信和标准化数字输出的功能。

5) 人机对话功能。
6) 信息存储与记忆功能。

间接传感是指利用一些容易测得的过程参数或物理参数，通过寻找这些过程参量或物理参数与难以直接检测的目标被测变量的关系，建立测量模型，采用各种计算方法，用软件实现待测变量的测量。

（2）智能传感器间接传感核心在于建立传感模型。目前建立模型的方法有以下三种。
1) 基于工艺机理的建模方法。
2) 基于数据驱动的建模方法。
3) 混合建模方法。

智能传感器具有通过软件对前端传感器进行非线性的自动校正功能，即能够实现传感器输入—输出的线性化，如图 3.27 所示。

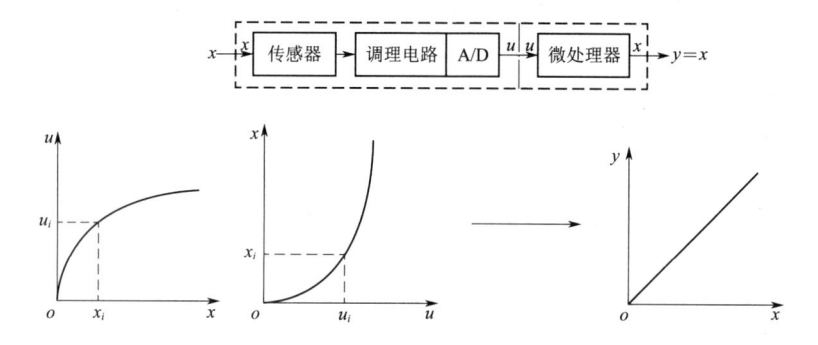

图 3.27 智能传感器输入—输出特性线性化原理

智能传感器自诊断技术俗称"自检"，要求对智能传感器自身各部件，包括软件和硬件进行检测，如 ROM、RAM、寄存器、插件、A/D 及 D/A 转换电路及其他硬件资源等的自检验，以及验证传感器能否正常工作，并显示相关信息。

（3）对传感器进行故障诊断主要以传感器的输出值为基础，主要有以下四种方法。
1) 硬件冗余诊断法。
2) 基于数学模型的诊断法。
3) 基于信号处理的诊断法。
4) 基于人工智能的故障诊断法。

3.2.3 问题界定

在智能传感器中，对传感器进行动态校正的方法多是用一个附加的校正环节与传感器相联，使合成的总传递函数达到理想或近乎理想（满足准确度要求）状态，如图 3.28 所示。

目前对传感器的特性进行提高的软件方法主要有以下两种。

（1）将传感器的动态特性用

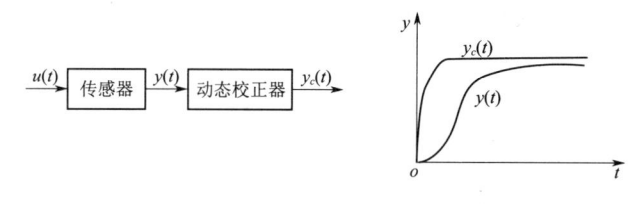

图 3.28 动态校正原理示意图

低阶微分方程来表示。

（2）按传感器的实际特性建立补偿环节。

3.2.3.1 自校准与自适应量程

1. 自校准

传感器的自校准采用各种技术手段来消除传感器的各种漂移，以保证测量的准确。自校准在一定程度上相当于每次测量前的重新定标，它可以消除传感器系统的温度漂移和时间漂移。

2. 自适应量程

智能传感器的自适应量程，要综合考虑被测量的数值范围，以及对测量准确度、分辨率的要求诸因素来确定增益（含衰减）挡数的设定和确定切换挡的准则，这些都依具体问题而定，如图3.29所示。

3.2.3.2 电磁兼容性

随着现代电子科学技术向高频、高速、高灵敏度、高安装密度、高集成度、高可靠性方面发展，电磁兼容性作为智能传感器的性能指标，受到越来越多的重视。

传感器在同一时空环境与其他电子设备要相互兼容，既不受电磁干扰的影响，也不会对其他电子设备产生影响。

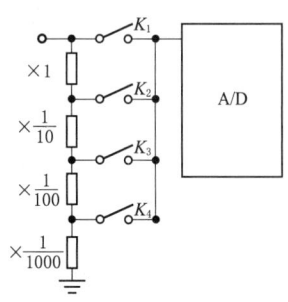

图 3.29 自适应量程电路

一般来说，抑制传感器电磁干扰可以从以下几个方面考虑：一是削弱和减少噪声信号的能量；二是破坏干扰的路径；三是提高线路本身的抗干扰能力。

3.2.3.3 智能传感器系统的总线标准

智能传感器标志之一是具有数字标准化数据通信接口，能与计算机直接或接口总线相连，相互交换信息。

结合到智能传感器总线技术的实际状况以及逐步实现标准化、规范化的趋势，本节按基于典型芯片级的总线、USB总线和IEEE1451智能传感器接口标准来叙述智能传感器总线标准。

1. 1-Wire总线

1-Wire总线采用一种特殊的总线协议，通过单条连接线解决了控制、通信和供电，具备电子标识、传感器、控制和存储等多种功能器件，提供传统的IC封装、超小型CSP、不锈钢铠装iButtons等新型封装。

1-Wire总线具有结构简单、成本低、节省I/O资源、便于总线扩展和维护等优点，适用于单个主机系统控制一个或多个从机设备，在分布式低速测控系统（约100kbit/s以下的速率）中有着广泛应用。其中，1-Wire总线的硬件结构如图3.30所示，内部等效电路如图3.31所示，其初始化时序、写1时序、写0时序，及读0、1时序的过程分别如图3.32~图3.35所示。

基于1-Wire总线的DS18B20型智能温度传感器中的内部功能框图如图3.36所示，其测温原理如图3.37所示。

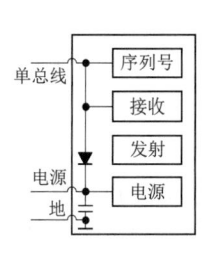

图 3.30　硬件结构

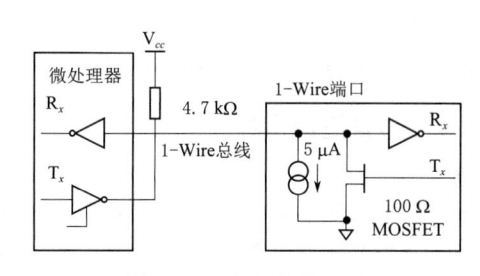

图 3.31　内部等效电路

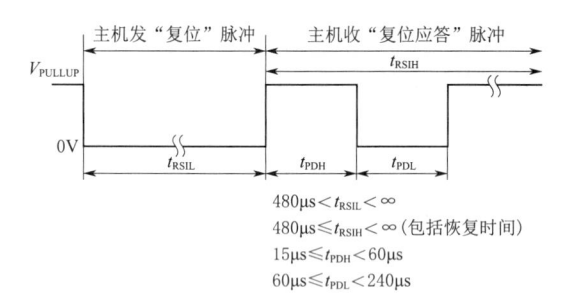

图 3.32　初始化时序图

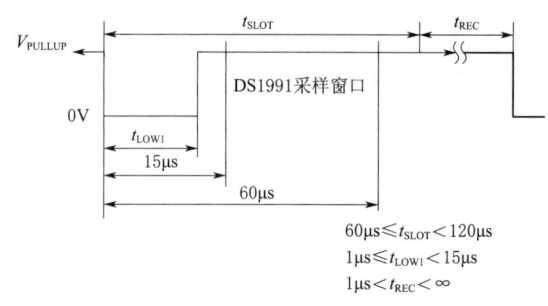

480μs<t_{RSIL}<∞
480μs≤t_{RSIH}<∞（包括恢复时间）
15μs≤t_{PDH}<60μs
60μs≤t_{PDL}<240μs

图 3.33　写 1 时序图

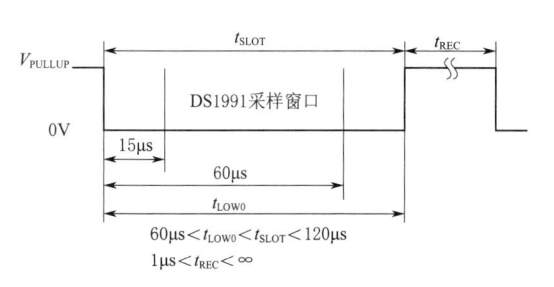

60μs≤t_{SLOT}<120μs
1μs≤t_{LOW1}<15μs
1μs<t_{REC}<∞

图 3.34　写 0 时序图

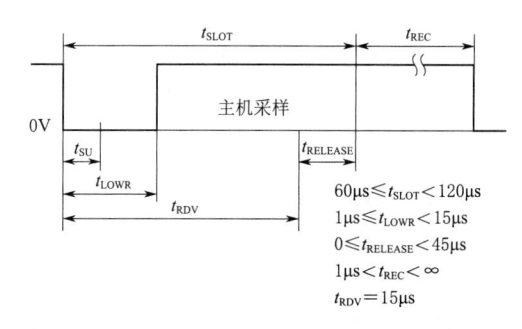

60μs<t_{LOW0}<t_{SLOT}<120μs
1μs<t_{REC}<∞

图 3.35　读 0、1 时序图

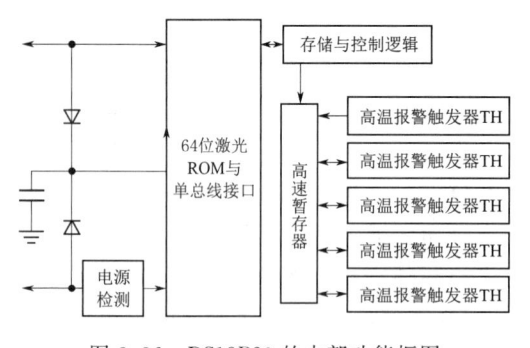

60μs≤t_{SLOT}<120μs
1μs≤t_{LOWR}<15μs
0≤$t_{RELEASE}$<45μs
1μs<t_{REC}<∞
t_{RDV}=15μs

图 3.36　DS18B20 的内部功能框图

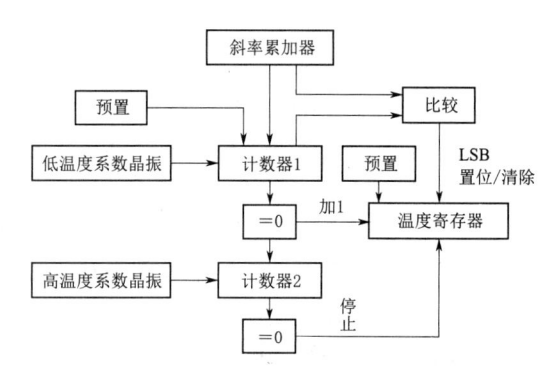

图 3.37　DS18B20 测温原理框图

2. I²C 总线

I²C（Inter-Integrated Circuit）总线是 Philips 公司在 20 世纪 80 年代推出的一种用于 IC 器件之间的二线制串行扩展总线，它可以有效地解决数字电路设计过程中所涉及的许多接口问题。

I²C 总线的特点主要表现在以下几个方面：①简化硬件设计，总线只需要两根线；②器件地址的唯一性；③允许有多个主 I²C 器件；④多种通信速率模式；⑤节点可带电接入或撤出（热插拔）。

I²C 总线的电气结构：I²C 总线接口内部为双向传输电路，如图 3.38 所示。总线端口输出为开漏结构。

(1) I²C 总线时序。I²C 总线上数据传递时序如图 3.39 所示。总线上传送的每一帧数据均为一个字节。发送时，首先发送的是数据的最高位。每次传送开始有起始信号，结束时有停止信号。在总线传送完一个字节后，可以通过对时钟线的控制使传送暂停。

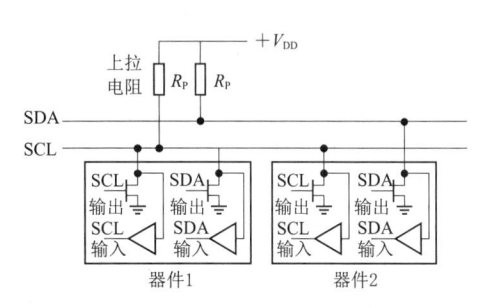

图 3.38 总线的电气结构图

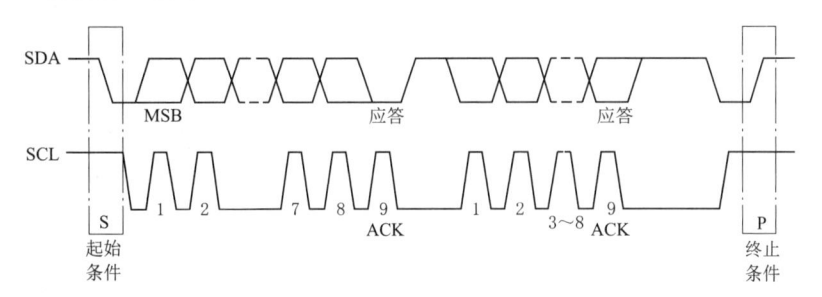

图 3.39 总线上数据传递时序图

(2) 基于 I²C 接口的集成数字温度传感器 LM75A。其内部功能框图如图 3.40 所示，其中，LM75A 的管脚见表 3.2 中描述。

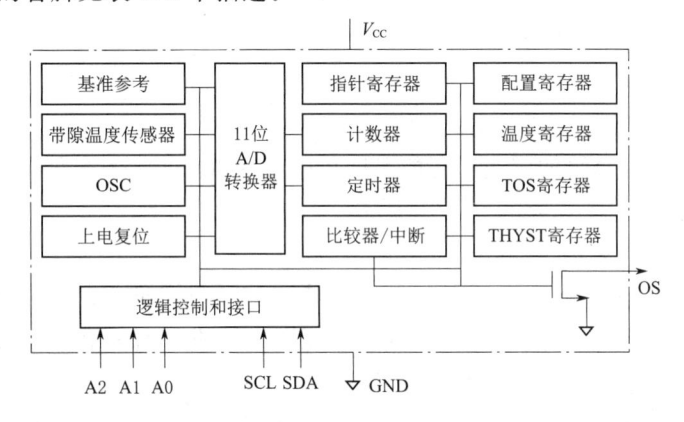

图 3.40 LM75A 数字温度传感器的功能框图

表 3.2　　　　　　　　　　　　　LM75A 的管脚描述

管脚编号	助记符	描　　述
1	SDA	I^2C 串行双向数据线，开漏输出
2	SCL	I^2C 串行时钟输入
3	OS	过热关断输出，开漏输出
4	GND	地
5	A2	数字输入，用户定义的地址位 2
6	A1	数字输入，用户定义的地址位 1
7	A0	数字输入，用户定义的地址位 0
8	V_{CC}	电源

3. SMBus 总线

SMBus（System Management Bus）最早由 Intel 公司于 1995 年发布，它以 Philips 公司的 I^2C 总线为基础，面向于不同系统组成芯片与系统其他部分间的通讯，与 I^2C 类似。随着其标准的不断完善与更新，SMBus 已经广泛应用于 IT 产品之中，另外在智能仪器、仪表和工业测控领域也得到了越来越多的应用。

（1）SMBus 总线拓扑图。如图 3.41 所示为典型的 SMBus 总线拓扑结构，包括 5V 直流电源、上拉电阻 R_P、器件 1（总线供电）和器件 2（自供电）；数据线 SMBDAT 和时钟线 SMBCLK（均为双向通信线）。

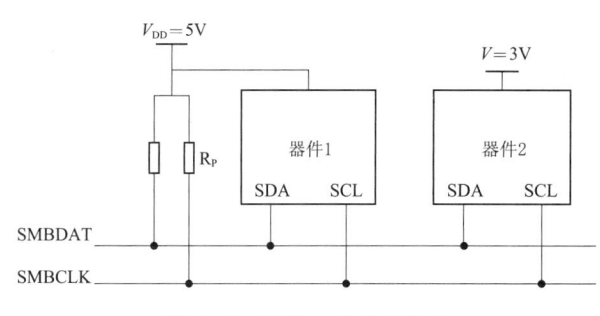

图 3.41　SMBus 总线拓扑图

（2）SMBus 总线通信时序。当 SCL 为低电平时，SDA 的状态可以在数据传输过程中不断改变；但当 SCL 为高电平时，SDA 状态的改变就有了特定的意义。

一般而言，在数据传输过程中，如果接收到 NACK 信号，就表示所寻址的从器件没有准备好或不在总线上。另外，SMBus 总线可以工作在主、从两种方式，工作方式由 SMB0STA（状态寄存器）、SMB0CN（控制寄存器）、SMB0ADR（地址寄存器）和 SMB0DAT（数据寄存器）所决定。

（3）基于 SMBus 总线的多通道智能温度传感器 MAX6697 的内部结构框图如图 3.42 所示，其应用电路图如图 3.43 所示。

4. SPI 总线

SPI（Serial Peripheral Interface）总线是 Motorola 公司推出的一种同步串行外设接口技术。SPI 接口主要应用于 CPU 和各种外围器件之间进行通讯信。

SPI 总线的特点主要表现在以下几个方面：①高效的、全双工、同步的通信总线；②简单易用，只需要占用四根线，节约管脚，为 PCB 布局节省了空间；③可同时发出、接收串行数据；④可当作主机或从机工作，频率可编程；⑤具有写冲突保护、总线竞争保

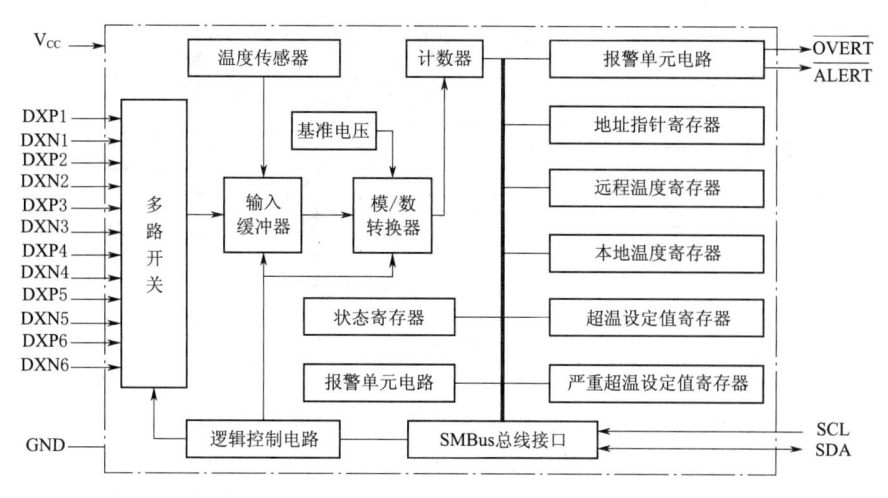

图 3.42　MAX6697 的内部结构框图

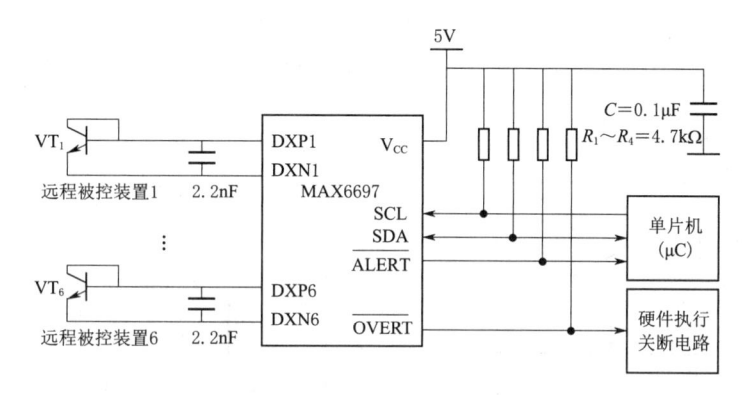

图 3.43　MAX6697 的典型应用电路图

护等功能。

(1) SPI 总线的连接结构，如图 3.44 所示。SPI 总线可以同时发送和接收串行数据。它只需四条线就可以完成 MCU 与各种外围器件的通信，这四条线是串行时钟线（CSK）、主机输入/从机输出数据线（MISO）、主机输出/从机输入数据线（MOSI）、低电平有效从机选择线。

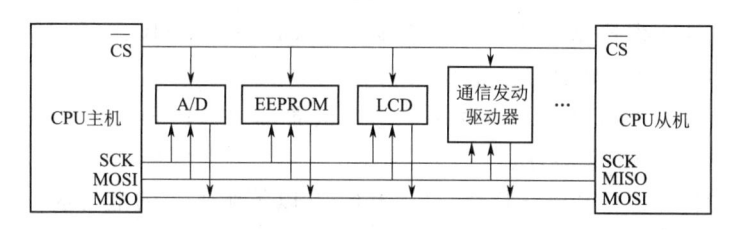

图 3.44　SPI 总线连接结构图

(2) SPI 总线的时序，如图 3.45 所示。
(3) 基于 SPI 总线的智能温度传感器 LM74，如图 3.46、图 3.47 所示。

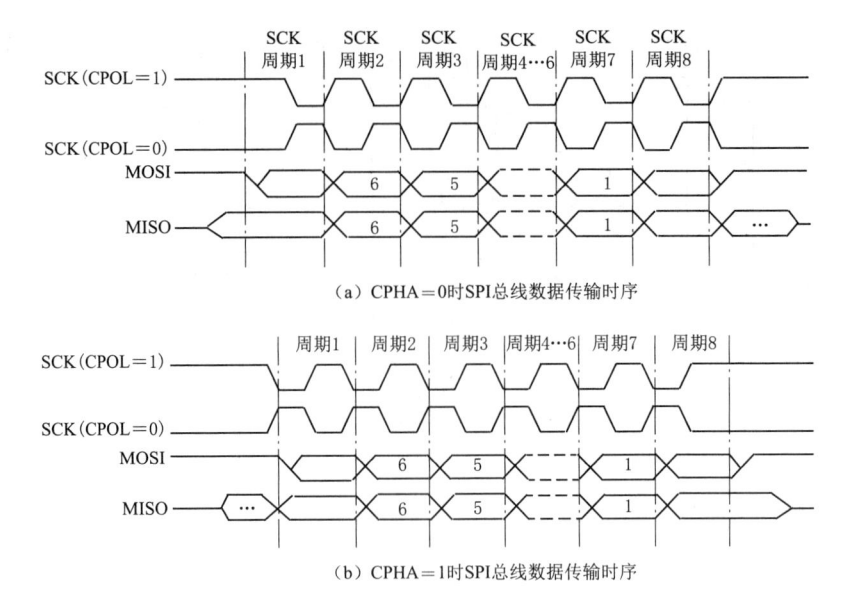

图 3.45 SPI 总线的时序

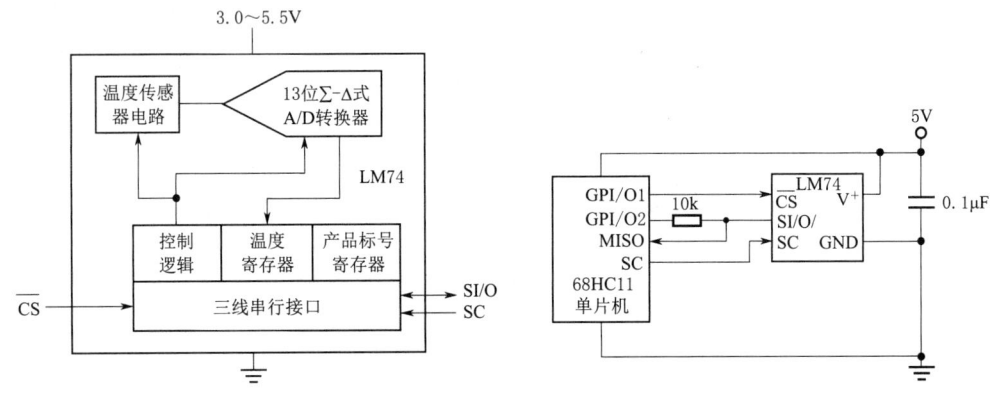

图 3.46 LM74 的内部电路框图

图 3.47 LM74 与 68HC11 构成的典型电路

5. USB 总线

通用串行总线（Universal Serial Bus，简称 USB）不是一种新的总线标准，而是应用于 PC 领域的新型总线技术。先后已经制订了 USB1.0、USB1.1 和 USB 2.0 等规范，USB 3.0 规范的技术样本也已经公布。

USB 总线具有如下特点：①速度快；②连接简单快捷；③无须外接电源和低功耗；④支持多连接；⑤良好的兼容性。

(1) USB 的物理接口和电气特性。USB（2.0 以下版本）的电气接口由 4 条线构成，用以传送信号和提供电源，如图 3.48 所示。

USB 主机或根集线器对设备提供的对地电源电压为 4.75～5.25V，设备能吸入的最大电流值为 500mA。USB 设备的电源供给有自给方式（设备自带电源）和总线供给两种方式。

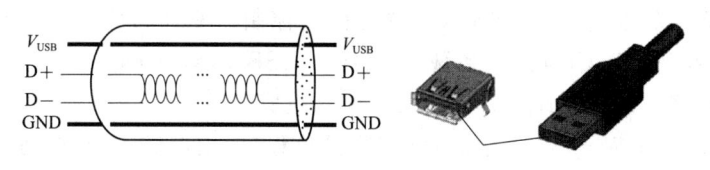

图 3.48　USB 电缆结构

(2) USB 的系统组成和拓扑结构如图 3.49 所示。

1) USB 主机有以下功能：管理 USB 系统；每毫秒产生一帧数据；发送配置请求对 USB 设备进行配置操作；对总线上的错误进行管理和恢复。

2) USB 外设在一个 USB 系统中，USB 外设和集线器总数不能超过 127 个。

3) 集线器用于设备扩展连接，所有 USB 外设都连接在 USB Hub 的端口上。

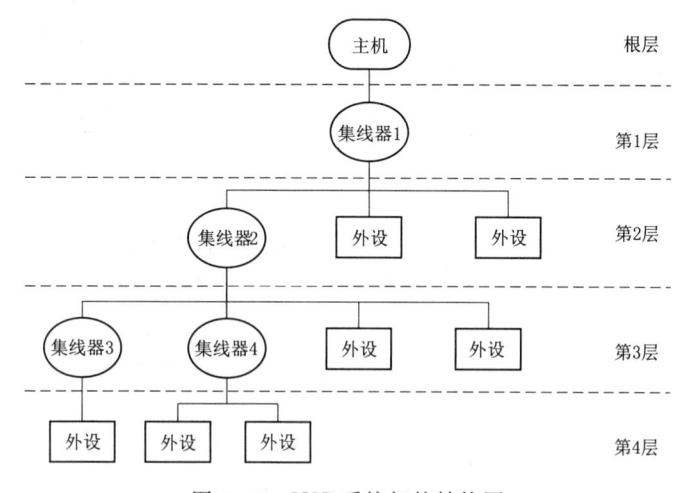

图 3.49　USB 系统拓扑结构图

(3) USB 的传输方式。针对设备对系统资源需求的不同，在 USB 规范中规定了 4 种不同的数据传输方式：①等时传输方式；②中断传输方式；③控制传输方式；④批传输方式。

在这些数据传输方式中，除等时传输方式外，其他 3 种方式在数据传输发生错误时，都会试图重新发送数据以保证其准确性。

(4) USB 交换的包格式。USB 的信息传输以事务处理的形式进行，每个事务处理由标记包、数据包、握手包 3 个信息包（Packed）组成。其格式如下：

标记包	数据包	握手包

以数据包中的数据字段为例，其格式如下：

(5) USB 系统软件组成。USB 系统软件由主控制器驱动程序（Universal Host Controller Driver，简称 UHCD）、设备驱动程序（USB Device Driver，简称 USBDD）和 USB 芯片驱动程序（USB Driver，简称 USBD）组成。

USB 是使用标准 Windows 系统 USB 类驱动程序访问 USB 类驱动程序接口。USBD.sys 是 Windows 系统中的 USB 类驱动程序，它使用 UHCD.sys 来访问通用的主控制器接口设备，或者使用 OpenHCI.sys 访问开放式主控制器接口设备；USBHUB.sys 为根集线器和外部集线器的 USB 驱动程序。

(6) USB 智能传感器。2005 年日本欧姆龙公司推出带 USB 接口的激光型及电涡流型两种系列的传感器，多个传感器可以共用一个 USB 接口。

2006 年 4 月日本山形大学展示出新研制的"USB 转换器"，使用该装置，可将显示物质酸、碱性程度的"氢离子浓度（pH）"等测量传感器与 USB 接口连接起来。

日本 Thanko 公司 2006 年推出一款 USB 皮肤传感器，通过 USB 线与 PC 相连，用户可以用它查看悄然爬上额头的第一条细纹，或者检验去头屑香波是否真的有效。

2007 年安捷伦也推出 Agilent U2000 系列基于 USB 的功率传感器。

3.2.4 方法梳理

智能传感器发展非常迅速，不同类型的智能传感器陆续推出。美国国家标准技术研究所 NIST 和 IEEE 仪器与测量协会的传感技术委员会联合组织制定了 IEEE 1451 传感器与执行器的智能变换器接口标准的系列标准，成为当前智能传感器领域的研究热点之一。

IEEE 1451 的特点在于：①基于传感器软件应用层的可移植性；②基于传感器应用的网络独立性；③传感器的互换性（即插即用）。

IEEE 1451 系列标准把数据获取、分布式传感与控制提升到了一个更高的层面，并为建立开放式系统铺平了道路。它通过一系列技术手段把传感器节点设计与网络实现分隔开来，这其中包括传感器自识别、自配置、远程自标定、长期自身文档维护、简化传感器升级维护以及增加系统与数据的可靠性等。

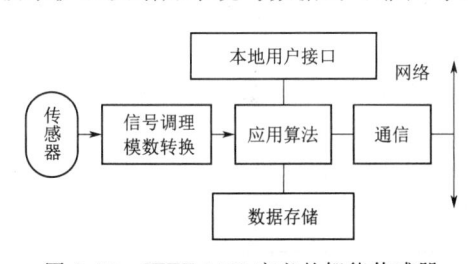

图 3.50 IEEE 1451 定义的智能传感器功能模型

为了尽可能使智能功能接近实际测量和控制点，IEEE 1451 将功能划分成网络适配处理器模块（Network Capable Application Processor，简称 NCAP）和智能变换器接口模块（Smart Transducer Interface Module，简称 STIM）两个模块，如图 3.50、图 3.51 所示。

目前 IEEE 1451 变换器接口包括点对点接口 UART/RS-232/RS-422/RS-485/（IEEE P1451.2 子标准）、多点分布式接口（IEEE 1451.3 子标准、家庭电话线联盟通信协议）、数字和模拟信号混合模式接口（IEEE 1451.4 子标准，1-wire 通信协议）、蓝牙/802.11/802.15.4 无线接口（IEEE 1451.5 子标准）、CAN 总线使用的接口（IEEE P1451.6 子标准，用于本质安全系统 CANopen 协议）、USB 接口（IEEE P1451.7 子标准，RFID 系统通信协议），如图 3.52 所示。

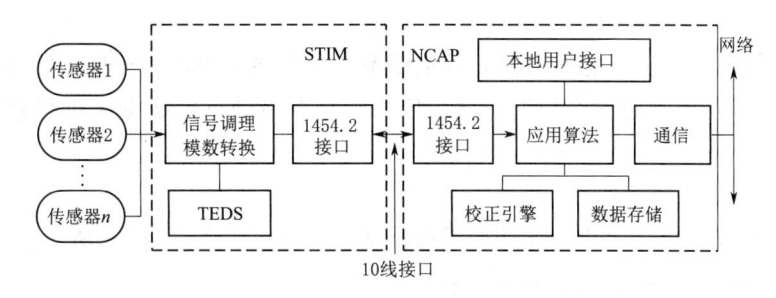

图 3.51　分为 STIM 及 NCAP 的智能传感器模型

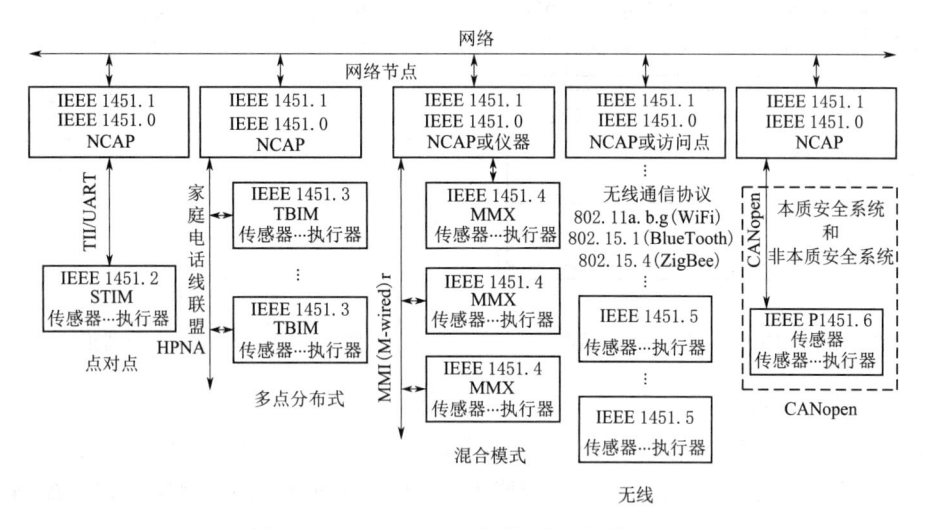

图 3.52　IEEE 1451 系列标准工作关系图

IEEE 1451.0 标准通过定义一个包含基本命令设置和通信协议中独立于 NCAP 到变换器模块接口的物理层，简化了不同物理层未来标准的制定程序，为不同的物理接口提供通用、简单的标准。如图 3.53 所示，IEEE 1451.0 为 IEEE 1451.X 提供了如下通用功能：①热交换性能；②状态报告；③自检性能；④服务响应消息；⑤从传感器阵列采集信号的同步；⑥应用编程接口 API；⑦变换器间操作的命令集；⑧变换器电子数据表单（TEDS）特性。

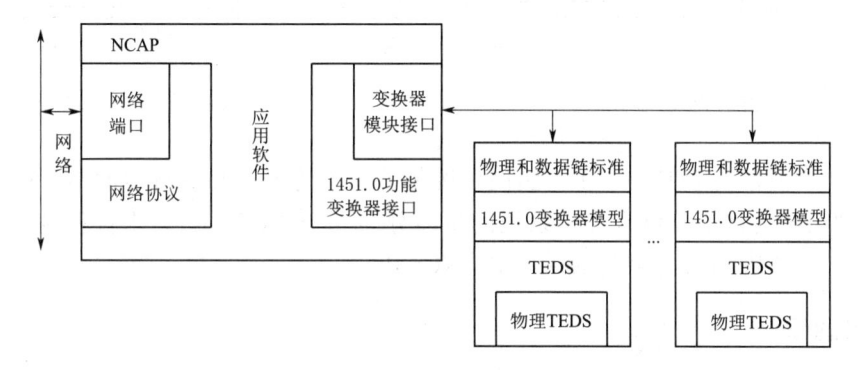

图 3.53　IEEE 1451.0 智能变换器接口模块图

1. IEEE 1451.1 子标准

IEEE 1451.1 定义了智能变换器的对象模型，用面向对象语言对传感器的行为进行描述，如图 3.54 所示。通过这个模型，原始传感器数据借助标定数据来进行修正并产生一个标准化的输出。

2. 网络适配器（NCAP）

NCAP 包括校正机、应用程序和网络通信接口三部分，如图 3.55 所示。

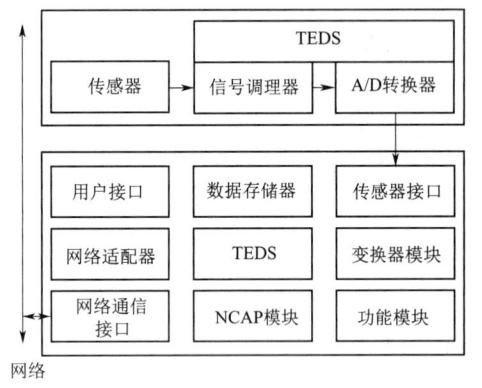

图 3.54　IEEE 1451.1 标准模型

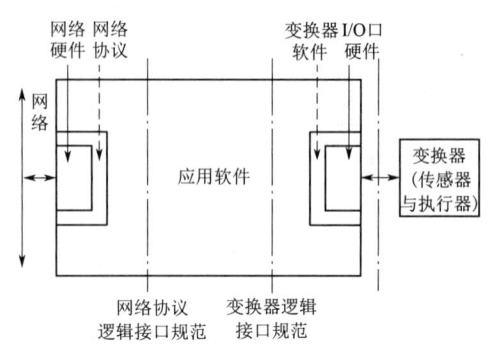

图 3.55　网络智能变换器模型

3. 网络通信模式

IEEE 1451.1 标准提供了两种网络通信模式：用户/服务器模式和发布/订阅模式。网络软件提供了一个代码库，代码库含有 IEEE 1451.1 与网络之间的呼叫例程，如图 3.56、图 3.57 所示。

图 3.56　用户/服务器模式

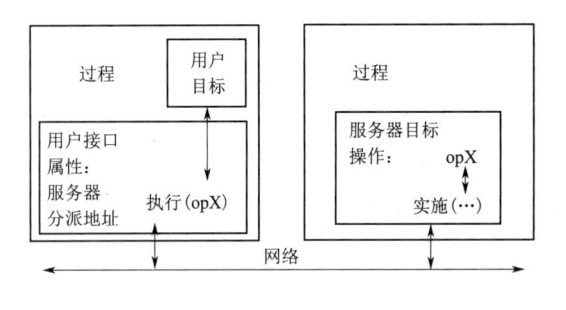

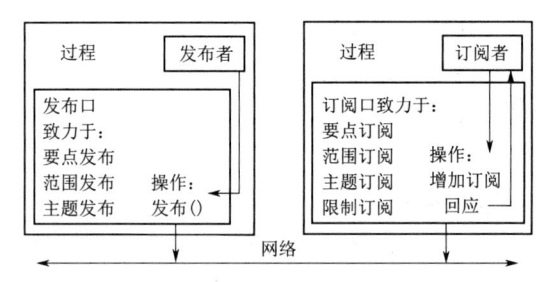

图 3.57　发布/订阅模式

如图 3.58 所示的 IEEE 1451.1 实例，展示了一个传感器和执行器的 NCAPs 如何处理污水治理系统的例子。污水处理系统的功能分为三个 NCAPs，即水位控制、pH 值控制用简易的 NCAPs 和操作系统的一个 PC NCAP。

3.2.5　巩固强化

随着微机械电子、人工智能、计算机技术的快速发展，智能传感器的"智能"含义不断深化，许多智能传感新模式陆续出现。这里介绍近年关于智能传感器的两个研究热点——嵌入式智能传感器（图 3.59）和阵列式智能传感器（图 3.61）。

嵌入式智能传感器一般是指应用了嵌入式系统技术、智能理论和传感器技术，具备网络传输功能，并且集成了多样化外围功能的新型传感器系统。经典智能传感器一般是使用单片机再加上控制规则进行工作的，较少涉及智能理论（人工智能技术、神经网络技术和模糊技术等）。因此，基于嵌入式系统来应用智能理论的嵌入式智能传感器，具有更高智能化程度。

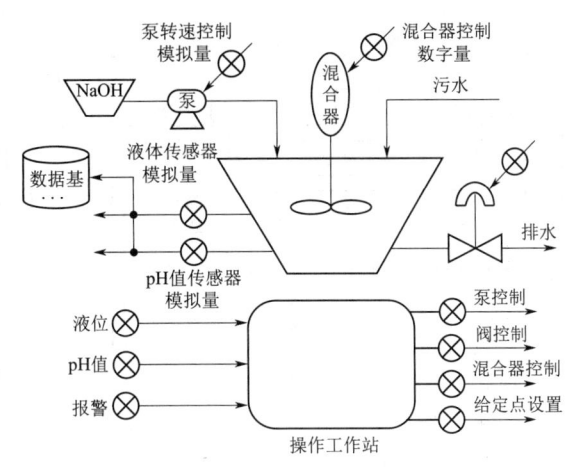

图 3.58　污水处理系统

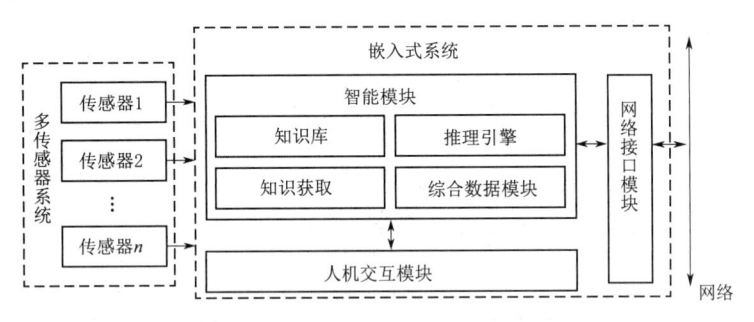

图 3.59　嵌入式智能传感器

【案例 3.3】　嵌入式智能传感器应用

应用于液态乙醇浓度在线检测的嵌入式智能传感器原理结构图如图 3.60 所示。

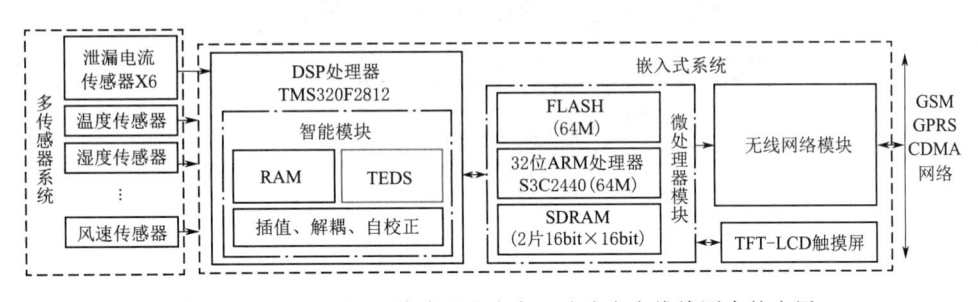

图 3.60　嵌入式智能传感器在液态乙醇浓度在线检测中的应用

阵列式智能传感器即为将多个传感器排布成若干行列的阵列结构，并行提取检测对象相关特征信息并进行处理的新型传感器系统。阵列中的每个传感器都能测量来自空间不同位置的输入信号并能提供给使用者空间信息。

总体结构由三个层次组成：第一层次为传感器组的阵列实现集成，称为多传感器阵列；第二层次是将多传感器阵列和预处理模块阵列集成在一起，称为多传感器集成阵列；第三层次是将多传感器阵列、预处理模块阵列和处理器全部集成在一起时，称为阵列式智能传感器。

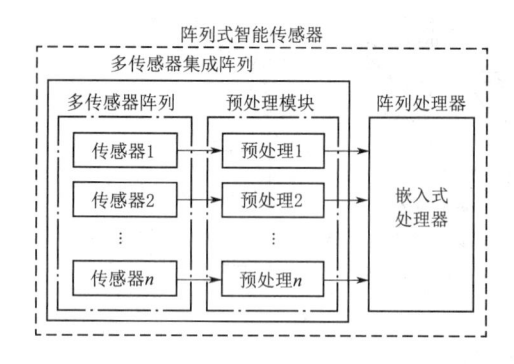

图 3.61 阵列式智能传感器总体结构

阵列式智能传感器的功能是由其中各个传感器的类型和特性决定的。根据集成的传感器组类型，其主要功能分类见表 3.3。

图 3.62 为美国 IBM 公司和 TI 公司联合设计的有源反射镜的可变型微反射镜结构。此结构可补偿由工艺或温度变化引起的几何变形，从而成为一个智能微镜。其在通信工业、食品加工等部门，引用机械阵列式智能微镜来改善质量控制、工艺控制和产品设计具有极大的潜在优势，用途广泛，如光通信信号的高速路由选择、投影显示器等。

表 3.3　功　能　分　类

传感器组类型		特性	特殊功能
同质		加法器	信号放大，提高信噪比
		或逻辑	并行备份，可靠性增强
		投票逻辑	失败与成功
异质	完全不同	多路复用器	多变量同时监视
		嵌入处理器	相关变量自动互相补偿
	相似响应	嵌入处理器	多变量数据中提取特征

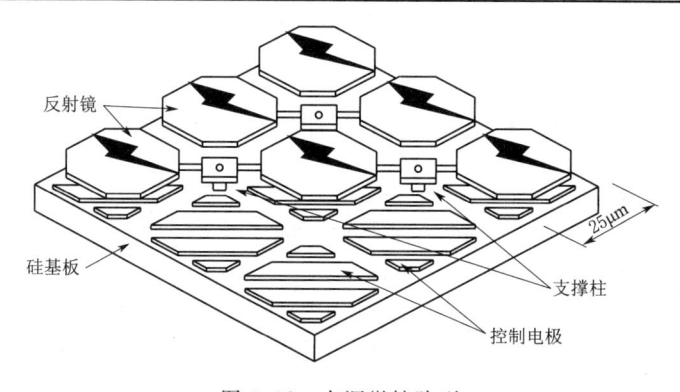

图 3.62　有源微镜阵列

知识小结

智能传感器是指能够对外界环境信息进行感知、采集并自主判断、分析和处理的智能化传感器件。智能传感器具有信息采集、处理、交换、存储和传输功能的多元件集成电路，是集传感器、通信模块、微处理器、驱动与接口，以及软件算法于一体的系统级器件，具有自学习、自诊断和自补偿能力，以及感知融合和灵活的通信能力。

（1）与一般传感器相比，智能传感器具有如下优点。

1）自检、自校准和自诊断。自诊断功能在接通电源时进行自检，并通过诊断测试来确定组件是否出现故障。此外，还可以根据使用时间在线修正，微处理器利用存储的测量特性数据进行比对验证。

2）感应融合。智能传感器可同时测量多个物理量和化学量，给出能更全面反映物质运动规律的信息。例如，融合液体传感器可以同时测量介质的温度、流量、压力和密度。融合机械传感器可以同时测量物体某一点的三维振动加速度、速度、位移等。

3）精度高。智能传感器具有信息处理功能，不仅可以通过软件校正各种确定性系统误差，还可以适当补偿随机误差、降低噪声，从而大大提高传感器精度。

4）可靠性高。集成的传感器系统消除了传统结构的一些不可靠因素，提高了整个系统的抗干扰性能。同时还具有诊断、校准和数据存储功能，稳定性好。

5）性价比高。在同等精度要求下，多功能智能传感器的性价比明显高于功能单一的普通传感器，尤其是在集成更便宜的微控制器之后。

6）功能多样化。智能传感器可实现多传感器多参数综合测量，通过编程扩大测量和使用范围；具有一定的自适应能力，可根据检测对象或条件的变化，相应地改变输出数据的范围形式；具有数字通信接口功能，可直接发送到远程计算机进行处理；具有多种数据输出形式，适用于各种应用系统。

7）信号归一化。传感器的模拟信号通过放大器归一化，然后通过模数转换器转换成数字信号。微处理器又以串行、并行、频率、相位和脉冲等多种数字传输形式进行数字归一化。

（2）智能传感器的需求增长驱动力主要包括以下几个方面。

1）物联网和工业物联网的日益普及。

2）汽车电动化和智能化趋势。

3）可穿戴消费电子产品的流行。

4）传感器技术和MEMS制造工艺的进步。

5）智能手机中各种传感器的用量越来越多（比如CMOS图像传感器）。

6）工业自动化和智能制造的强劲需求。

7）智慧城市、交通和楼宇的智能化。

物联网的快速增长和普及带动了智能传感器的强劲需求，物联网应用场景至少包括智能可穿戴、智能家居、智慧城市、智能交通、智能电网、智能楼宇、智慧农业、智慧医疗、环境监测、智能制造等。

思政小故事

郑志明，1953年10月出生于上海市，原籍浙江宁波，信息处理专家，中国科学院院士，北京航空航天大学数学与系统科学学院教授、博士生导师。

郑志明于1987年获得北京大学理学博士学位后留校任教；1987—2003年先后担任北京大学数学科学学院讲师、副教授、教授；1996年晋升为教授、博士生导师；1998—2003年先后担任北京大学数学科学学院副院长、北京大学副教务长；2003年进入北京航空航天大学工作；2003—2004年担任北京航空航天大学理学院院长；2004—

2014 年担任北京航空航天大学副校长；2014 年担任北京航空航天大学学术委员会副主任、校务委员会副主任；2017 年当选为中国科学院院士；2018 年被评为国家万人计划教学名师；2020 年担任北京大学人工智能研究院教授。

郑志明创立了动力学密码——基于代数和动力学融合的密码分析原理和方法，突破空天信息安全高速、低耗、多模式等技术瓶颈，研制成功系列空天安全新装备并列装。面向复杂信息系统，创立了调控系统复杂性的理论和方法，建立了信息快速传播、信息全局扩散和数据准确分析的新计算模式，产生重要国际学术影响。

他主导加强理科教育，开展"顶层设计""少而精""通识化"为核心的本科课程体系改革，"两轮式"的实验实践与创新体系改革，以及"导师制、个性化、国际化和小班化"的"一制三化"的教学模式改革。

他认为：要从线性或动态线性里面内嵌非线性函数的研究方法，真正到非线性的内嵌梳理基理和知识经验的精准智能研究，以适应开放环境的复杂态式。从感知到认知，核心要克服感而不全、认而少知的部分，进行跨尺度的认知研究，以提高人工智能对信息的不确定、不完备的正确理解，从而对突发事件进行精准分析、预测和系统学习。从个体到群体智能的研究，核心要攻破群而不智的瓶颈，超越传统模式，达到线性协同，进一步落到复杂系统中去，做到真正的群体智能。

3.2.6 巩固习题

1. 什么叫智能传感器？智能传感器具有哪些基本功能？
2. 智能传感器中如何处理非线性问题？
3. 智能传感器中如何进行自检？
4. 1-Wire 总线的特点是什么？
5. I^2C 总线的特点是什么？
6. SPI 总线的特点是什么？
7. USB 总线的特点是什么？

任务 3.3　无线传感器网络系统

3.3.1　案例引入

在系统日益复杂的工业自动化现场中，各种轴承、电机、泵体的温度与振动状态，无时无刻不在影响着整个自动化系统的设备健康与使用效率。无线振动传感器安装在设备上，实时输出三个轴向的加速度原始信号。通过 WiFi 无线传输到手机端的振动监测 APP，实时接收传感器数据、计算特征值，并将数据上传到云平台。物联网平台显示所有设备和测点的当前状态、报警状态、特征值与信号、谱分析等；在终端上可以 Web 浏览的方式登录物联网平台，那么它是如何进行工作的呢？

3.3.2 原理分析

无线传感器网络是一项通过无线通信技术把数以万计的传感器节点以自由式进行组织与结合进而形成的网络形式。构成传感器节点的单元分别为数据采集单元、数据传输单元、数据处理单元及能量供应单元。其中数据采集单元通常都是采集监测区域内的信息并加以转换，比如光强度跟大气压力与湿度等；数据传输单元则主要以无线通信和交流信息以及发送接收那些采集进来的数据信息为主；数据处理单元通常处理的是全部节点的路由协议和管理任务以及定位装置等；能量供应单元为缩减传感器节点占据的面积，会选择微型电池的构成形式。无线传感器网络当中的节点分为两种，一个是汇聚节点，一个是传感器节点。汇聚节点主要指的是网关能够在传感器节点当中将错误的报告数据剔除，并与相关的报告相结合将数据加以融合，对发生的事件进行判断。汇聚节点与用户节点连接可借助广域网络或者卫星直接通信，并对收集到的数据进行处理。

传感器网络实现了数据的采集、处理和传输三种功能。它与通信技术和计算机技术共同构成信息技术的三大支柱。无线传感器网络（Wireless Sensor Network，简称 WSN）是由大量的静止或移动的传感器以自组织和多跳的方式构成的无线网络，以协作地感知、采集、处理和传输网络覆盖地理区域内被感知对象的信息，并最终把这些信息发送给网络的所有者，如图 3.63 所示。

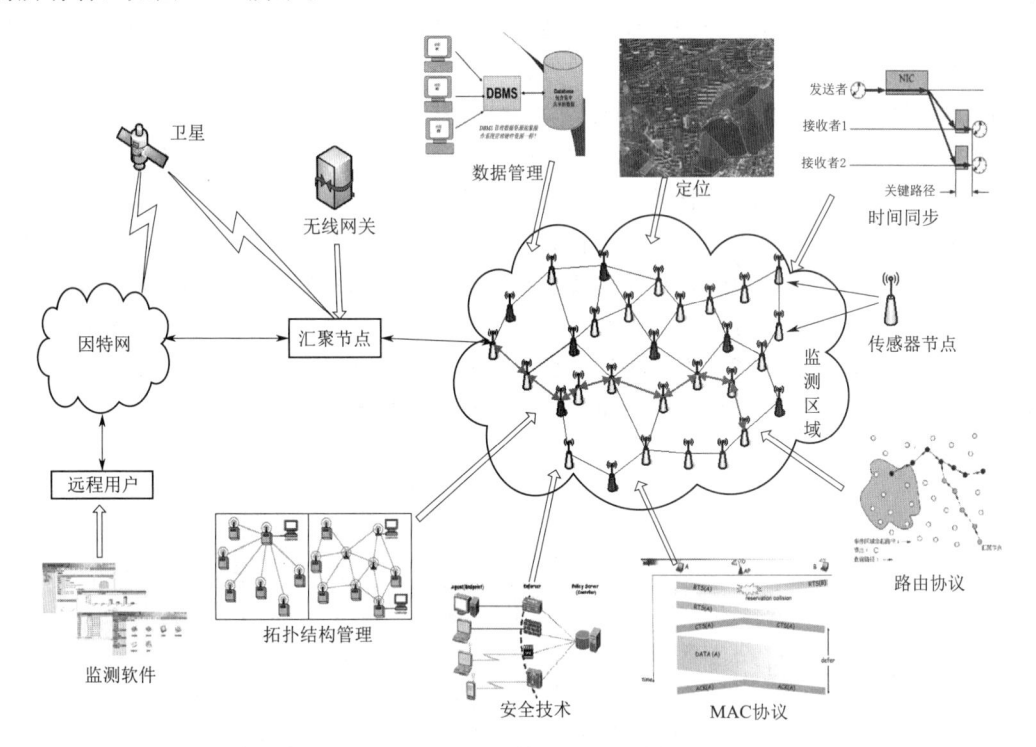

图 3.63 无线传感器网络结构

无线传感器网络所具有的众多类型的传感器，可探测包括地震、电磁、温度、湿度、噪声、光强度、压力、土壤成分、移动物体的大小、速度和方向等周边环境中多种多样的现象。潜在的应用领域可以归纳为军事、航空、防爆、救灾、环境、医疗、保健、家居、工业、商业等领域。

1. 传感器节点

传感器节点通常是一个微型的嵌入式系统，它的处理能力、存储能力和通信能力相对较弱，通常用电池供电，如图 3.64 所示。

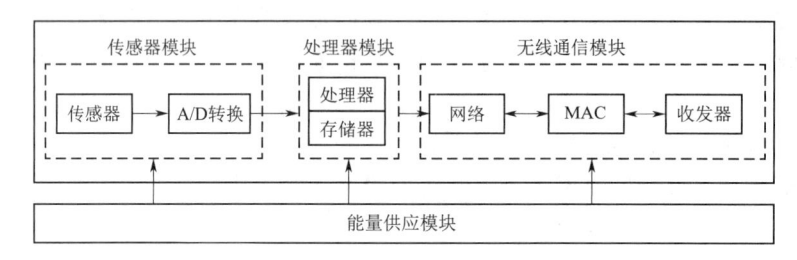

图 3.64 传感器节点功能模块

汇聚节点的处理能力、存储能力和通信能力相对较强，它连接传感器网络与 Internet 等外部网络，实现两种协议栈之间的通信协议转换，同时发布管理节点的监测任务，把收集的数据转发到外部网络。

传感器模块用于感知、获取外界的信息，被监测的物理信号决定了传感器的类型；处理器模块负责协调节点各部分的工作，对感知部件获取的信息进行必要的处理和保存，控制感知部件和电源的工作模式等；无线收发模块负责与其他传感器节点进行无线通信，交换控制消息和收发采集数据；能量供应模块为传感器节点提供运行所需的能量。

如图 3.65 所示，物理层负责感知数据的收集，并对收集的数据进行采样、信号的发送和接收、信号的调制解调等任务。数据链路层负责媒体接入控制和建立网络节点之间可靠通信链路，为邻居节点提供可靠的通信通道；网络层的主要功能包括分组路由、网络互联、拥塞控制等。传输层负责数据流的传输控制，是保证通信服务质量的重要部分。应用层包括一系列基于监测任务的应用层软件。管理平台使得传感器节点能够以高效的方式协同工作，在节点移动的传感器网络中转发数据，并支持多任务和资源共享。服务质量为应用程序提供足够的资源使它们按用户可以接受的性能指标工作。

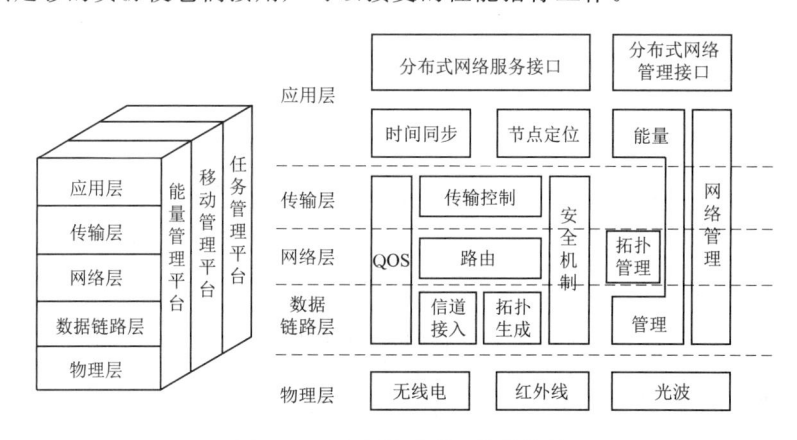

图 3.65 无线传感器网络协议栈

节点定位确定每个传感器节点的相对位置或绝对的地理坐标。时间同步为传感器节点提供全局同步的时钟支持。网络管理负责网络维护、诊断，并向用户提供网络管理服务接口，通常包括数据收集、数据处理、数据分析和故障处理等功能。拓扑管理负责保持网络的连通和数据有效传输。能量管理负责控制节点对能量的使用，为延长网络存活时间有效的利用能源。服务质量为应用程序提供足够的资源使它们按用户可以接受的性能指标工作。

2. 无线传感器网络的特点

（1）能量资源有限。网络节点由电池供电，其特殊的应用领域决定了在使用过程中，通过更换电池的方式来补充能量是不现实的。"高效使用能量来最大化网络生命周期"。

（2）硬件资源有限。传感器节点是一种微型嵌入式设备，大量的节点数量要求其低成本、低功耗，所携带的处理器能力较弱，计算能力和存储能力有限。在成本、硬件体积、功耗等受到限制的条件下，传感器节点需要完成监测数据的采集、转换、管理、处理、应答汇聚节点的任务请求和节点控制等工作。通过优化设计实现硬件的协调工作。

（3）无中心。WSN是一个对等式网络，所有节点地位平等，没有严格的中心节点。节点仅知道与自己彼邻节点的位置及相应标识，通过与邻居节点的协作完成信号处理和通信。

（4）自组织。无线传感器网络节点往往通过飞机播撒到未知区域，通常情况下没有基础设施支持，其位置不能预先设定，节点之间的相邻关系预先也不明确。网络节点布撒后，无线传感器网络节点通过分层协议和分布式算法协调各自的监控行为，自动进行配置和管理，利用拓扑控制机制和网络协议形成转发监测数据的多跳无线网络系统。

（5）多跳路由。无线传感器网络节点的通信距离有限，一般在几十到几百米范围内，节点只能与它的邻居直接通信，对于面积覆盖较大的区域，传感器网络需要采用多跳路由的传输机制。无线传感器网络中没有专门的路由设备，多跳路由由普通网络节点完成。同时，因为受节点能量、节点分布、建筑物、障碍物和自然环境等因素的影响，路由可能经常变化，频繁出现通信中断。针对通信环境和有限通信能力，设计网络多跳路由机制以满足传感器网络的通信需求。

（6）动态拓扑。在WSN使用过程中，部分节点附着于物体表面随处移动，部分节点由于能量耗尽或环境因素造成故障或失效而退出网络，部分节点因弥补失效节点、增加监测精度而补充到网络中，节点数量动态变化，使网络的拓扑结构动态变化。动态拓扑组织功能和动态系统的可重构性。

（7）可靠性。由于传感器节点的大量部署不仅增大了监测区域的覆盖，减少盲区，而且可以利用分布式算法处理大量信息，降低了对单个节点传感器的精度要求，大量冗余节点的存在使得系统具有很强的容错性能。

（8）节点数量多。为了获取精确的信息，在监测区域通常部署大量的传感器节点。传感器节点被密集的随机部署在一个面积不大的空间内，需要利用节点之间的高度连接性来保证系统的抗毁性和容错性。这种情况下，需要依靠节点的自组织性处理各种突发事件，节点设计时软硬件都必须具有鲁棒性和容错性。

3.3.3 问题界定

传感器节点应具有两方面的功能：一方面实现数据的采集和处理；另一方面实现数据的融合和路由，对本身采集的数据和收到的其他节点数据进行综合，转发路由到网关节点。传感器节点数目庞大，通常采用电池供电，传感器节点的能量一旦耗尽，该节点就不能实现数据采集和路由功能，直接影响整个传感器网络的健壮性和生命周期。

网关节点往往个数有限，而且能量常常能够得到补充。网关节点通常使用多种方式与外界通信。

数据管理中心主要由数据库、管理软件以及 PC 机（服务器）构成，如图 3.66 所示。

传感器网络节点作为一种微型化的嵌入式系统，构成了无线传感器网络的基础层支撑平台。大部分节点采用电池供电，工作环境通常比较恶劣，而且数量大，更换困难，所以低功耗是无线传感器网络重要的设计准则之一，从无线传感器网络节点的硬件设计到整个网络各层的协议设计都把节能作为设计目标，以最大限度地延长无线传感器网络的寿命。

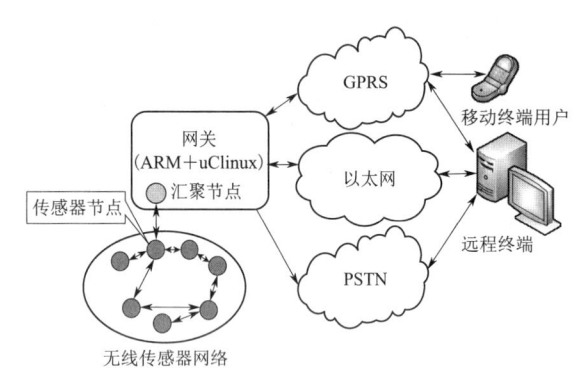

图 3.66 网关系统结构示意图

模块化设计是提高节点通用性、扩展性和灵活性的有效途径。集成化以满足节点集数据采集、处理和转发等功能于一身的需求。微型化可以满足大规模布撒、提高隐蔽性的应用需求。

1. 网关节点设计

网关节点接收传感器节点发送来的采集数据，通过有线（串口或 USB 电缆）或无线方式与 PC 或服务器相连。

网关节点的功能：一是通过汇聚节点获取无线传感网络的信息并进行转换；二是利用外部网络进行数据转发。

一种是基于以太网的有线通信网关节点，虽然以太网通信稳定可靠，但需要具备相应的接入条件，这在许多应用情况下难以实现；另一种是基于无线通信方式（GPRS、GSM 和 CDMA 等）的网关节点，无线通信移动性好，但易受到网络覆盖面的约束。

2. WSN 测试平台

（1）理论分析推导。虽然可以进行多个同类协议的比较，模型的简化也降低了理论分析的可信度。

（2）仿真分析。并不能考虑实际应用环境中节点状态、无线通信环境及网络的不稳定性等问题，单纯仿真存在性能缺陷，甚至是设计错误。

（3）测试平台。用来验证真实环境下无线传感器网络的各种协议和算法的综合性能（通信质量、能耗分布以及误码率等），分析和测试节点状态、通信环境和网络性能等因素可能给网络质量带来的各种影响，避免因建模假设带来的理论误差，最大限度地保证通信协议和感传网络的可靠性。

测试平台通过部署一定规模的专用节点，模拟监测环境，综合评测无线传感器网络在未来应用中可能出现的错误或故障，并加以分析和调试，如图 3.67 所示。

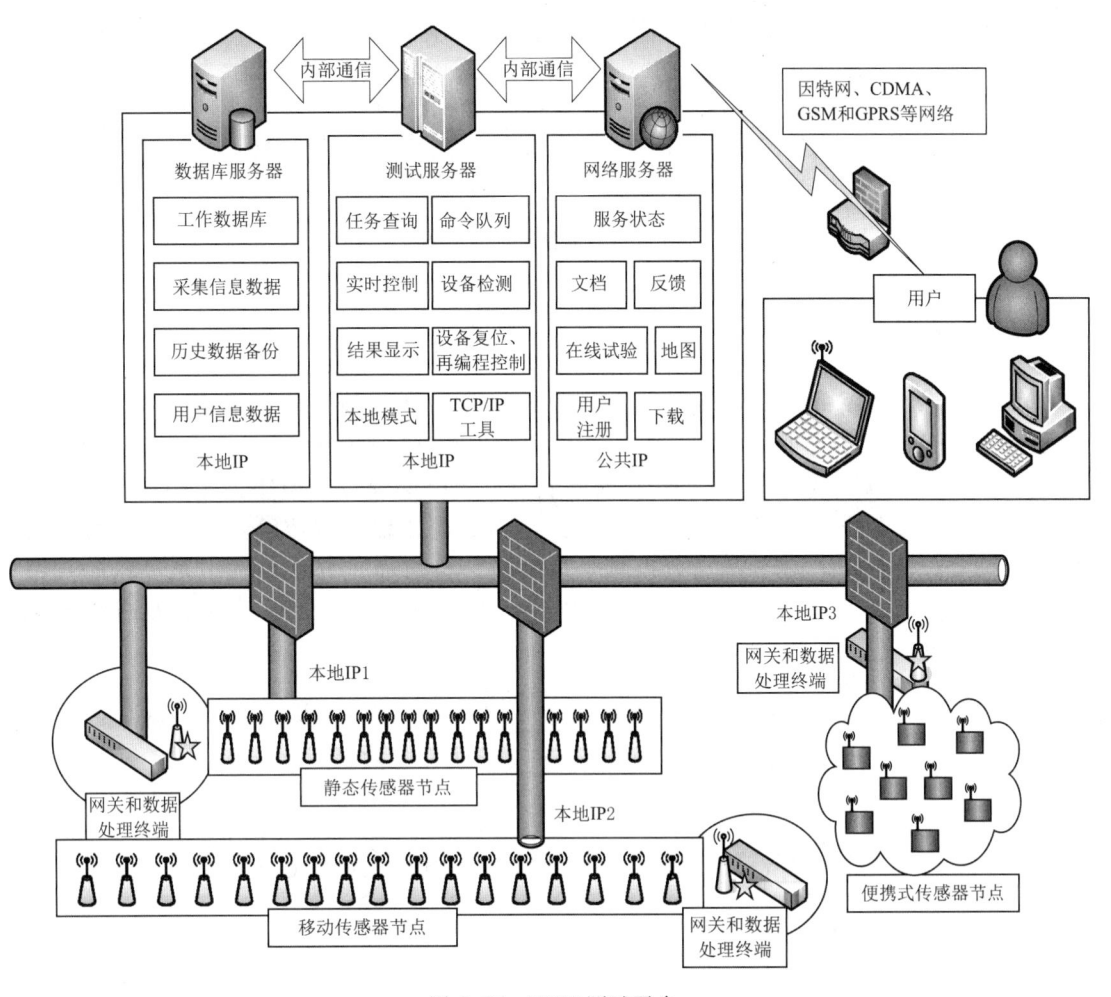

图 3.67 WSN 测试平台

为进一步量化评估网络综合性能，研究网络行为和监控技术等提供重要的软硬件基础。

为无线传感器网络从理论设计到大规模应用提供了重要的开发和测试手段。

用户访问网络服务器、测试仿真服务器和数据存储服务器构成了上层服务器平台。

具有多网通信功能的高速数据处理终端和网关是连接上层服务与底层节点的关键设备。

对于测试平台中使用的节点，在常规节点基础上增加了有线通信接口和复位调试等功能。

测试平台的重要作用就是监测并发现网络设计时的错误和故障，并指导分析和调试工作，如图 3.68 所示。

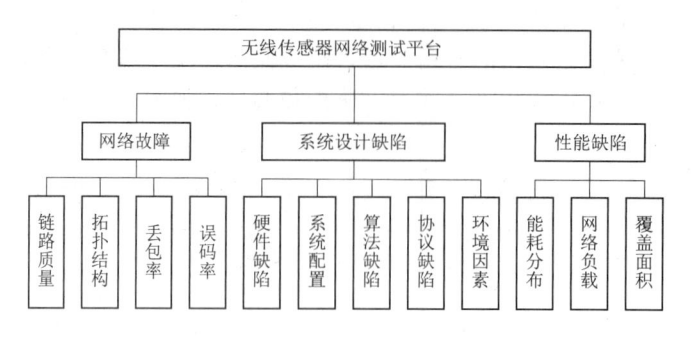

图 3.68 测试平台的作用

3.3.4 方法梳理

无线传感器网络的应用系统架构如图 3.69 所示。无线传感器网络通常包括传感器节点（sensor node）、汇聚节点（sink node）和管理节点（manger node）。大量传感器节点随机部署在监测区域（sensor field）内部或附近，能够通过自组织方式构成网络。传感器节点监测的数据沿着其他传感器节点逐跳地进行传输，在传输过程中监测数据可能被多个节点处理，经过多跳后路由到汇聚节点，最后通过互联网或卫星到达管理节点。用户通过管理节点对传感器网络进行配置和管理，发布监测任务以及收集监测数据。

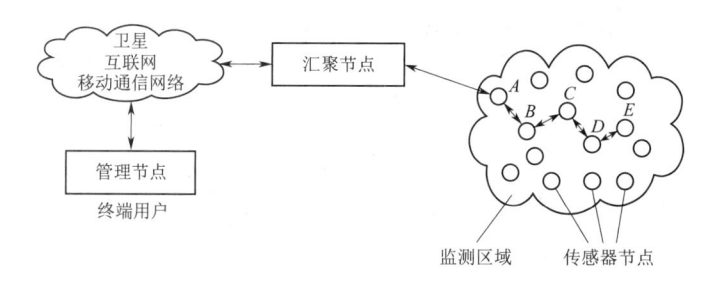

图 3.69 无线传感器网络的应用系统架构

从网络功能上看，每个传感器节点都具有信息采集和路由的双重功能，除了进行本地信息收集和数据处理外，还要存储、管理和融合其他节点转发过来的数据，同时与其他节点协作完成一些特定任务。

如果传感器网络的某个或部分节点失效时，先前借助它们传输数据的其他节点应能自动重新选择路由，保证在网络出现故障时能够实现自动愈合。

3.3.5 巩固强化

就工业物联网应用而言，准确放置传感器或控制点至关重要。借助无线技术有望实现无线通信，但是如果需要每隔几小时或数月通过插入电源插座或再充电来给无线节点供电，那么部署成本会令人望而却步，而且这么做也不切实际。例如，为旋转设备配备传感器以监视设备的工作状况,不可能使用有线连接,但是客户通过监视运行中的设备获得相关信息能够对关键设备实施预测维护,从而避免不必要的代价不菲的停机。为确保实现灵活、经济高效的部署,工业 WSN 中的每个节点都应能够依靠电池运行至少 5 年,这样就为用户带来了极大的灵活性,并且扩大了工业物联网应用的覆盖范围。

1. 无线传感器网络对操作系统的需求

根据传感器的特点,在其相应操作系统通常需要满足以下要求。

(1) 由于每个传感器节点只有有限的计算资源和储存资源,因此其操作系统代码量必须尽可能少,复杂度尽可能低。

(2) 由于传感器网络的规模可能很大,网络拓扑动态变化,操作系统必须能够适应网络规模和拓扑高度动态变化的应用环境。

(3) 观测任务需要操作系统支持实时性,对检测环境发生的时间能快速响应,并迅速执行相关的处理任务。

(4) 任务并发性密集,可能存在多个需要同时执行的逻辑控制,需要操作系统能够有效地满足这种发生频率,并发程度高、执行过程比较短的逻辑控制流程。

(5) 硬件模块化程度高,要求操作系统能够让应用程序方便地对硬件进行控制,且保证在不影响整体开销的情况下,应用程序中的各个部分能够比较方便地进行重新组合。

现有的无线传感器网络操作系统包括 TinyOS、MANTIS、SOS、Contiki 等。

2. 无线传感器网络通信方式

(1) RFID。RFID(Radio Frequency Identification),即射频识别,俗称电子标签。它是一种非接触式的自动识别技术,通过射频信号自动识别目标对象并获取相关数据。

RFID 由标签(tag)、解读器(reader)和天线(antenna)三个基本要素组成。RFID 技术的基本工作原理并不复杂,标签进入磁场后,接收解读器发出的射频信号,凭借感应电流所获得的能量发送出存储在芯片中的产品信息(Passive Tag,无源标签或被动标签),或者主动发送某一频率的信号(Active Tag,有源标签或主动标签),解读器读取信息并解码后,送至中央信息系统进行有关数据处理。

RFID 可被广泛应用于安全防伪、工商业自动化、财产保护、物流业、车辆跟踪、停车场和高速公路的不停车收费系统等。从行业上讲,RFID 将渗透到包括汽车、医药、食品、交通运输、能源、军工、动物管理以及人事管理等各个领域。

(2) 红外。红外技术也是无线通信技术的一种,可以进行无线数据的传输。红外有明显的特点:点对点的传输方式,无线,不能离得太远,要对准方向,不能穿墙与障碍物,几乎无法控制信息传输的进度。802.11 物理层标准中,除了使用 2.4GHz 频率的射频外,还包括了红外的有关标准。IrDA1.0 支持最高 115.2kbps 的通信速率,IrDA1.1 支持到 4Mbps。该技术基本上已被淘汰,被蓝牙和更新的技术代替。

(3) ZigBee。ZigBee,也称紫峰,是一项新型的无线通信技术,一种低速短距离传输的无线网络协议,底层是采用 IEEE 802.15.4 标准规范的媒体访问层与物理层。主要特点有低速、低耗电、低成本、支持大量网上节点、支持多种网络拓扑、低复杂度、快速、可靠、安全。

ZigBee 与 Bluetooth(蓝牙)、WiFi(无线局域网)同属于 2.4GHz 频段的 IEEE 标准

网络协议，由于性能定位不同，各自的应用也不同。

在 ZigBee 技术中，采用对称密钥的安全机制，密钥由网络层和应用层根据实际应用需要生成，并对其进行管理、存储、传送和更新等。因此，在未来的物联网中，ZigBee 技术显得尤为重要，已在美国的智能家居等物联网领域中得到广泛应用。

（4）蓝牙。蓝牙，是一种无线数据和语音通信开放的全球规范，它是基于低成本的近距离无线连接，为固定和移动设备建立通信环境的一种特殊的近距离无线技术连接。其实质内容是要建立通用的无线电空中接口及其控制软件的公开标准，使通信和计算机进一步结合，使不同厂家生产的便携式设备在没有电线或电缆相互连接的情况下，能够在近距离范围内具有互用、互操作的性能。

蓝牙以无线 LANs 的 IEEE802.11 标准技术为基础。具有成本低、功耗低、体积小、近距离通信、安全性好的特点。应用了"Plonkandplay"的概念（有点类似"即插即用"），即任意一个蓝牙设备一旦搜寻到另一个蓝牙设备，马上就可以建立联系，而无需用户进行任何设置，因此可以解释成"即连即用"。

蓝牙设备连接必须在一定范围内进行配对。蓝牙设备连接成功，主设备只有一台，从设备可以多台。蓝牙技术具备射频特性。采用了 TDMA 结构与网络多层次结构，在技术上应用了跳频技术、无线技术等，具有传输效率高、安全性高等优势，所以被各行各业所应用。

（5）GPRS。GPRS，是一种基于 GSM 系统的无线分组交换技术，提供端到端的、广域的无线 IP 连接。相对原来 GSM 的拨号方式的电路交换数据传送方式，GPRS 是分组交换技术，具有实时在线、按量计费、快捷登录、高速传输、自如切换的优点。通俗地讲，GPRS 是一项高速数据处理的技术，方法是以"分组"的形式传送资料到用户手上。GPRS 是 GSM 网络向第三代移动通信系统过渡的一项 2.5 代通信技术，在许多方面都具有显著的优势。

（6）4G/5G/6G。4G 技术又称 IMT-Advanced 技术。由于人们研究 4G 通信的最初目的就是提高蜂窝电话和其他移动装置无线访问 Internet 的速率，因此 4G 通信给人印象最深刻的特征莫过于它具有更快的无线通信速度。此外，4G 还有网络频谱宽、通信灵活、智能性能高、兼容性好、费用便宜等优点。

4G 通信技术并非完美无缺，主要体现在以下几个方面：一是 4G 通信技术的技术标准难以统一；二是 4G 通信技术的市场推广难以实现；三是 4G 通信技术的配套设施难以更新。

（7）Wi-Fi。Wi-Fi 全称为 Wireless Fidelity，又称 IEEE 802.11b 标准，它最大的优点就是传输的速度较高，可以达到 11Mb/s，另外它的有效距离也很长，同时也与已有的各种 IEEE 802.11 DSSS（直接序列展频技术，Direct Sequence Spread Spectrum）设备兼容。

其主要的特性为：速度快、可靠性高。在开放区域，其通信距离可达 305m。在封闭性区域其通信距离为 76～122m，方便与现有的有线以太网整合，组网的成本更低。

（8）NB-IoT。NB-IoT 即窄带物联网（Narrow Band-Internet of Things），是物联网技术的一种，具有低成本、低功耗、广覆盖等特点，定位于运营商级、基于授权频谱的低速率物联网市场，拥有广阔的应用前景。NB-IoT 技术包含六大主要应用场景，包括位置跟踪、环境监测、智能泊车、远程抄表、农业和畜牧业。而这些场景恰恰是现有移动通信很难的支持的场景。该方法是在一个固定的时间内（以秒为单位），统计这段时间的编码器脉冲数，计算速度值。M 法适合测量高速。

3. 无线传感器网络应用领域

无线传感器网络在许多领域都有广泛的应用，以下是几个主要的应用领域，如图 3.70 所示。

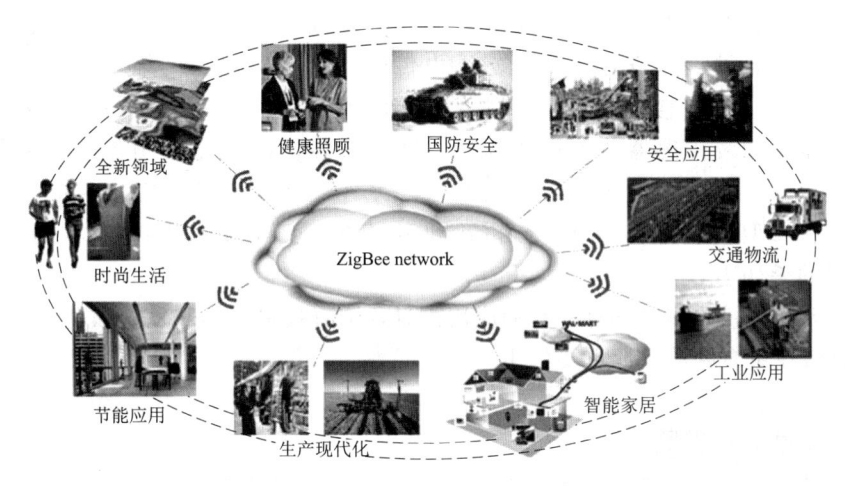

图 3.70 无线传感器网络应用领域

（1）环境监测。无线传感器网络可以用于监测环境中的各种参数，如气象、土壤、水质、空气污染等。通过部署大量的无线传感器节点，可以实现对环境的全面覆盖和实时监测，从而为环境保护和污染治理提供科学依据。例如，监视大鸭岛海燕的栖息情况。位于缅因州海岸大鸭岛上的海燕由于环境恶劣，海燕又十分机警，研究人员无法采用常规方法进行跟踪观察。为此使用了包括光、湿度、气压计、红外传感器、摄像头在内的近 10 种传感器类型数百个节点，系统通过自组织无线网络，将数据传输到 300ft（英尺）外的基站计算机内，再由此经卫星传输至加州的服务器。全球的研究人员都可以通过互联网察看该地区各个节点的数据，掌握第一手的环境资料，为生态环境研究者提供了一个极为便利的平台。

（2）工业自动化。无线传感器网络可以用于工业生产过程中的设备状态监测、故障诊断和安全监控等。通过将无线传感器节点部署在生产设备上，可以实时采集设备运行数据，以便进行及时的故障分析和维护。

（3）医疗健康。无线传感器网络在医疗领域的应用包括生命体征监测、疾病诊断和康复监测等。例如，通过在患者身上佩戴无线传感器节点，可以实时收集患者的生理数据，以便医生对患者的健康状况进行远程监控和及时干预。

（4）智能家居。无线传感器网络可以用于实现智能家居的各种功能，如智能照明、环境监测、安防监控等。通过在住宅内部署无线传感器节点，可以实现对家居设备的远程控制和智能化管理，提高居住舒适度和节能效果。

（5）农业领域。无线传感器网络在农业领域的应用包括土壤湿度监测、作物生长监测、病虫害预警等。通过部署无线传感器节点，可以实时收集农田信息，为农业生产和决策提供科学依据。

（6）交通领域。无线传感器网络可以用于交通监测和管理，如道路状况监测、交通流量监测、交通事故预警等。通过在交通设施和车辆上部署无线传感器节点，可以实现对交通信息的实时采集和传输，提高交通运行效率和安全性。

（7）军事领域。利用飞机抛撒或火炮发射等装置，将大量廉价传感器节点按照一定的密度部署在待测区域内，对周边的各种参数，如震动、气体、温度、湿度、声音、磁场、红外线等各种信息进行采集，然后由传感器自身构建的网络，通过网关、互联网、卫星等信道，传回监控中心。可以将无线传感网络用作武器自动防护装置，在友军人员、装备上加装传感器节点以供识别，随时掌控情况避免误伤。通过在敌方阵地部署各种传感器，做到知己知彼，先发制人。另外，该项技术利用自身接近环境的特点，可用于智能型武器的引导器，与雷达和卫星等相互配合，可避免攻击盲区，大幅度提升武器的杀伤力。

总之，无线传感器网络具有广泛的应用前景，随着技术的不断发展和创新，相信无线传感器网络将在更多领域发挥重要作用。

知识小结

无线传感器网络是一种由大量无线传感器节点组成的网络系统，这些节点可以感知环境中的各种物理量，如温度、湿度、光照、声音等，并将采集到的信息通过无线通信技术传输到基站或汇聚节点。WSN 具有低功耗、小尺寸、分布式、自组织、无线通信、高度可靠、实时性等特性。

（1）低功耗。无线传感器节点通常使用电池或者能量收集器供电，因此需要节能设计以延长网络的寿命。

（2）小尺寸。无线传感器节点通常尺寸较小，可以方便地安装在各种环境中，如墙壁、地面、设备内部等。

（3）分布式。无线传感器节点可以分布式地布置在环境中，从而实现对整个环境的全面覆盖和监测。

（4）自组织。无线传感器节点可以通过自组织的方式建立网络，无须人工干预，从而降低了部署和维护成本。

（5）无线通信。无线传感器节点之间通过无线信号进行通信，可以实现节点之间的数据传输和协作。

（6）高度可靠。无线传感器网络通常采用多跳路由、数据冗余等技术来保证数据的可靠传输和存储。

（7）实时性。无线传感器节点可以实时地感知和采集环境数据，并通过无线网络将数据传输到数据处理中心，从而实现实时监测和控制。

无线传感器网络在物联网、工业自动化、医疗等领域有着广泛的应用。

思政小故事

宋健，控制论、应用数学、航天技术专家，两院院士。俄罗斯科学院、瑞典皇家工程科学院、美国工程院外籍院士。曾任全国政协副主席、国务委员、国家科委主任、中国工程院院长。是"星火计划""火炬计划"的倡议者和领导人。

1986—1998年任国务委员兼国家科委主任，在共和国科技事业领导岗位上工作达15年之久。这是中国科技体制改革艰难探索的时期，也是取得长足发展和重要成就的时期。在党中央、国务院领导下，这一时期科技战线上的许多开创性工作和重大事件，为新世纪中国自主创新战略的确立实施和科技腾飞奠定了坚实基础。

如实现了面向经济主战场、发展高技术和加强基础研究"三个层次"的战略部署，组织实施了开发工农业生产技术的"攻关"计划，把科技恩惠洒向农村的"星火计划"，面向高技术的"863"计划，培育国家高科技产业的"火炬计划"，旨在振兴基础研究的"攀登计划"，加强国家战略目标导向的国家重点基础研究发展计划，即"973"计划，建立了一大批高新技术开发区和大学科技园，鼓励和支持民营企业的发展等，形成了我国跨世纪全面科技发展的战略格局。

宋健平易近人，从不以官位自居。他非常尊敬老一代科学家，对前辈革命家、科学家有深厚感情。他钟爱着科技界同侪，努力为他们排忧解难，他为青年一代科学人才的成长和接班殚精筹谋，积极倡导培养和造就青年一代科学家和工程师。

宋健是一位杰出的科学家和管理者，是一位身体力行、言行一致的卓越实践者、开拓者。多年的知识积累和勤奋严谨的治学作风，使宋健集自然科学与社会科学修养于一身。宋健多次申明自己的信念：大自然安排我们出生在这个大地上，中国人民哺育我们成长，为中国人民的幸福和利益而生、而战、而死，这是"天赋人责"。

3.3.6 巩固习题

1. 无线传感器网络有哪几部分组成？每部分的作用是什么？
2. 无线传感器网络的协议栈分几层？每层的作用是什么？
3. 阐述无线传感器网络具有哪些特点。
4. 举例说明无线传感器网络在工程实际中的应用。

<项目3 拓展视频①：多传感器融合技术>　　<项目3 拓展视频②：无线传感网络>

参 考 文 献

[1] 郭天太，李东升，薛生虎. 传感器技术 [M]. 北京：机械工业出版社，2019.
[2] 陈雯柏，李邓化，何斌，等. 智能传感器技术 [M]. 北京：清华大学出版社，2022.
[3] Jon S. Wilson. 传感器技术手册 [M]. 北京：人民邮电出版社，2009.
[4] 宋爱国. 智能传感器技术 [M]. 南京：东南大学出版社，2023.
[5] 陈黎敏，李晴，朱俊. 传感器技术及其应用 [M]. 北京：机械工业出版社，2021.
[6] 常排排，綦志勇，向昕彦，等. 无线传感器网络技术应用 [M]. 北京：中国水利水电出版社，2019.
[7] 刘永江，辛力坚，郭红兵，等. 电力物联网与传感器技术应用 [M]. 北京：中国水利水电出版社，2023.
[8] 綦志勇. 传感器与综合控制技术 [M]. 北京：中国水利水电出版社，2016.
[9] 方晓汾，方凯，汪小东，等. 基于能耗信任值的无线传感器网络 Sybil 攻击检测方法研究 [J]. 传感技术学报，2020，33（6）：907 - 915.
[10] 方晓汾，郑丽辉，厉国华，等. 车联网无线传感器网络 Sybil 攻击特点与检测方法研究 [J]. 网络安全技术与应用，2023，（6）：75 - 77.
[11] 皇甫伟. 无线传感器网络测试测量技术 [M]. 南京：南京大学出版社，2022.
[12] 宋爱国，赵辉，贾伯年. 传感器技术 [M]. 南京：东南大学出版社，2021.
[13] 朱明，马洪连，马艳华，等. 无线传感器网络技术与应用 [M]. 北京：电子工业出版社，2020.
[14] 俞阿龙，李正，孙红兵，等. 传感器原理及其应用 [M]. 南京：南京大学出版社，2017.
[15] 刘光定. 传感器与检测技术 [M]. 重庆：重庆大学出版社，2016.
[16] 黄玉兰. 物联网传感器技术与应用 [M]. 北京：人民邮电出版社，2014.
[17] Vetelino J，Reghu A. Introduction to sensors [M]. CRC press，2017.
[18] Fleming W J. Overview of automotive sensors [J]. IEEE sensors journal，2001，1（4）：296 - 308.
[19] Soloman S. Sensors handbook [M]. McGraw - Hill，Inc.，2009.
[20] Frank R. Understanding smart sensors [M]. Artech House，2013.
[21] Regtien P P L，Dertien E. Sensors for mechatronics [M]. Elsevier，2018.
[22] Marciniak C D，Feldker T，Pogorelov I，et al. Optimal metrology with programmable quantum sensors [J]. Nature，2022，603（7902）：604 - 609.
[23] Fahad H M，Shiraki H，Amani M，et al. Room temperature multiplexed gas sensing using chemical - sensitive 3.5 - nm - thin silicon transistors [J]. Science advances，2017，3（3）：e1602557
[24] 闫雷兵. 基于无线传感器网络的目标定位与跟踪技术研究 [D]. 南京：南京邮电大学，2017.
[25] 孙玉香. 用于空间机械臂的力/力矩传感器关键技术研究 [D]. 合肥：中国科学技术大学，2018.
[26] 陈帅. 柔性仿生电子传感器件的集成与性能研究 [D]. 北京：北京科技大学，2018.
[27] J. C. 斯拉格尔，W. C. 吕尔，J. S. 阿什，等. 温度和/或压力传感器组件 [P]. 美国：CN101042072，2007 - 09 - 26.
[28] 中岛明，川岛康裕，可儿博之，等. 超声波传感器 [P]. 日本：CN101042433，2007 - 09 - 26.